U0220874

国家出版基金项目
NATIONAL PUBLICATION FOUNDATION

现代水声技术与应用丛书
杨德森 主编

北极水声学与信号处理

黄海宁 刘崇磊 尹 力 等 著

科学出版社
龙门书局
北 京

内 容 简 介

本书系统深入地论述北极水声学主要理论基础及冰下水声信号处理技术，内容包括北极海洋环境情况和水声特性、海冰的声学特性、北极水声传播理论、北极冰源噪声、北极环境适应性水声探测技术，以及北极环境适应性水声通信技术。最后，对国内外北极水声观测研究现状进行介绍。

本书可供从事北极水声学理论及技术研究的科技人员及有关专业的研究生阅读，也可供相关专业的工程技术人员参考。

审图号：GS 京（2023）2587 号

图书在版编目（CIP）数据

北极水声学与信号处理 / 黄海宁等著. —北京：龙门书局，2023.12
（现代水声技术与应用丛书 / 杨德森主编）
国家出版基金项目
ISBN 978-7-5088-6378-8

Ⅰ.①北… Ⅱ.①黄… Ⅲ.①北极-水声信号-信号处理
Ⅳ.①TN929.3

中国国家版本馆 CIP 数据核字（2023）第 246080 号

责任编辑：王喜军 霍明亮 张 震 / 责任校对：崔向琳
责任印制：徐晓晨 / 封面设计：无极书装

科 学 出 版 社
龙 门 书 局 出版

北京东黄城根北街 16 号
邮政编码：100717
http://www.sciencep.com

三河市春园印刷有限公司印刷
科学出版社发行 各地新华书店经销

*

2023 年 12 月第 一 版 开本：720×1000 1/16
2023 年 12 月第一次印刷 印张：16 1/2 插页：6
字数：337 000

定价：148.00 元

（如有印装质量问题，我社负责调换）

本书作者名单

黄海宁　刘崇磊　尹　力
张扬帆　李　宇

丛 书 序

海洋面积约占地球表面积的三分之二，但人类已探索的海洋面积仅占海洋总面积的百分之五左右。由于缺乏水下获取信息的手段，海洋深处对我们来说几乎是黑暗、深邃和未知的。

新时代实施海洋强国战略、提高海洋资源开发能力、保护海洋生态环境、发展海洋科学技术、维护国家海洋权益，都离不开水声科学技术。同时，我国海岸线漫长，沿海大型城市和军事要地众多，这都对水声科学技术及其应用的快速发展提出了更高要求。

海洋强国，必兴水声。声波是迄今水下远程无线传递信息唯一有效的载体。水声技术利用声波实现水下探测、通信、定位等功能，相当于水下装备的眼睛、耳朵、嘴巴，是海洋资源勘探开发、海军舰船探测定位、水下兵器跟踪导引的必备技术，是关心海洋、认知海洋、经略海洋无可替代的手段，在各国海洋经济、军事发展中占有战略地位。

从 1953 年中国人民解放军军事工程学院（即"哈军工"）创建全国首个声呐专业开始，经过数十年的发展，我国已建成了由一大批高校、科研院所和企业构成的水声教学、科研和生产体系。然而，我国的水声基础研究、技术研发、水声装备等与海洋科技发达的国家相比还存在较大差距，需要国家持续投入更多的资源，需要更多的有志青年投入水声事业当中，实现水声技术从跟跑到并跑再到领跑，不断为海洋强国发展注入新动力。

水声之兴，关键在人。水声科学技术是融合了多学科的声机电信息一体化的高科技领域。目前，我国水声专业人才只有万余人，现有人员规模和培养规模远不能满足行业需求，水声专业人才严重短缺。

人才培养，著书为纲。书是人类进步的阶梯。推进水声领域高层次人才培养从而支撑学科的高质量发展是本丛书编撰的目的之一。本丛书由哈尔滨工程大学水声工程学院发起，与国内相关水声技术优势单位合作，汇聚教学科研方面的精英力量，共同撰写。丛书内容全面、叙述精准、深入浅出、图文并茂，基本涵盖了现代水声科学技术与应用的知识框架、技术体系、最新科研成果及未来发展方向，包括矢量声学、水声信号处理、目标识别、侦察、探测、通信、水下对抗、传感器及声系统、计量与测试技术、海洋水声环境、海洋噪声和混响、海洋生物声学、极地声学等。本丛书的出版可谓应运而生、恰逢其时，相信会对推动我国水声事业的发展发挥重要作用，为海洋强国战略的实施做出新的贡献。

在此，向 60 多年来为我国水声事业奋斗、耕耘的教育科研工作者表示深深的敬意！向参与本丛书编撰、出版的组织者和作者表示由衷的感谢！

中国工程院院士　杨德森

2018 年 11 月

自　序

北极海域的地理位置十分特殊，位于亚洲、欧洲及北美洲三大洲的顶点，是一个近似独立的大洋，仅仅通过白令海峡与太平洋、通过弗拉姆海峡和巴伦支海与大西洋相互联系。独特的地理位置、寒冷的气候特性和常年覆盖的海冰产生了稳定的正梯度声速结构，声波不断地与海冰下表面碰撞，声线发生折射-反射-折射。海冰介质造成声波的吸收、频散和复杂的信道响应。北极海域的噪声、混响等背景场特性也与海冰状态存在直接的联系。因此，必须掌握北极海冰覆盖下的声场特性机理，提出与冰下水声效应相匹配的信号处理方法。北极水声学及信号处理致力于解决北极冰下特殊的声场特性预报分析及相应的环境适配处理问题。

北极水声学的研究主要分为两个阶段。第一个阶段为冷战时期到 20 世纪 90 年代，主要围绕海冰散射建模及跨北冰洋低频声传播问题，通过低频声源到远距离（1000km 量级）接收阵列的声传播特性监测环境变化。进入 21 世纪，随着全球变暖的加剧，北极海冰逐渐消融，北极海域的经济、航道和军事地位逐渐凸显，使得北极水声学成为一门新兴的研究学科。全球变暖导致冰层厚度和密集度降低，逐渐从多年冰向一年冰变化，海冰内部构成及物理特性也发生了显著的变化，导致原来基于多年冰的低频声场特性研究不再适用。第二个阶段主要围绕新变化下的声传播、噪声和混响特性研究，开展北极典型海域水声观测试验，提出适用于北极特殊信道环境的水声探测、通信和导航等信号处理方法。我国极地声学的研究起步较晚，2014 年，中国科学院声学研究所李启虎院士等发表了《北极水声学：一门引人关注的新型学科》论文，开启了我国北极水声学研究的热潮。

本书第 1 章首先对北极海域特殊的海洋环境进行概述，从气象特性、海冰特性、水文特性及海底地形四个方面阐述北极海域有别于温热带海域的典型特征。这些典型特征直接造就了北极海域独特的半声道和双声道声场特性。然后，对北极海域的水声特性进行概述，从声速场特性、声传播特性、噪声特性及混响特性四个方面进行阐述。第 2 章介绍海冰的声学特性，阐述海冰的物理形态和内部构成，以及海冰中的声速与声衰减规律，以此建立了基于海冰几何形态的离散冰脊模型和基于基尔霍夫近似的粗糙度模型，来定量地表述海冰上界面对不同掠射角和频率的反射损失。第 3 章在海冰声学特性的基础上，耦合经典的简正波理论、波数积分法理论和射线理论，构建从低频到高频，适用于多种分析的冰下声传播模型；并基于北极科学考察获取的典型半声道和双声道声速数据，进行海冰覆盖下的传播特性分析。第 4 章从北极冰源噪声幅度分布规律、声源谱级的季节性变化规律等方面出发，通过北极海域声学潜标实测年度噪声数据，系统阐述冰源噪声时空频统计分布规律；将非高斯、强冲击噪声拟合为 α 稳定分布，为冰源噪声下信号检测提供模型支撑。第 5 章提出北极环境适应性水声探测技术；基于第 4 章提出的冰源噪声 α 稳定分布模型，从噪声参数已知和噪声参数未知两个方面，提出若干种冰源噪声下信号检测方法；基于第 3 章构建的声传播模型，提出冰下信道预测模型及冰下匹配场定位方法。第 6 章为北极环境适应性水声通信技术，首先概述冰层覆盖下的水声通信信道特点，在此基础上提出若干种冰下水声信道估计方法和冰下多普勒估计方法。第 7 章介绍国内外北极水声观测研究现状。

　　本书是作者科研团队的共同研究成果。本书包括研究团队近几年来在北极海域声场建模、水声探测、水声通信及北极水声学试验等领域的研究成果，也借鉴了哈尔滨工程大学、中国海洋大学、自然资源部第一海洋研究所、自然资源部第三海洋研究所及中国船舶重工集团公司第七六〇研究所等相关单位的研究成果，特别感谢潘增弟、赵进平、王宁、殷敬伟和杨燕明等教授的大力支持。本书相关北极水声学研究工作得到了国家重点研发计划项目（编号：2018YFC14059）、中国科学院及国防领域等相关项目的研究资助。本书出版之际，作者在此一并致谢。感谢李启虎院士对北极水声学方向的引领和指导。感谢栾经德、刘纪元、卫翀华及普湛清等专家，他们的长期研究为本书的写作奠定了基础。感谢谭靖骞、洪丹阳、吕玉娇等研究生，他们为本书的写作贡献了智慧。

　　由于我国北极水声学研究起步较晚，理论认知及方法的试验验证存在一定的不足，加之作者的水平有限，书中不足之处在所难免，敬请读者批评指正。

黄海宁
2022 年 10 月

目　　录

第1章 绪 论

北极通常是指以北极点为中心，北纬 66°34′以北，包括整个北冰洋及其环绕的岛屿，以及北美洲、亚洲及欧洲大陆的北部边缘海、边缘陆地所在的一片区域。北极地区的总面积为 2100 万 km²，其中海洋面积为 1300 万 km²。北极海域是全球海洋变化最为剧烈的地区之一。由于北极远离赤道，与温带海洋相比，其受到的太阳辐射能量较少，海洋环境特性有着较大的不同。北极独特的地理位置导致它与其他大洋的能量交换比较少。北冰洋在东部边缘海域，仅仅通过弗拉姆海峡（Fram Strait）和巴伦支海（Barents Sea）与大西洋相通；在西部边缘海域，仅仅通过白令海峡与太平洋相联系。北冰洋寒冷的气候环境和独特的地理位置造成了常年性和季节性消退的海冰。海冰的存在直接影响着北极海域大气能量交换和海洋动力过程，进而对冰下的水声特性产生直接的影响，使其有别于浅海和深海开阔海域的声学环境。本章首先概述性地介绍北极海域主要的海洋环境情况，包括气象、海冰、水文和海底地形等典型特征，然后阐述北极海域声速场、声传播、噪声和混响等独特的水声环境特性。

1.1 北极海洋环境情况

1.1.1 气象特性

海冰维持着海面热平衡，对海洋与大气间能量交换有抑制作用。海冰的减少会使得太阳辐射能量直接进入海水，有利于海水吸收能量，加剧海洋和大气间的能量交换。北极海冰覆盖面积越小，地球表面对太阳辐射的反射就越少，吸收的能量就越多，海冰的消融就会越快。海冰是全球淡水的资源库，海冰融化产生的淡水在穿极流（Transpolar Current）的作用下，通过弗拉姆海峡，进入格陵兰海（Greenland Sea）和挪威海（Norwegian Sea），将会影响海水对流和温盐平衡，进而对全球气候产生深远的影响[1, 2]。图 1-1 和图 1-2 分别为北极海域冬季和夏季的能量交换示意图[3]。

1.1.2 海冰特性

随着全球变暖的加剧，北极海冰的空间范围、厚度分布及冰层特性发生了重要变化。通过对被动微波遥感卫星获得的 1981～2010 年海冰密集度时间变化数据

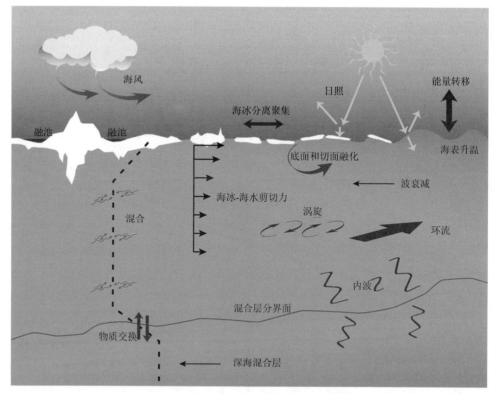

图 1-1 北极海域冬季的能量交换示意图

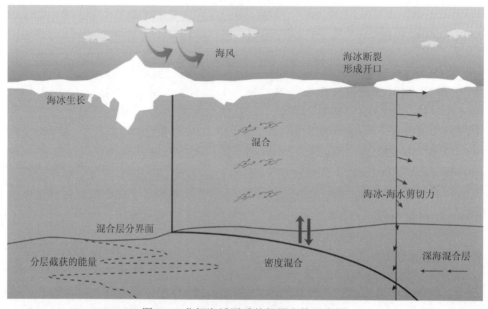

图 1-2 北极海域夏季的能量交换示意图

的研究表明，海冰密集度在夏季以每 10 年减少 13.4%、冬季每 10 年减少 3%的速度逐年减少。海冰密集度在每年的 9 月达到年度最小范围。2007～2015 年的 9 月海冰密集度达到了最低值，其中，2012 年的最低记录为 339 万 km²。海冰完全融化形成的开阔水域的持续时间也在不断增长，达到了三周[4]。从图 1-3 中可以看出，在海冰密集度的月变化时间尺度上，北极海冰范围在每年的 3 月达到最大值，在每年的 9 月达到最小值。

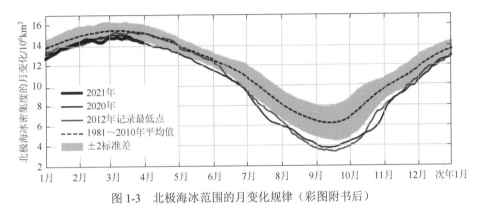

图 1-3　北极海冰范围的月变化规律（彩图附书后）

随着海冰范围的逐年下降，海冰冰龄变得越来越年轻化。图 1-4 为海冰冰龄构成的年度变化。1 年冰指的是在冬季第一次形成，次年夏季消融的海冰。当历经夏季融冰季节没有完全消融，到冬季时 1 年冰就变为 2 年冰。按照海冰的持续

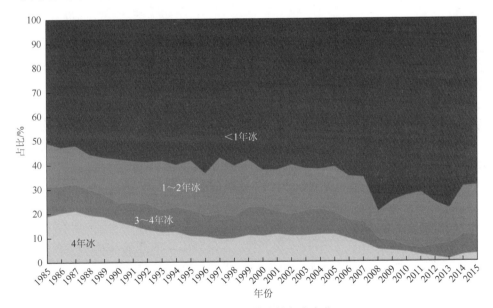

图 1-4　海冰冰龄构成的年度变化

时间可依此类推到多年冰。多年冰主要分布在加拿大和格陵兰岛的北岸。现在多年冰的覆盖面积以每 10 年 7%的速度减少[5]。海冰冰龄越大,对应的冰层厚度越大,因此,整体上海冰的体量(Sea Ice Volume)是逐年减少的。1 年冰的占比变得越来越大,从 20 世纪 80 年代的约 50%增长到 2015 年的约 70%。1 年冰比较薄,较为脆弱,易破碎,对大气和海洋动力过程的变化比较敏感,因此导致在夏季融冰期间具有更多的无冰水域,为大气和海水表层提供了有效的能量耦合机制,使北极海域的海洋动力过程更加接近温带海域。并且 1 年冰的声学特性也与多年冰显著不同。冰层特性的变化为人类活动(航道资源开发等)带来了新的机遇。

1.1.3 水文特性

北极海域不同于其他开阔海域,是一个典型的地中海式海域,四周被陆地包围,仅仅通过有限的海峡与太平洋和大西洋连接,受到的太阳辐射具有明显的季节周期性特点。北冰洋的水文特性与海水分层结构有关,受到海冰、降水、径流、风、太阳和红外辐射等因素的影响。在北冰洋中心区,主要为表面混合层、大西洋水和极地水三层。在楚科奇海一侧,还受到太平洋水的影响(图 1-5)。

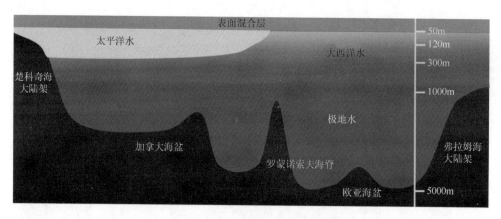

图 1-5 北极海域海水分层示意图

表面混合层水在大气压和海冰季节性结冰及融化的影响下,产生季节性变化。在冬季,表面混合层厚度维持在 30~40m。在融冰季的开端,海冰中析出的低盐水、增加的河流径流导致岸边表面混合层的厚度不超过 20m。在新产生的夏季水和原先存在的冬季水之间,形成了一个强的密度跃层,严重制约了深度方向的混合[6]。表面环流主要受到海风影响且受到漂浮海冰的共同作用。在波弗特海（Beaufort Sea）主要为波弗特涡（Beaufort Gyre）。在东西伯利亚海（East Siberian Sea），波弗特涡与穿极流汇合，将东西伯利亚海和拉普捷夫海（Laptev Sea）的海冰与表层水携带到弗拉姆海峡。

　　表层混合水下方的水团主要来自太平洋或者大西洋。温暖、高盐的大西洋水通过弗拉姆海峡和巴伦支海进入北极。大西洋水在北极低温气候下，表层水团变冷，且密度增加，下沉到表层混合水的下方，形成了大西洋中层水。大西洋中层水温度较高（大于 0℃），盐度较高（大于 34.5ppt①），广泛地分布在北冰洋中心区域[7-9]。大西洋中层水是边界环流，受大陆坡地形的影响。在北冰洋东部区域，在表层水和大西洋水之间存在较强的温度和盐度梯度。在北冰洋西部区域，从白令海峡注入的太平洋水使得加拿大海盆垂向分层变得更加复杂。

　　在伍兹霍尔海洋研究所冰系剖面仪（Ice Tethered Profilers，ITP）观测计划的推动下，加拿大海盆的水动力学得到了深入研究。来自太平洋的海水通过窄、浅的白令海峡进入北极，到达加拿大海盆。太平洋水比大西洋中层水温度和盐度低，但是比混合水盐度高，因此在表面混合层和大西洋水之间形成了一个新的水层。

　　来自太平洋的海水，在大气和海冰的季节性变化及白令海峡和楚科奇海地形的共同作用下，形成两个不同水团，称作太平洋夏季水和冬季水。夏季水的最大温度为-1℃，盐度变化在 31～33ppt；冬季水由楚科奇海大陆架区的海水冬季结冰形成，温度更冷，盐度高于 33ppt。因此，冬季水下沉到夏季水下方，且在大西洋水上方。在冬季水的下边界，存在一个强温度盐度跃层，标志着冬季水和大西洋水的过渡。

　　近些年，研究人员在加拿大海盆混合层与太平洋夏季水之间观察到一个临近海面深度的温度极大值。随着海冰的逐渐减少，海水对太阳辐射吸收增强，温度极值呈现增大的趋势[10-12]。

1.1.4　海底地形

　　北极海底最显著的地理特征是罗蒙诺索夫海脊，从林肯海大陆架（Lincoln Sea Continental Shelf）到西伯利亚岛横贯北冰洋，将北极海域分为欧亚海盆（Eurasian Basin）和美亚海盆（Amerasian Basin）两大区域[13]。罗蒙诺索夫海脊从海盆底部升高 3000m，最高处距离海面 954m。如图 1-6 所示，在罗蒙诺索夫海脊东部，加克洋中脊（Gakkel Mid-Oceanic Ridge）作为罗蒙诺索夫海脊的板块断裂带，将欧亚海盆又分为南森海盆（Nansen Basin）和弗拉姆海盆（Fram Basin）。在罗

---

　　① ppt 为 parts per thousand 的缩写，表示 1kg 海水中含氯离子的克数。

蒙诺索夫海脊西部，阿尔法海脊（Alpha Ridge）将美洲海盆又划分为加拿大海盆和马卡罗夫海盆（Makarov Basin）。

图 1-6　北极海域海底地貌

美亚海盆和欧亚海盆被北美洲、亚洲和欧洲大陆所环绕。美亚海盆的边缘为楚科奇海大陆架、波弗特海大陆架和林肯海大陆架。欧亚海盆的边缘为巴伦支海大陆架、喀拉海大陆架、拉普捷夫大陆架及东西伯利亚海大陆架。

海底地貌对低频声传播将会产生重要影响。在北极气候声监测试验（Arctic Climate Observations Using Underwater Sound，ACOUS）中，声源位于斯瓦尔巴群岛东侧，接收阵列位于楚科奇海的冰站上，2720km 的声传播路径横跨了北冰洋，涵盖欧亚大陆坡、罗蒙诺索夫海脊、门捷列夫（Mendeleev）海脊、楚科奇海台等典型地貌，其声传播路径对应的海底起伏形状如图 1-7 所示。研究表明，20Hz 声源除了第一模态，其余模态简正波都受到了楚科奇海台地形的影响[14]。

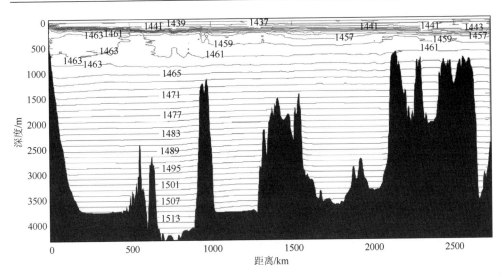

图 1-7 ACOUS 传播路径对应的海底起伏形状

1.2 北极水声特性

1.2.1 声速场特性

独特的地理位置和气候环境造成了北极海域独特的声速结构。1.1.3 节介绍的北极海域海水分层及温盐结构决定了声速场特性。根据历年中国北极科学考察获得的温盐深剖面仪（Conductivity, Temperature and Depth Profiler，CTD）数据分析结果，可知北冰洋中央海域为典型的正梯度声速结构。加拿大海盆和波弗特海域为双声道声速结构。图 1-8 为 2020 年中国第十一次北极科学考察站位。下面结合声速实测结果进行分析。

1. 北极海域典型半声道声速结构

在北冰洋中心海域，常年性或者季节性的海冰隔绝了大气与海水之间的能量交换，以及风浪对海水的搅拌作用，表面混合层、大西洋水和极地水的三层分层结构及其温盐结构形成了北极海域独特的正梯度声速结构。图 1-9 为 2020 年中国第十一次北极科学考察在 R8 CTD 站位获得的温度、盐度和声速剖面。

图 1-9 所示的声速垂向分布规律基本上和文献[15]中的内容相符合。在冰水交界面处声速最小，为 1435～1440m/s，随后正梯度一直延续到海底。在表层水的上部混合层，声速梯度为 0.016s^{-1}，主要是由压力的增加导致的。在混合层下部到中层水温度最大值所对应的深度范围内，由于温度和盐度的增加，声速正梯度加大，变为大于等于 0.1，声速为 1455～1465m/s。在温度最大值对应的深度下方，由于温度降低，

盐度不变，压力增大，声速仍有小于等于 0.01 正梯度的增长。在底层水部分，温度和盐度基本保持恒定，但在压力的影响下，声速随深度约有 0.016 的正梯度增长。

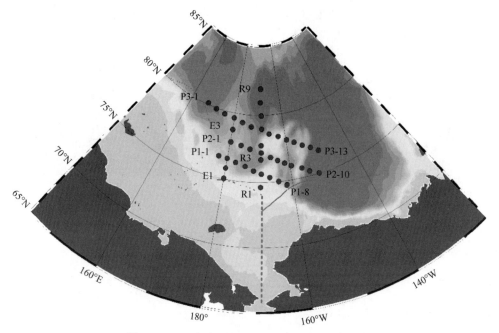

图 1-8　2020 年中国第十一次北极科学考察站位

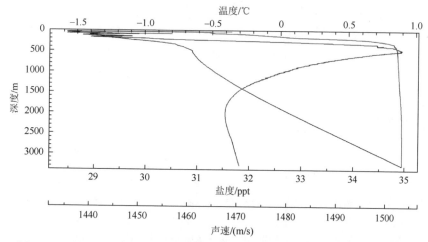

图 1-9　2020 年中国第十一次北极科学考察在 R8 CTD 站位获得的温度、盐度和声速剖面（彩图附书后）

2. 双声道声速结构

在加拿大海盆和楚科奇海北部海域，在太平洋夏季水和冬季水的影响下，声速结构呈现双声道分布特征。图 1-10 为 2020 年中国第十一次北极科学考察在 P13 CTD 站位获得的温度、盐度和声速剖面。从图 1-10 中可以看出，在 40m 深度出现了一个温度极大值，为 1.16℃，对应的声速极大值为 1448m/s；在 148m 深度形成了一个温度极小值，为−1.45℃，对应的极小值声速为 1442m/s。声速极大值和极小值的声速差在 6m/s 左右。与声速极大值对应的下方深度值为 248m，因此，在加拿大海盆和楚科奇海北部海域形成了一个以 148m 深度为声道轴、厚度为 200m 的声传播波导。

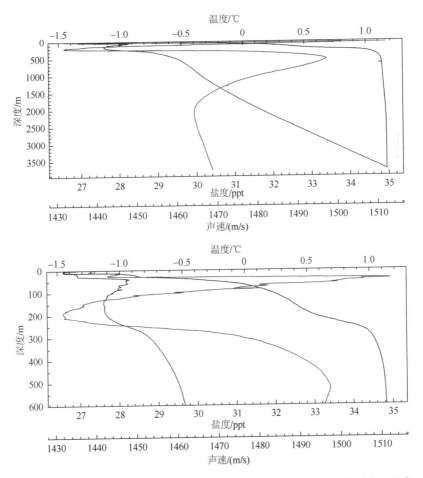

图 1-10 2020 年中国第十一次北极科学考察在 P13 CTD 站位获得的温度、盐度和声速剖面（彩图附书后）

3. 声速结构的空间变化规律

利用 R、P2、P3 三个断面声速水平测线，分析北极海域声速结构的空间变化规律，结果如图1-11～图1-13所示。从图1-11所示的R断面空间分布可以看出，从楚科奇海至中央海域，随着纬度和海深的增加，除了在100m深度内存在一些扰动，100m以下深度的声速结构等值线基本呈现水平分布，可见正梯度声速结构在自南向北的水平空间分布较为稳定。

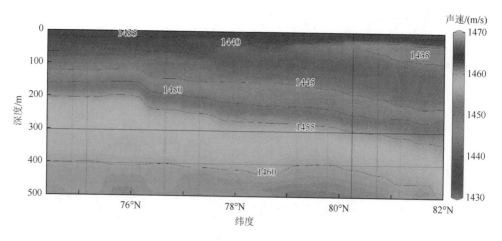

图1-11 R断面声速空间分布规律

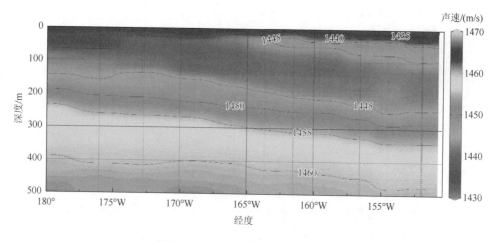

图1-12 P2断面声速空间分布规律

从图1-12和图1-13所示的P2断面与P3断面空间分布可以看出，声速等值线从东到西呈现向下倾斜的趋势，在到达楚科奇海台和加拿大海盆后，40～50m的深度开始出现声速极大值，并且自西向东对应的厚度逐渐扩大。

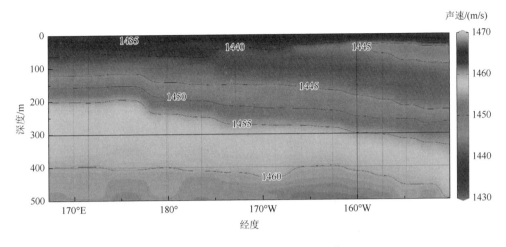

图 1-13　P3 断面声速空间分布规律

1.2.2　声传播特性

1. 北极海域典型声传播特性

北极典型的正梯度的声速结构导致声波传播时发生折射，向冰层上表面弯曲，与冰面发生反射，周而复始，使得声波与冰面交互非常频繁，造成了声能的散射、吸收、衰减、模态频散等，并且与声源的频率和声源所处的深度有着紧密的关系[15-19]。

北极声传播特性的频率和深度选择效应可以由图 1-14 所示的北极典型正梯度声速结构及其传播特性进行说明。从声线轨迹中可以看出，声波在冰层下表面形成了表面声道。声传播可以视为向上传播和向下传播声线的叠加，声线的反转深度对应于简正波模态函数最大值所处的深度。一阶模态对应的掠射角最小，由限制在表面声道的声线组成。高阶模态对应大掠射角和深的反转深度。由粗糙海面的散射理论可知，随着掠射角和频率的增加，每次界面反射产生的损失加大（高阶模态和高频对应更大的传播损失）。尽管如此，虽然低阶模态（小掠射角）的反射衰减较小，但是它们在表面声道中与海冰界面的接触更多，净传播损失也很大。当声源和接收水听器都放于表面声道时，低模态在较短距离的声传播中占据主要位置。但是，随着距离增大（大于 100km），脱离表面声道束缚的高阶模态简正波逐渐占据主导地位。当声源和接收水听器所处的深度较深时，表面声道对声波的限制减弱，大掠射角或者高阶模态简正波在所有距离都占据着主导地位。文献[20]得出结论，北极正梯度下的声传播频率具有低通滤波器性质，低于 30Hz 的声传播性能最优。

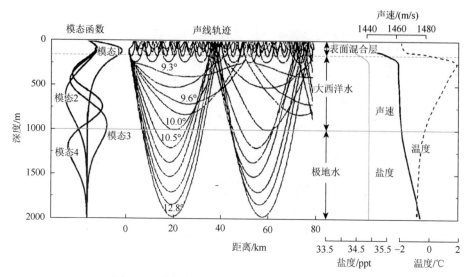

图 1-14 北极典型正梯度声速结构及其传播特性

2. 传播特性的新变化

随着全球变暖的影响，北极海域现在发生了显著的变化。海冰的密集度和厚度都显著减小，大西洋中层水出现了较为强烈的变暖现象。多年冰的占比显著降低，冰脊也越来越小。在冷战时期形成的关于北极声场特性的认知有些过时[21]。新的变化主要体现在以下三个方面。

（1）北极海冰多为1年冰和2年冰，多年冰占比显著减少，大的冰脊也较少。因此，与之前观测相比，声传播损失变小，给中高频水声传播带来了机遇。

（2）虽然海冰变薄，覆盖范围变小，但是海冰在一年之中的大多数时间还是隔绝了风和太阳辐射的作用，冰下正梯度声速形成的表面信道依然比较稳定。加拿大海盆还存在双声道波导。冰下波导效应可以带来显著的信号处理增益。

（3）北极背景噪声是易变的。在冰层碰撞产生压力脊时，噪声级大；风力较小、冰层比较稳定时，噪声级低。开阔水域低频背景噪声有很大部分由行船贡献。在北极海域由于行船较少，低频段噪声与行船关联不大。因此，与过去相比，在新的薄冰层下，由于冰层压力脊的减少，北极背景噪声有更长的时期处在低噪声级水平。

1.2.3 噪声特性

北极海域水上交通较少使得航运噪声非常低。另外冰层覆盖还使海水免受风浪的影响。因此，该区域噪声除地震、航船噪声外，主要来源于海冰破裂、冰结构隆起、浮冰间的碰撞及人工破冰行为产生的辐射噪声[22]。各种各样的海冰动力过程促成了冰源噪声的产生[23]。Milne 和 Ganton[24]指出大气温度变化引起的海冰断裂活动产生了低频噪声，而海风与海冰的相互作用产生了高斯噪声（大于 1kHz）。Makris 和 Dyer[25, 26]指出冰下低频噪声（1～100Hz）是与风有关的，其引起的冰层碰撞和断裂是冰下噪声的重要组成部分。其他的过程，如冰脊、冰层剪切及冰层的振动是小于 200Hz 的噪声源[27, 28]。

北极环境噪声呈现出复杂的时间、空间统计特性。在冰层之下，噪声的频谱特性起伏较大，并与冰的状态、风速、积雪及空气温度的变化有关。但当海冰处于破碎的冰块状态时，在同样海况下，噪声级比没有结冰的水中测得的数值高 5～10dB[29]。当气温下降时，同海岸相连接的整块冰面发生收缩，造成破裂，噪声出现尖刺和脉冲。此外，浮动冰块间的相互碰撞和摩擦及海浪拍击冰缘导致的破碎现象也会形成强噪声。试验发现，在 100～1000Hz 内，海冰活动产生的噪声级比开阔海区高 12dB，比在冰区内部高 20dB。Lewis 和 James[30]在北极冰动力学联合试验（Arctic Ice Dynamics Joint Experiment，AIDJEX）中，研究了波弗特海不同季节多年冰的运动情况与低频噪声级的相关性。他们通过两个水听器之间的互相关函数，发现噪声相关半径的空间范围可以达到 1000km。北极的大气温度与气压对冰层内部压力、冰层完整性和冰层漂移产生重要的影响。因此，冰下噪声特性也与多尺度的大气作用有关。

对于北极冰层活动产生的瞬态噪声，Kinda 等[31]根据波弗特海东部锚定的声学潜标年度数据（2015 年 9 月～2016 年 10 月）进行了统计分析，总结为宽带冲击、频率调制及高频宽带三类瞬态噪声。其中，宽带冲击噪声占据整个记录时间的 10.6%，其持续时间变化较大，从 1s 到水听器最长的记录时间（420s），50%的宽带冲击噪声的持续时间小于 17s。频带整体向低频段倾斜（小于 50Hz），频率最高不超过 1.4kHz。平均噪声级为 104dB，90%的噪声级分布在 95.5～107dB。宽带冲击噪声与冰层的断裂有关。图 1-15 为宽带冲击瞬态噪声的时频图及谱级曲线。

频率调制瞬态噪声主要由浮冰间的横向剪切和摩擦产生，其持续时间和频带范围变化较大，平均持续时间约为 190s。频率上存在谐波成分，频带整体上比宽带冲击噪声要高，平均噪声级在 95dB 左右，比宽带冲击噪声低，其噪声时频分布如图 1-16 所示。

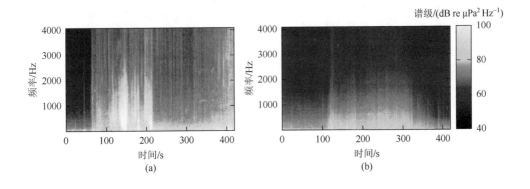

谱级/(dB re μPa² Hz⁻¹)

(a)　　　　　　　　　　　　　　　(b)

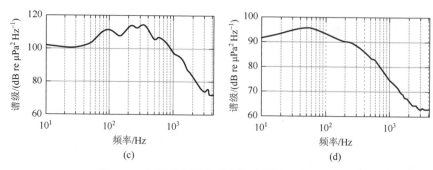

图 1-15　宽带冲击瞬态噪声的时频图及谱级曲线

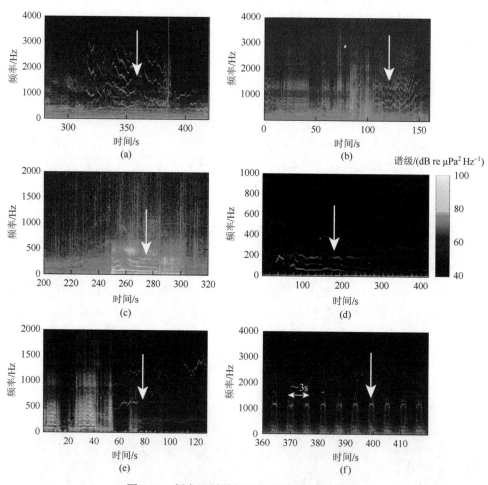

图 1-16　频率调制瞬态噪声时频图及谱级曲线

　　高频宽带瞬态噪声的产生机理与降雪或者风对碎屑冰的作用有关。其时域特征包括准连续和脉冲型两种。高频宽带瞬态噪声占据整个记录时间的 18.5%。噪声级主要从 1kHz 开始上升，到 2kHz 达到最大值，平均噪声级在 92dB 左右。高频宽带噪声时频分布如图 1-17 所示。

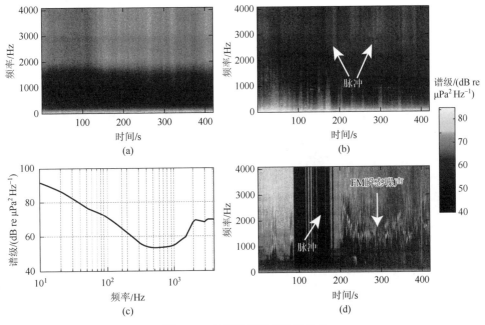

图 1-17　高频宽带噪声时频分布

北极海域哺乳动物噪声主要集中在冰边缘区，图 1-18 为北极海域行船、弓头鲸叫声及地震气枪声源时频谱。弓头鲸是数量最多的须鲸物种，每年春季从阿拉斯加海岸迁移到楚科奇海和波弗特海，冬季再迁移出北极海域。弓头鲸的发声频率在 25～3500Hz，主要的频带为 100～400Hz。在有齿的鲸类中，白鲸和独角鲸的发声频率从几百赫兹到 2×10^4 赫兹。海豹和海象也经常出没于冰边缘区，发声频率也在几百赫兹到 10kHz 左右[32]。

随着全球变暖，当年冰的占比逐渐增加，北极海域噪声特性也发生了新的变化。北极海洋环境噪声与冰层的状态紧密相关，当冰层频繁发生挤压和碰撞时，噪声级较高。当风速较小、冰层情况比较稳定时，噪声级较小。行船噪声除了在夏季有所增加，大部分时间内，人类活动产生的噪声都比较少。随着冰层变薄，冰层挤压产生的噪声变弱。与过去相比，北极海域将会有更多的时间是低噪声的。

1.2.4　混响特性

在北冰洋地区，海冰活动是混响的主要成因。北极地区混响研究始于 20 世纪 60 年代。Mellen 和 Marsh[33]根据 1958～1962 年进行的系列爆炸声源试验数据，

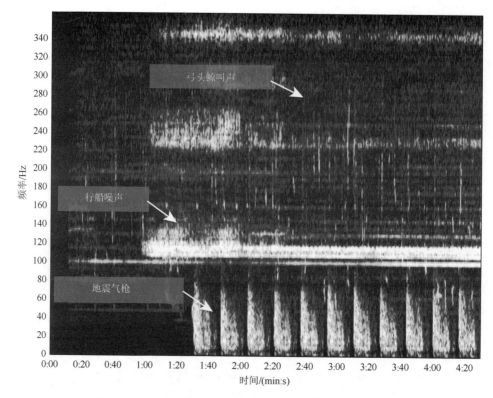

图 1-18　北极海域行船、弓头鲸叫声及地震气枪声源时频谱

研究了冰面粗糙下散射强度与频率和掠射角之间的一般规律。密集冰区的散射强度随频率和掠射角的增大而增强，由海冰引起的混响级比无冰海面要高 40dB 以上。Brown[34]分析了 1963 年爆炸声源冰下混响数据，在 1.28～10.24kHz 频段，散射强度随频率和掠射角的增大而增强，结果如图 1-19 所示。Burke 和 Twersky[35]将冰脊表述为半柱椭圆刚体，建立了描述冰下混响的 Burke-Twersky 模型。1976 年，Diachok 将 Burke-Twersky 模型用于冰下前向散射研究中。Bishop[36-38]通过对冰下表面大尺度三维结构的研究建立了高频（不小于 2kHz）的冰下混响模型。

　　进入 20 世纪 90 年代，文献[39]～[41]利用在挪威海和格陵兰海进行的 1989 东北冰洋联合试验（the 1989 Coordinated East Arctic Experiment，CEAREX 89）的数据，对不同距离上的低频北极混响开展了研究工作：针对短程（小于 3km）的直接冰下表面反射混响，比较了测量散射强度与 Burke-Twersky 模型数据的差异，证明了在低频（24～105Hz）段，当掠射角小于 20°时，测量散射强度与模型规律相吻合；对于中程（5～20km）的冰下表面和海底混合混响，研究了基于垂直阵的表面和海底混响分离方法，并分别验证了低频冰下混响和海底混响与相关模型的吻合度；

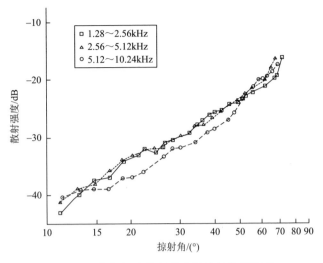

图 1-19 北极混响散射强度随掠射角变化图

对于远程（不大于 200km）的甚低频（10～50Hz）混响，建立了基于简正波的北极混响模型，通过测量数据验证了模型的合理性，并指出有效的混响强度取决于声源的深度。Lepage 和 Schmidt[42]同样利用 CEAREX 89 试验中的二维水平阵数据，进行了北极混响空间统计特征的研究，发现其具有高度的相关性，相邻水平相关性可以达到 0.99 以上，并通过弹性扰动参量化方法反演了冰盖粗糙度的空间统计参数。

由于海冰厚度、界面的随机特性，北极区域声波传播伴随明显的混响。意大利水下防卫中心的 Lepage 等[43-46]一直从事混响研究，也是北极声传播混响的主要研究者。2001 年，Duckworth 等[47]讨论了 1992 年获取的混响数据的时间序列及其散射角度特性，采用文献[48]中的粗糙界面微扰法求解反射系数理论，结合 KRAKANC 程序对混响时间序列进行仿真预报，并对频率为 35～45Hz 的冰层散射强度进行了反演。结果表明：反演得到的冰层散射强度的角度依存性与试验数据吻合良好（误差为 3～5dB）。

参 考 文 献

[1] Iversen T. Meteorology and Transport of Air Masses in Arctic Regions[M]. Berlin：Springer，1993：57-75.

[2] Overland J E，Wang J，Pickart R S，et al. Recent and Future Changes in the Meteorology of the Pacific Arctic[M]. Dordrecht：Springer，2014：17-30.

[3] Lee C M，Cole S，Doble M，et al. Stratified Ocean Dynamics of the Arctic：Science and Experiment Plan[R]. Washington：Technical Report APL-UW 1601，2016.

[4] Galley R J，Babb D，Ogi M，et al. Replacement of multiyear sea ice and changes in the open water season duration in the Beaufort Sea since 2004[J]. Journal of Geophysical Research Oceans，2016，121（3）：1806-1823.

[5]　Johannessen O M, Bengtsson L, Miles M W, et al. Arctic climate change: Observed and modelled temperature and sea-ice variability[J]. Tellus A: Dynamic Meteorology and Oceanography, 2004, 56 (4): 328-341.

[6]　Toole J M, Timmermans M L, Perovich D K, et al. Influences of the ocean surface mixed layer and thermohaline stratification on Arctic Sea ice in the central Canada Basin[J]. Journal of Geophysical Research Oceans, 2010, 115 (C10): C10018.

[7]　Steele M, Boyd T. Retreat of the cold halocline layer in the Arctic Ocean[J]. Journal of Geophysical Research Oceans, 1998, 103 (C5): 10419-10435.

[8]　Rudels B, Jones E P, Schauer U, et al. Atlantic sources of the Arctic Ocean surface and halocline waters[J]. Polar Research, 2004, 23 (2): 181-208.

[9]　Rudels B. Arctic Ocean circulation and variability-advection and external forcing encounter constraints and local processes[J]. Ocean Science, 2012, 8 (6): 2313-2376.

[10]　Jackson J M, Carmack E C, Mclaughlin F A, et al. Identification, characterization, and change of the near-surface temperature maximum in the Canada Basin, 1993-2008[J]. Journal of Geophysical Research: Oceans, 2010, 115: C05021.

[11]　Gallaher S G. Evolution of a Canada Basin ice-ocean boundary layer and mixed layer across a developing thermodynamically forced marginal ice zone[J]. Journal of Geophysical Research: Oceans, 2016, 121 (8): 6223-6250.

[12]　Steele M, Ermold W, Zhang J. Modeling the formation and fate of the near-surface temperature maximum in the Canadian Basin of the Arctic Ocean[J]. Journal of Geophysical Research Oceans, 2011, 116: C11015.

[13]　Weber J R. Maps of the Arctic Basin Sea floor: A history of bathymetry and its interpretation[J]. Arctic, 1983, 36 (2): 121-142.

[14]　Gavrilov A N, Mikhalevsky P N. Low-frequency acoustic propagation loss in the Arctic Ocean: Results of the Arctic climate observations using underwater sound experiment[J]. The Journal of the Acoustical Society of America, 2006, 119 (6): 3694-3706.

[15]　Mikhalevsky P N. Acoustics, Arctic[M]. Encyclopedia of Ocean Sciences. Massachusetts: Academic Press, 2001: 92-100.

[16]　刘崇磊, 李涛, 尹力, 等. 北极冰下双轴声道传播特性研究[J]. 应用声学, 2016, 35 (4): 309-315.

[17]　Badiey M, Muenchow A, Wan L, et al. Modeling three dimensional environment and broadband acoustic propagation in Arctic shelf-basin region[J]. The Journal of the Acoustical Society of America, 2014, 136 (4): 2317.

[18]　O'Hara C A, Collis J M. Underwater acoustic propagation in Arctic environments[J]. The Journal of the Acoustical Society of America, 2011, 130 (4): 2529.

[19]　Desharnais F, Heard G J, Ebbeson G R, et al. Acoustic propagation in an Arctic shallow-water environment[C]. Proceedings of Oceans, San Diego, 2003.

[20]　Diachok O I. Effects of sea-ice ridges on sound propagation in the Arctic Ocean[J]. The Journal of the Acoustical Society of America, 1976, 59 (5): 1110-1120.

[21]　Worcester P F, Cornuelle B D, Dzieciuch M A, et al. Thin-ice Arctic Acoustic Window (THAAW) [R]. La Jolla: Scripps Institution of Oceanography, 2013.

[22]　Roth E H, Hildebrand J A, Wiggins S M, et al. Underwater ambient noise on the Chukchi Sea continental slope from 2006-2009[J]. The Journal of the Acoustical Society of America, 2012, 131 (1): 104-110.

[23]　Galley R J, Else B G, Howell S E, et al. Landfast sea ice conditions in the Canadian arctic: 1983-2009[J]. Arctic, 2012, 65 (2): 133-144.

[24] Milne A R, Ganton J H. Ambient noise under Arctic-Sea ice[J]. The Journal of the Acoustical Society of America, 1964, 36 (5): 855-863.

[25] Makris N C, Dyer I. Environmental correlates of Arctic ice-edge noise[J]. The Journal of the Acoustical Society of America, 1991, 90 (6): 3288-3298.

[26] Makris N C, Dyer I. Environmental correlates of pack ice noise[J]. The Journal of the Acoustical Society of America, 1986, 79 (5): 1434-1440.

[27] Greening M V, Zakarauskas P. Spatial and source level distributions of ice cracking in the Arctic Ocean[J]. The Journal of the Acoustical Society of America, 1992, 95 (2): 783-790.

[28] Greening M V, Zakarauskas P. A two-component Arctic ambient noise model[J]. The Journal of the Acoustical Society of America, 1992, 92 (4): 2343.

[29] Etter P C. Underwater Acoustic Modeling and Simulation[M]. Boca Raton: CRC Press, 2018.

[30] Lewis J K, James K. Arctic ambient noise in the Beaufort Sea: Seasonal space and time scales[J]. The Journal of the Acoustical Society of America, 1987, 82 (3): 988-997.

[31] Kinda G B, Simard Y, Gervaise C, et al. Arctic underwater noise transients from sea ice deformation: Characteristics, annual time series, and forcing in Beaufort Sea[J]. The Journal of the Acoustical Society of America, 2015, 138 (4): 2034-2045.

[32] Worcester P F, Dzieciuch M A, Sagen H. Ocean acoustics in the rapidly changing Arctic[J]. Acoustical Today, 2020, 16 (1): 55-64.

[33] Mellen R H, Marsh H W. Underwater sound reverberation in the Arctic Ocean[J]. The Journal of the Acoustical Society of America, 1963, 35 (10): 1645-1648.

[34] Brown J R. Reverberation under Arctic Sea ice[J]. The Journal of the Acoustical Society of America, 1964, 36 (3): 601-603.

[35] Burke J E, Twersky V. Scattering and reflection by elliptically striated surfaces[J]. The Journal of the Acoustical Society of America, 1966, 40 (4): 883-895.

[36] Bishop G C. A bistatic high-frequency under-ice acoustic scattering model. I: Theory[J]. The Journal of the Acoustical Society of America, 1989, 85 (5): 1903-1911.

[37] Bishop G C. A bistatic high-frequency under-ice acoustic scattering model. II: Applications[J]. The Journal of the Acoustical Society of America, 1989, 85 (5): 1912-1924.

[38] Bishop G C, Ellison W T, Mellberg L E. A simulation model for high-frequency under-ice reverberation[J]. The Journal of the Acoustical Society of America, 1998, 82 (1): 275-286.

[39] Yang T C, Hayward T J. Surface and bottom backscattering strengths measured from midrange reverberation in the CEAREX 89 arctic experiment[J]. The Journal of the Acoustical Society of America, 1991, 90 (4): 2257.

[40] Yang T C, Hayward T J. Low-frequency Arctic reverberation. II: Modeling of long-range reverberation and comparison with data[J]. The Journal of Acoustical Society of America, 1993, 93 (5): 2524-2534.

[41] Hayward T J, Yang T C. Low-frequency Arctic reverberation. I: Measurement of under-ice backscattering strengths from short-range direct-path returns[J]. The Journal of the Acoustical Society of America, 1993, 93 (5): 2517-2523.

[42] Lepage K D, Schmidt H. Analysis of spatial reverberation statistics in the central Arctic[J]. The Journal of the Acoustical Society of America, 1996, 99 (4): 2033-2047.

[43] Lepage K D, Schmidt H. Spectral integral representations of volume scattering in sediments in layered waveguides[J]. The Journal of the Acoustical Society of America, 2000, 108 (4): 1557-1567.

[44] Lepage K D. Modeling and observations of coherent effects in reverberation from the Clutter09 cruise[J]. The

Journal of the Acoustical Society of America，2009，126（4）：2224.

[45]　Lepage K D. Benchmarking the Kirchhoff approximation for specular scatter from a finite length cylindrical scatterer[J]. The Journal of the Acoustical Society of America，1995，98（5）：2927.

[46]　Lepage K D. Bistatic reverberation in range-independent waveguides[J]. The Journal of the Acoustical Society of America，2000，107（5）：2920.

[47]　Duckworth G，Lepage K D，Farrell T. Low-frequency long-range propagation and reverberation in the central Arctic：Analysis of experimental results[J]. The Journal of the Acoustical Society of America，2001，110（2）：747-760.

[48]　Kuperman W A，Schmidt H. Self-consistent perturbation approach to rough surface scattering in stratified elastic media[J]. The Journal of the Acoustical Society of America，1989，86（4）：1511-1522.

第 2 章　海冰的声学特性

海冰的物理形态和特性与冰龄及其发展阶段密切相关，并且冰层上下表面的形状复杂且起伏较大。北极水声学研究的首要问题就是海冰的声学特性问题。Diachok[1]根据海冰统计数据，将海冰等效为椭圆形半圆柱体在自由表面的均匀分布，结合 Burke-Twersky 散射理论[2]，计算冰面的反射系数，并得到反射系数与冰脊宽度、深度和冰脊密度的经验公式。Kuperman 等[3, 4]使用波数积分法结合扰动理论，将海冰等效为水平弹性介质，使用粗糙度来表征海冰的起伏，基于基尔霍夫（Kirchhoff）近似理论，推导了弹性介质粗糙分界面处的低频反射损失。Livingston 和 Diachok[5]使用匹配场处理技术获取海冰界面的反射系数，避免了通过试验获取反射系数的操作复杂性，但由于相关函数是距离、深度、反射系数幅度和相位的四维函数，计算量巨大。Yew 和 Weng[6]研究了卤水与高孔隙率海冰界面的反射和折射特性，表明孔隙率和厚度是影响反射损失的最大因素。本章主要介绍海冰的物理形态、海冰中的声速及声衰减等声学特性，并在此基础上，分别介绍基于海冰物理形态的 Diachok 冰脊模型和基于 Kirchhoff 近似的粗糙度模型。

2.1　海冰的物理形态

海冰的生长过程非常复杂。温度下降时，海水中的纯水结为小的冰晶（亚毫米量级），这些小的冰晶由于海浪运动等不能形成冰块，而是形成像泥一样的屑冰（Frazil）；当屑冰厚度达到一定程度后，柱状冰晶（Columnar Ice Crystal）不断地沿着深度方向向下生长，冰层不断加厚。柱状冰晶是由纯水凝结而成的，在它像树枝一样向下增长的过程中，海水中的盐分就会遗留在柱状冰晶之间的空隙中，这最终会形成海冰里的盐泡。

文献[7]给出了海冰的划分方式。按照海冰的发展阶段，可以分为初生冰、尼罗冰、饼状冰、初期冰、1 年冰、多年冰。初生冰为最初形成的海冰，是针状或者薄片状的细小冰晶。大量冰晶的凝结形成了海绵状的冰。随着初生冰的继续增长，冻结成厚度为 10cm 左右有弹性的薄冰层，在外力的作用下，薄冰层容易破碎为方形冰块，称其为尼罗冰。尼罗冰在外力的作用下相互碰撞、挤压，摩擦，形成直径 30cm～3m、厚度为 10cm 左右的圆形冰盘，称作饼状冰。尼罗冰冻结在一起形成厚度为 10～30cm 的冰层，称作初期冰。由初期冰发展而成的厚冰，厚度为 30cm～3m。冬季结冰，夏季融冰，持续时间不超过 1 年的冰，称作 1 年冰或者当年冰。当冰层的存在时间超过 1 年时，则称为多年冰。图 2-1 为 2020 年 8 月中国第十一次北极科学考察冰站作业期间的海冰情况，由于北极升温情况加剧，整体冰层分布着较多的融池。

(a) 北极海冰   (b) 融池

图 2-1   2020 年 8 月中国第十一次北极科学考察冰站作业期间的海冰情况

在风浪的作用下，冰层横向间的挤压会产生垂向的压力，这样形成了冰层下表面的冰脊和冰层上表面的冰帆。图 2-2 为中国第十一次北极科学考察期间冰层下表面的光学成像结果。冰层的平均厚度为 2m 左右，在二维平面内，冰层下表面的起伏较为突出，存在较多的冰脊。

图 2-2   中国第十一次北极科学考察期间冰层下表面的光学成像结果

图 2-3 为典型的 1 年冰的内部结构。完整的天然冰在垂直维度上，由上至下分为雪、渗透雪、初生冰、过渡区、柱状区和骨架层等 6 个典型层结构，冰层中

还不均匀地分布着大小不一的气泡、卤水等组成成分，因此冰介质结构十分复杂。海冰在垂直方向上布满了卤水填充的柱形分层，且越接近冰水交界面，孔隙率越大。在冰水交界面上方为厚度 20cm 左右、孔隙率约 30% 的薄冰层，称作骨架层。研究表明，海冰内部的多孔结构（特别是骨架层）是反射损失最为重要的影响因素之一[6]。

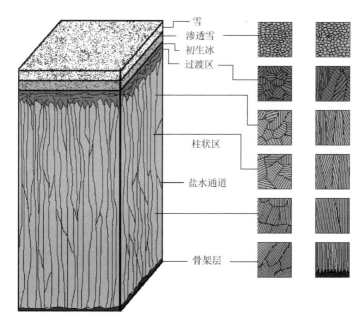

图 2-3 典型的 1 年冰的内部结构

2.2 海冰中的声速及声衰减规律

冰介质在形成过程中，由于海水内部冻结速度不同，冰晶体在结构和空间排列上有所差异，且冰晶体内部卤水、气泡和杂质含量有所不同；从冰介质的形成时间上来看，如初生冰和常年冰，其密度、卤水和气泡含量及盐度分布有着明显不同；从冰介质所处的地理位置上来看，不同地区海水中杂质含量、盐度、环境温度等因素有所不同，又进一步造成冰介质中杂质含量、晶体结构、盐度和温度分布及热力学性质的差异[8]。而以上物理参数的变化都将直接或间接地影响冰介质中声波的传播。因此，影响冰介质中声速和声衰减的因素十分复杂。

通过理论和试验研究，相关研究人员逐渐探索并获取了声波在冰介质中的传播速度及衰减系数[9-11]，并大致总结了可能影响海冰声学特性的若干因素：海冰内部的温度、盐度、孔隙率、冰厚、深度、冰龄等。

海冰中声传播的复杂程度要远大于海水中声传播的复杂程度。由于冰是一种固体，它既能传递剪切波也能传递压缩波，且传播速度不同。冰介质的温度、盐度和密度是影响声学参数变化的主要因素。此外，海冰是一个各向异性的多晶体弹性介质，其内部分层结构导致不同方向的声速及声衰减也存在不同的结果。图 2-4 给出了冰中声速与冰温的关系。整体上，冰中声速与冰温呈负相关关系。

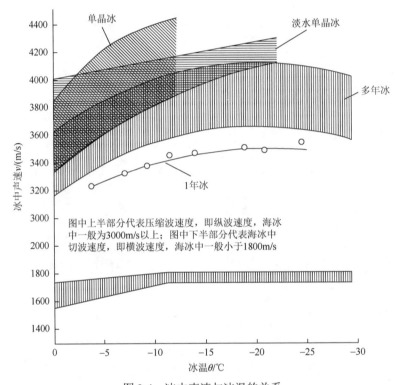

图 2-4　冰中声速与冰温的关系

为了图形的显示效果，将两种冰中声速画到一幅图，冰中声速从 2000m/s 变到 3000m/s

海冰的含盐量较高，盐度特性对海冰的声速变化影响较大，因此研究海冰的声速特性需要分析其盐度分布，典型海冰中声速与盐度的关系如图 2-5 所示。海冰的盐度梯度分布复杂且具有明显的分层结构，在连续冻结的冰层内海冰盐度呈 C 形分布，即冰层的表层及底层盐度偏高，且底层的盐度略高于表层。C 形盐度分布形成的原因是初冰形成时，过冷海水迅速冻结，形成粒状冰，粒状冰晶粒小、晶粒间封闭了较多的细小卤水泡，导致表层冰的含盐量偏高。表层海冰形成之后，冰层的生长速度减慢，晶粒较大且有充足的生长时间，形成柱状冰。柱状冰内的卤水泡有充足的时间向下排泄，导致柱状冰层的盐度偏低。而底层海冰的骨架部分始终与海水连通，同时接收了部分柱状冰层的排泄卤水泡，使得底层海冰的含盐量也偏高。

Langleben[12]采用原位测量法对加拿大北部北极区域海冰进行研究，获取了10～500kHz 纵波声衰减系数，如图 2-6 所示，其拟合计算公式为

$$\alpha = c_1 f + c_2 f^4 \qquad (2\text{-}1)$$

式中，f 为频率；$c_1 = 4.45 \times 10^{-2} \, \text{dB/(m·kHz)}$；$c_2 = 2.18 \times 10^{-2} \, \text{dB/[m·(kHz)}^4]$。

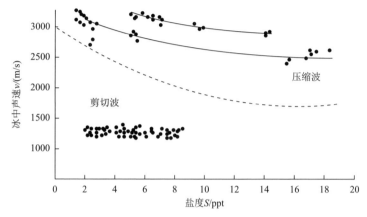

图 2-5 典型海冰中声速与盐度的关系

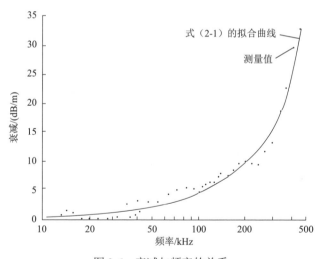

图 2-6 衰减与频率的关系

对拟合曲线进行分析，可以看出式（2-1）第一项在所研究的频带中起主要作用，当频率低于 60kHz 时，线性项占衰减的 99.9%以上；当频率为 120kHz 左右时，线性项占衰减的 99%；当频率低于 300kHz 时，线性项占衰减的 90%；当频率为 500kHz 左右时，线性项占衰减的 60%。这是因为海冰由复杂的冰晶体结构、高浓度卤水及大量气泡组成，当声波在冰介质中传播时，卤水泡、气泡、冰晶体

及颗粒杂质等部位会产生应变集中，从而引起局部温度波动，再通过热传导产生扩散，这种损耗机制称为热弹性内摩擦。式（2-1）中第二项是散射项，由于所研究的声波波长与冰晶体尺寸相近，因此瑞利散射与其他衰减机制产生的衰减相比很弱，只有当声波波长远远小于冰晶体尺寸时，即频率很高时，瑞利散射起主要作用。

McCammon 和 McDaniel[13]提出了适用性更广泛的衰减系数计算公式：

$$\begin{cases} \alpha = 0.06(-6/T)^{2/3} \\ \beta = 6\alpha \end{cases} \quad (2\text{-}2)$$

式中，T 为温度。此外，McCammon 还给出了 $-6℃$ 条件下，Clee、Tabata、Kuroiwa、Westphal、Langleben 对纵波衰减研究结果的对比图，如图 2-7 所示。

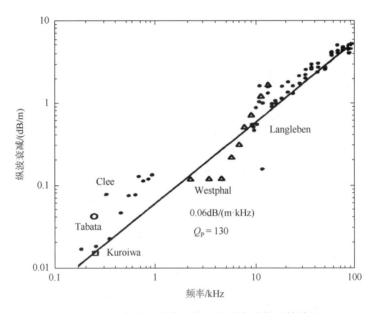

图 2-7 $-6℃$ 条件下多个研究对纵波衰减的计算结果

Rajah[14]在对海冰声速剖面的研究中发现，冰中的卤水声速比冰介质中低，尽管没有有关衰减随盐度变化的数据，但在低声速的卤水区域声波将发生散射，从而增加了声波的衰减。冰介质中声波幅值随距离的减小称为有效衰减，可以用 dB/λ 或 dB/m 来表示，其中 λ 表示波长。有效衰减分为几何衰减和介质衰减，有效衰减可以根据声强随传播距离变化的斜率来确定。Yang 和 Giellis[15]根据纵波和横波分别在 $20\sim40Hz$、$40\sim80Hz$、$80\sim160Hz$ 三个频带内的平均声强随距离的变化关系，得到了纵波和横波的有效衰减。当纵波频率小于 $40Hz$、横波频率小于 $80Hz$ 时介质衰减非常小；在三个频带内纵波有效衰减均在 $1dB/\lambda$ 左右，与 Miller 和 Schmidt[16]的研究结果一致；横波有效衰减与 Brooke 和 Ozard[17]的研究结果一致。表 2-1 和表 2-2 分别给出了 Yang 和 Giellis、Miller 和 Schmidt、Brooke 和 Ozard 对声衰减的研究结果。

表 2-1　Yang 和 Giellis 对声衰减的测量值

波动类型	声速/(m/s)	频率/Hz	声波衰减/(dB/λ)	
			有效值	中位数
压缩波速	2800	20～40	0.02	0
		40～80	0.045	0.025
		80～120	0.076	0.057
切变波速	1650	20～40	0.02	0
		40～80	0.033	0.013
		80～120	0.05	0.03
挠曲波速	可变	20～40	0.062	0.038
		40～80	0.076	0.05
		80～120	0.072	0.048

表 2-2　Miller 和 Schmidt、Brooke 和 Ozard 对声衰减的测量值

研究学者	海冰类型	时间	纵波速度/(m/s)	横波速度/(m/s)	纵波衰减/(dB/λ)	横波衰减/(dB/λ)		
Miller 和 Schmidt	1.2m 冰厚	1987 年	3000	1590	1.0	2.66		
	2.4m 冰厚	1987 年	3500	1750	1.0	2.99		
Brooke 和 Ozard	频率	—	—	—	—	20～40Hz	40～80Hz	80～120Hz
	平滑海冰	1987 年	3084	1705	—	0.32	1.0	0.38
		1986 年	2960	1891	—	0.45	0.57	0.49
	粗糙海冰	1987 年	2893	1660	—	2.33	2.55	1.33
		1986 年	2864	1746	—	1.26	0.84	0.48

2.3　海冰界面建模及反射特性分析

针对海冰对声波的散射和反射特性，Diachok[1]在研究冰脊对声传播的影响时发现，对于 30km 之外的声线，入射角都在 75°以上。Miller 和 Schmidt[16]使用爆炸声源、地声传感器和水听器阵列，研究了冰层中的地声传播现象，得出剪切波的衰减是海冰反射特性最重要的影响因素。同样的结论也得到了文献[18]的印证。当声波的入射角为 20°～60°时，剪切波的影响最为显著。

边界条件对声信道的信息传输有着重大的影响。反射系数反映了边界条件对入射声波的影响。因此，无论边界条件复杂与否，都可以使用反射系数来表征[19]。这样，在求得海冰界面的反射系数后，再耦合到现有的传播模型，就可以得到北极冰层覆盖条件下的声传播特性，并且可以显著地降低问题的复杂度。本节主要对冰层的反射特性进行介绍。

2.3.1 液体-弹性介质反射特性

首先以液体半空间和弹性半空间分界面为例分析弹性介质反射系数的性质。根据弹性介质边界条件，可以将法向位移、切向位移、法向应力和切向应力表示为[20]

$$
\begin{cases}
w = \dfrac{\partial \phi}{\partial z} + \dfrac{\partial \psi}{\partial r} \\[2mm]
u = \dfrac{\partial \phi}{\partial r} - \dfrac{\partial \psi}{\partial z} \\[2mm]
\sigma_{zz}(r,z) = (\lambda + 2\mu)\dfrac{\partial w}{\partial z} + \lambda\dfrac{\partial u}{\partial r} \\[2mm]
\sigma_{rz}(r,z) = \mu\left(\dfrac{\partial u}{\partial z} + \dfrac{\partial w}{\partial r}\right)
\end{cases}
\tag{2-3}
$$

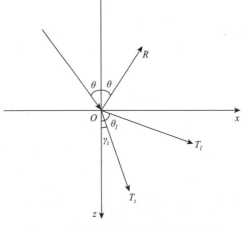

图 2-8　液体-弹性介质界面反射与透射

如图 2-8 所示，幅度为 1 的平面波从液体半空间入射到弹性半空间，液体半空间的声速与密度分别为 c 和 ρ，弹性半空间的密度为 ρ_1，纵波声速与横波声速分别为 c_1 和 b。假设初始入射角为 θ，反射波的幅度为 R，在弹性半空间中将会激发出纵波和横波成分，折射波的幅度分别为 T_l 和 T_t，折射角分别为 θ_l 和 γ_t。在液体半空间中，声波位移势函数可以表示为

$$
\phi = e^{i(kx\sin\theta + kz\cos\theta)} + R e^{i(kx\sin\theta - kz\sin\theta)}
\tag{2-4}
$$

在弹性半空间中，位移势由纵波位移势和横波位移势构成：

$$
\phi_1 = T_l e^{i(k_1 x\sin\theta_l + k_1 z\cos\theta_l)}
\tag{2-5}
$$

$$
\psi_1 = T_t e^{i(\kappa_1 x\sin\gamma_t + \kappa_1 z\cos\gamma_t)}
\tag{2-6}
$$

式（2-4）～式（2-6）中，k 为液体半空间中的波数；k_1 和 κ_1 分别为半空间

中纵波波数及横波波数。在液体半空间和弹性半空间分界面上，满足法向位移连续、法向应力连续及切向应力为 0 的边界条件：

$$w = w|_1,\ \sigma_{zz} = \sigma_{zz}|_1,\ \sigma_{zr}|_1 = 0 \tag{2-7}$$

将式（2-4）～式（2-6）代入式（2-3），并应用到式（2-7）代表的边界条件中，根据斯内尔（Snell）定律，$k\sin\theta = k_1\sin\theta_1 = \kappa_1\sin\gamma_t$，经过一些烦琐的计算，可得最终的反射系数和折射系数公式：

$$R = \frac{Z_l\cos^2(2\gamma_t) + Z_t\cos^2(2\gamma_t) - Z}{Z_l\cos^2(2\gamma_t) + Z_t\cos^2(2\gamma_t) + Z} \tag{2-8}$$

$$T_l = \frac{\rho}{\rho_1}\frac{2Z_l\cos(2\gamma_t)}{Z_l\cos^2(2\gamma_t) + Z_t\cos^2(2\gamma_t) + Z} \tag{2-9}$$

$$T_t = -\frac{\rho}{\rho_1}\frac{2Z_t\sin(2\gamma_t)}{Z_l\cos^2(2\gamma_t) + Z_t\cos^2(2\gamma_t) + Z} \tag{2-10}$$

式中，Z、Z_l 和 Z_t 分别为液体半空间、弹性半空间纵波和横波成分的声阻抗，具有如下形式：

$$Z = \frac{\rho c}{\cos\theta},\ Z_l = \frac{\rho_1 c_1}{\cos\theta_l},\ Z_t = \frac{\rho_1 b}{\cos\gamma_t} \tag{2-11}$$

值得注意的是，横波成分的出现使得下表面的阻抗小于相同条件下仅存在纵波成分的阻抗，使下表面的阻抗呈现变软态势。下面简要地分析反射系数和透射系数满足的一些规律。

（1）当入射平面波垂直入射时，由反射系数和透射系数公式可知，$W_t = 0$，即不会在弹性半空间中激发出横波成分。而当横波的折射角等于 45°时，即入射角 $\theta = \arcsin\left(\dfrac{c}{b\sqrt{2}}\right)$ 时，$W_l = 0$，弹性半空间中没有纵波成分。

（2）在低声速海底，即当弹性半空间和液体半空间的声速满足 $c_1 > c > b$ 时，随着入射角的增大，当 $\theta = \arcsin(c/c_1)$ 时，达到了纵波成分的临界角，纵波成分发生全反射，在分界面处形成不均匀波。这时的反射系数可以表示为

$$R = \frac{Z_t\sin^2(2\gamma_t) - Z - \mathrm{i}\,|Z_l|\cos^2(2\gamma_t)}{Z_t\sin^2(2\gamma_t) + Z - \mathrm{i}\,|Z_l|\cos^2(2\gamma_t)} \tag{2-12}$$

当弹性半空间纵波成分发生全反射时，反射系数的模为 1。而其他情形下，反射系数小于 1，这是由能量泄漏到海底引起的。

（3）在高声速海底，即当弹性半空间和液体半空间的声速满足 $c_1 > b > c$ 时，随着入射角的增大，当 $\theta = \arcsin(c/b)$ 时，达到了横波成分的临界角，横波发生全反射，反射系数为 1。当入射角继续增大，满足 $\theta = \arcsin(c/c_1)$ 时，纵波和横波成分都发生了全反射，两者都是沿着分界面传播的不均匀波。

2.3.2　海冰的反射

对于中高纬度海域及北极等冰层覆盖海域,海冰的反射可以视为具有不同声阻抗的分层介质反射问题。图 2-9 绘制了海冰介质中声波的传播情况。为了降低问题的复杂度,假设海冰-空气界面反射系数等于 1,所以不再绘制透射到空气中的声波。图 2-9 中的实线代表纵波成分,虚线代表横波成分。假设平面波从水中入射到冰层,在冰层内部会同时激发横波和纵波成分,图中的折射路径是假设水中的声速大于海冰横波声速而小于海冰纵波声速的情形下得出的。声波的横波成分或者纵波成分到达界面时, 再次激发出横波成分和纵波成分, 循环往复,能量传向远方。

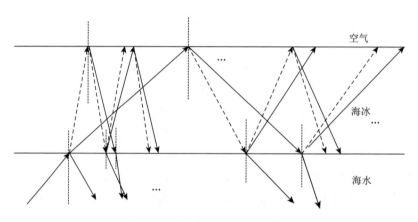

图 2-9　海冰介质中声波的传播情况

本节对海冰反射系数不进行理论推导,布列霍夫斯基赫[21]给出了无损耗状态下冰层反射系数的公式,式中的 ρ_1 与 c_1 为海水的密度和声速。ρ_2、c_p、c_s、θ_2 和 γ_2 分别为海冰的密度、纵波声速、横波声速、纵波折射角和横波折射角。

$$\begin{cases} R = \mathrm{e}^{\mathrm{i}\phi}, \phi = 2\arctan\dfrac{M}{N^2 - M^2} \\ N = Z_2 / Z_1 \cos^2(2\gamma_2)\sin P + Z_{2t} / Z_1 \sin^2(2\gamma_2)\sin Q \\ M = Z_2 / Z_1 \cos^2(2\gamma_2)\cot P + Z_{2t} / Z_1 \sin^2(2\gamma_2)\cot Q \\ P = d\sqrt{(w/c_p)^2 - \xi^2}, Q = d\sqrt{(w/c_s)^2 - \xi^2} \\ Z_1 = \dfrac{\rho_1 c_1}{\cos\theta_1}, Z_2 = \dfrac{\rho_2 c_p}{\cos\theta_2}, Z_{2t} = \dfrac{\rho_2 c_s}{\cos\gamma_2} \end{cases} \quad (2\text{-}13)$$

2.3.3　Diachok 冰脊模型

Diachok 冰脊模型是一种典型的离散海冰模型，使用若干个统计参数来表征海冰的形状特征。尽管海冰大小、形状各异，分布较为复杂，整体来说，海冰的冰脊之间有一些相似的几何特征，可以用来作为冰脊的特征参数。海冰可以看作由许多漂浮的浮冰组成，浮冰厚度比较均匀。由于相邻浮冰间的相互碰撞、挤压，还会在冰层下表面形成冰脊。尽管冰脊的几何形状各异，但冰脊上表面的形状可以近似等效为高斯分布，下表面切面可以近似为半椭圆形，如图 2-10 所示。其中，a 为冰层厚度，w 为冰脊半宽度，h 为冰帆高度，d 为冰脊深度。Diachok 指出，一般来说，冰脊大约高 1m，深 4m，宽 12m，冰脊的密度（每千米长度内冰脊个数）一般为 10 个/km 左右。冰脊在水平方向的长度要比纵向上的深度大很多。

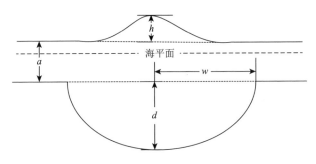

图 2-10　离散冰脊模型

为了计算海冰上边界对声传播的影响，Diachok 将冰-水界面视为无限个椭圆形半圆柱体在自由海面的均匀分布，并使用 Burke-Twersky 散射理论计算冰面的反射系数。如图 2-11 所示，平面波以掠射角 Φ 入射到冰面上，散射体形状相同，并且相邻散射体之间的距离大于散射体自身的尺寸。在不考虑空气-海冰界面起伏

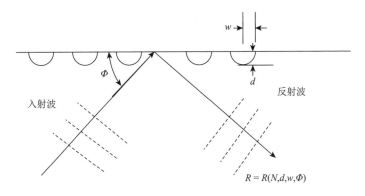

图 2-11　Burke-Twersky 散射模型

及 lamb 波的前提下，冰面的反射系数可以表示为冰脊密度 N、冰脊深度 d、宽度 w 和掠射角 Φ 的函数。

在此模型假设下，Diachok 给出了一个近似的反射系数公式：

$$R = \begin{cases} \left(\dfrac{1 - xNd/\Phi}{1 + xNd/\Phi}\right)^2, & kd \geqslant 1 \\[3mm] 1 - \pi^2 Ndk^3 \left[d\left(\dfrac{d+w}{2}\right)^2\right]\Phi, & kd < 1 \end{cases} \qquad (2\text{-}14)$$

式中，x 为椭圆的离心率修正系数，近似为 1；$k = 2\pi f / c$，为波数。

由式（2-14）可以看出，在高频时，当波长小于冰脊的平均深度或者波长远小于冰层厚度时，反射系数与频率无关；在低频时，当波长大于冰脊平均深度或者冰层厚度与波长相比可以忽略时，反射系数 R 与 f^3 成反比。

作为一种离散统计模型，Diachok 冰脊模型需要充分地获取试验海域的海冰厚度，冰脊密度、深度、高度及走向等统计参数。在中高纬度特别是北极海域，受制于恶劣的海洋环境，考虑到人员、设备的安全性等方面，充分地获取冰层特征参数并不是一件容易的事情。这些因素将限制 Diachok 模型的应用。最后，本节以美国国家冰雪数据中心（National Snow & Ice Data Center，NSIDC）提供的海冰干舷厚度数据为例，对海冰的特征参数进行统计，并计算其对应的反射系数。需要说明的是，Ice Draft 指的是海冰下表面轮廓距离水面的深度而不是海冰厚度。

截取海水 Ice Draft 数据的长度为 35km，距离采样间隔为 1m，冰层下表面深度分布如图 2-12 所示。从图 2-12（a）中可以看出，海冰的起伏相当严重；图 2-12（b）随机展示了位于 9.35km 距离处的某个冰脊，冰脊深 5.7m、宽 16m。对 Ice Draft 数据进行数理统计分析，得到的厚度概率密度分布、厚度自相关系数、冰脊深度概率密度分布和冰脊间隔概率密度分布如图 2-13 所示。

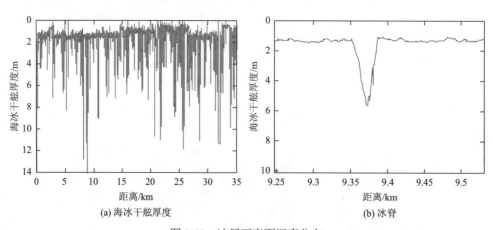

(a) 海冰干舷厚度　　　　　　　　　(b) 冰脊

图 2-12　冰层下表面深度分布

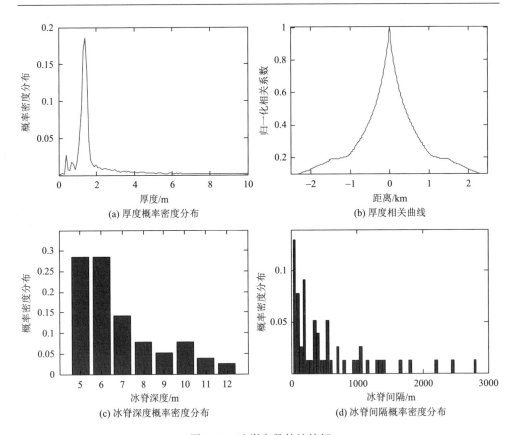

(a) 厚度概率密度分布　　　　　　　　　(b) 厚度相关曲线

(c) 冰脊深度概率密度分布　　　　　　　(d) 冰脊间隔概率密度分布

图 2-13　冰脊参数统计特征

从图 2-13 中可以看出，海冰的平均厚度为 1.4m，相关半径约为 300m。冰脊的深度集中在 5～6m，空间间隔不一，但满足 Burke-Twersky 散射理论所要求的冰脊空间间隔远大于冰脊高度和冰脊半宽度的前提条件。此外，在此数据段总共探测到 100 个冰脊，则冰脊密度约为 3.3 个。使用 Diachok 模型反射系数经验公式，假设冰脊宽 15m，得到的反射系数如图 2-14 所示。可见，在低频时的反射系数较低，随着频率增加，反射系数有所降低。在高频时，随着掠射角的增加反射系数先减小后增加，在 1.5° 时反射系数为 0。

2.3.4　基于基尔霍夫近似的粗糙度模型

对于存在粗糙界面的弹性介质中的扰动声场，势函数为相干声场和非相干散射声场之和[22]：

$$\chi_s = \langle \chi_s \rangle + s, \ \{\phi = \langle \phi \rangle + p, \varphi = \langle \varphi \rangle + q\} \qquad (2\text{-}15)$$

式中，$\langle \chi_s \rangle$ 为相干声场部分；$\langle \phi \rangle$ 与 $\langle \varphi \rangle$ 分别为相干纵波和横波散射部分；s 为非

相干散射部分，均值 $\langle s \rangle = 0$；p 与 q 分别为非相干部分的纵波散射部分和横波散射部分；ϕ 为纵波成分；φ 为横波成分。

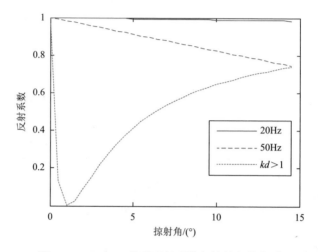

图 2-14　Diachok 模型反射系数与掠射角的关系

散射声场由界面的粗糙度 γ 产生，且散射声场强度与 γ 成正比。γ 满足 $\gamma - z(r) = 0$，$\langle \gamma \rangle = 0$。对于北极海冰界面，可以等价为空气-海冰-海水三层水平分层介质，并在空气-海冰界面和海冰-海水界面存在一定程度的粗糙度。图 2-15 展示了海冰分层及各层内声场的分布情况。其中，图 2-15 中的 1、2 和 3，以及变量下标 a、i 和 w 分别代表空气、海冰和海水介质。

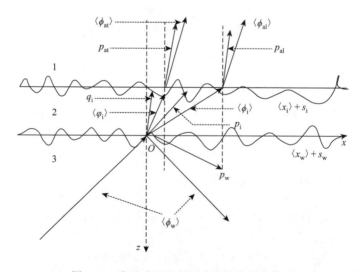

图 2-15　海冰分层及各层内声场的分布情况

为了原理推导方便，使用 B 算子来表征分界面处的位移和应力连续条件，假设两层介质分别为 j 和 $j+1$，则边界条件可以表示为 $B(\chi_j; \chi_{j+1}) = 0$。在弹性分层介质之间，满足如下关系：

$$\begin{cases} B_u : u(r,z)|_{j+1} - u(r,z)|_j = 0 \\ B_w : w(r,z)|_{j+1} - w(r,z)|_j = 0 \\ B_{zr} : \sigma_{zr}(r,z)|_{j+1} - \sigma_{zr}(r,z)|_j = 0 \\ B_{zz} : \sigma_{zz}(r,z)|_{j+1} - \sigma_{zz}(r,z)|_j = 0 \end{cases} \qquad (2\text{-}16)$$

使用微扰理论计算扰动声场的势函数。将扰动声场 χ_s 使用泰勒级数展开

$$\chi_s(r,z) = \langle \chi_s \rangle|_{z=0} + \gamma \frac{\partial \langle \chi_s \rangle}{\partial z} + \frac{\gamma^2}{2} \frac{\partial^2 \langle \chi_s \rangle}{\partial z^2}\bigg|_{z=0}$$
$$+ s|_{z=0} + \gamma \frac{\partial s}{\partial z}\bigg|_{z=0} + \cdots \qquad (2\text{-}17)$$

对扰动声场求平均值，粗糙度 γ 的奇数次幂的均值为 0，并省略 γ 的高阶项，得到扰动声场有效势函数：

$$\chi_s^* = \langle \chi_s \rangle|_{z=0} + \frac{\langle \gamma^2 \rangle}{2} \frac{\partial^2 \langle \chi_s \rangle}{\partial z^2}\bigg|_{z=0} + \left\langle \frac{\gamma \partial s}{\partial z} \right\rangle\bigg|_{z=0} \qquad (2\text{-}18)$$

因此，相干散射声场 $\langle \chi_s \rangle$ 的边界条件可以使用有效势函数 χ_s^* 来代替。但是，从式（2-18）中可以看出，有效势函数 χ_s^* 中存在散射声场的耦合项 $\langle \gamma \partial s / \partial z \rangle$。为了得到与散射声场 s 无关的扰动声场边界条件 $B(\chi_{s,j}^*; \chi_{s,j+1}^*) = 0$，还需要构造散射声场边界条件来去除耦合项。由式 $B(\chi_{s,j}; \chi_{s,j+1}) - B(\chi_{s,j}^*; \chi_{s,j+1}^*) = 0$，可得非相干散射部分的边界条件：

$$B(s_j; s_{j+1}) = -\gamma_j B\left(\frac{\partial \langle \chi_{s,j} \rangle}{\partial z}; \frac{\partial \langle \chi_{s,j+1} \rangle}{\partial z} \right) \qquad (2\text{-}19)$$

从式（2-19）中可以看出，散射声场是由界面的粗糙度引起的。为了去除有效势函数中的散射部分 $\gamma \langle \partial s / \partial z \rangle$，对有效势函数式（2-18）和散射边界条件式（2-19）进行 $k_r - r$ 域傅里叶变换，得到

$$\tilde{\chi}_{s,j}^* = \langle \tilde{\chi}_{s,j} \rangle \left(1 - \frac{\langle \gamma_j^2 \rangle}{2} k_{z,j}^2 \right) + \left(\gamma_j \frac{\partial \tilde{s}_j}{\partial z} \right) \qquad (2\text{-}20)$$

$$B(\tilde{s}_j; \tilde{s}_{j+1}) = -B\left(\gamma_j \frac{\partial \langle \tilde{\chi}_{s,j} \rangle}{\partial z}; \gamma_j \frac{\partial \langle \tilde{\chi}_{s,j+1} \rangle}{\partial z} \right) \qquad (2\text{-}21)$$

通过式（2-21）求解出 $\gamma_j \langle \partial \tilde{s}_j \rangle / \partial z$，代入式（2-20）得到仅与相干部分有关而与散射声场无关的有效势函数，进而得到与散射声场无关的有效位移势边界条件 $B(\tilde{\chi}_{s,j}^*; \tilde{\chi}_{s,j+1}^*) = 0$。最后联立非扰动声场波动方程，即可得到扰动声场下的相干散射成分的解。

对于空气-海冰及海冰-海水分解面的边界条件，根据声场的连续性，空气-海冰界面满足法向应力和切向应力为 0。

$$\begin{cases} \sigma_{zr}\mid_{\text{ice}}=0 \\ \sigma_{zz=0}\mid_{\text{ice}}=0 \end{cases} \tag{2-22}$$

在海冰-海水分界面，满足法向位移、法向应力的连续性及切向应力为 0。

$$\begin{cases} w\mid_{\text{water}}=w\mid_{\text{ice}} \\ \sigma_{zz}\mid_{\text{water}}=\sigma_{zz}\mid_{\text{ice}} \\ \sigma_{zr}\mid_{\text{ice}}=0 \end{cases} \tag{2-23}$$

求解 $\gamma_j \partial \tilde{s}_j/\partial z$ 是一个相当复杂的过程。使用基尔霍夫近似可以大大简化求解过程。在各向同性的均匀介质中，非相干散射部分的边界可以表示为

$$B\left(\left\langle \gamma_j \frac{\partial \tilde{s}_j}{\partial z}\right\rangle;\left\langle \gamma_j \frac{\partial \tilde{s}_{j+1}}{\partial z}\right\rangle\right)$$

$$=-\langle \gamma_j^2\rangle B\left(\mathrm{i}k_{z,j}\frac{\partial \langle \tilde{\chi}_{s,j}\rangle}{\partial z};-\mathrm{i}k_{z,j+1}\frac{\partial \langle \tilde{\chi}_{s,j+1}\rangle}{\partial z}\right) \tag{2-24}$$

式中，$k_{z,j}$、$k_{z,j+1}$ 表示 j 层和 $j+1$ 层介质的垂直波数。

对于液体-液体粗糙界面情况，与散射声场无关的有效势边界条件可以表述为[3]

$$\begin{cases} \rho_1 \langle \chi_{s,1}\rangle - \rho_2 \langle \chi_{s,2}\rangle = \langle \gamma^2\rangle f_1(\chi_1,\chi_2) \\ \dfrac{\partial \langle \chi_{s,1}\rangle}{\partial z}-\dfrac{\partial \langle \chi_{s,2}\rangle}{\partial z}=\langle \gamma^2\rangle f_2(\chi_1,\chi_2) \end{cases} \tag{2-25}$$

函数 $f_1(\chi_1,\chi_2)$ 和 $f_2(\chi_1,\chi_2)$ 的表达式如下：

$$\begin{cases} \begin{aligned} f_1(\chi_1,\chi_2)=&\frac{\exp(\mathrm{i}k_r r)}{2\pi}\int \mathrm{d}\xi \varDelta_c^{-1}(k_{z,1},k_{z,2})P(k_r-\xi)[\tilde{g}_1(k_r)k_{z,1}k_{z,2}(\rho_1-\rho_2) \\ &-\mathrm{i}\tilde{g}_2(k_r)\rho_1\rho_2(k_{z,1}+k_{z,2})]+\frac{\rho_2 T_0}{2}\exp(\mathrm{i}k_r r)(k_{z,1}^2-k_{z,2}^2) \end{aligned} \\ \begin{aligned} f_2(\chi_1,\chi_2)=&\frac{\exp(\mathrm{i}k_r r)}{2\pi}\int \mathrm{d}\xi \varDelta_c^{-1}(k_{z,1},k_{z,2})P(k_r-\xi)\{[\mathrm{i}\tilde{g}_1(k_r)k_{z,1}k_{z,2}(k_{z,1}+k_{z,2}) \\ &-\tilde{g}_2(k_r)\rho_2(k_{z,1}^2+k_{z,2}^2)]-k_r(k_r-\xi)[\mathrm{i}\tilde{g}_1(k_r)(k_{z,1}+k_{z,2})+\tilde{g}_2(k_r)(\rho_2-\rho_1)]\} \\ &-\frac{k_{z,2}T_0}{2}\exp(\mathrm{i}k_r r)(k_{z,1}^2-k_{z,2}^2) \end{aligned} \end{cases}$$

$$\tag{2-26}$$

应用基尔霍夫近似理论，式（2-26）中的海面谱强度 $P(k_r-\xi)$ 近似为狄拉克方程的函数，即 $P(k_r-\xi)\approx 2\pi\delta^2(k_r-\xi)$，式（2-25）所示的求解过程得到大量简化，最终得到

$$
\begin{cases}
\rho_1\langle\chi_{s,1}\rangle - \rho_2\langle\chi_{s,2}\rangle \\
= \left\langle\dfrac{\gamma^2}{2}\right\rangle R_0 \exp(\mathrm{i}k_r[\rho_2(k_{z,2}-k_{z,1})^2 + 2k_{z,1}(\rho_1 k_{z,2} - \rho_2 k_{z,1})]) \\
\dfrac{\partial\langle\chi_{s,1}\rangle}{\partial z} - \dfrac{\partial\langle\chi_{s,2}\rangle}{\partial z} \\
= \dfrac{\mathrm{i}\langle\gamma^2\rangle}{2\rho_1} T_0 \exp(\mathrm{i}k_r r)[\rho_1(k_{z,1}+k_{z,2})^2 - 2(\rho_2 k_{z,1}^3 + \rho_1 k_{z,2}^3)]
\end{cases}
\tag{2-27}
$$

式中，R_0 与 T_0 为非扰动声场的瑞利反射系数和透射系数。假设相干散射部分的解可以表示为反射系数 R 和透射系数 T 的函数，则

$$
\langle\chi_{s,1}\rangle = \mathrm{e}^{\mathrm{i}k_r r}(\mathrm{e}^{-\mathrm{i}k_{z,1}z} + R\,\mathrm{e}^{\mathrm{i}k_{z,1}z})
\tag{2-28}
$$

$$
\langle\chi_{s,2}\rangle = \mathrm{e}^{\mathrm{i}k_r r}\,T\,\mathrm{e}^{-\mathrm{i}k_{z,2}z}
\tag{2-29}
$$

将式（2-28）与式（2-29）代入式（2-27）得到相干散射部分的反射系数和透射系数：

$$
R = R_0(1 - 2k_{z,1}^2\langle\gamma^2\rangle)
\tag{2-30}
$$

$$
T = T_0\left[1 - \frac{1}{2}(k_{z,1}-k_{z,2})^2\langle\gamma^2\rangle\right]
\tag{2-31}
$$

根据上面的描述，按照文献[22]中海冰声学参数的设定，假设海冰声学参数如表 2-3 所示。其中，海冰厚 2.1m，密度为 $0.92\mathrm{g/cm^3}$，纵波速度为 3000m/s，横波速度为 1600m/s，空气-冰面的粗糙度为 0.2m，冰面-海水界面的粗糙度为 0.8m。使用波数积分法计算冰面反射系数与频率和掠射角的关系。反射损失与频率和掠射角的关系及典型频率下的反射损失与掠射角的关系如图 2-16 和图 2-17 所示。

表 2-3　海冰声学参数

厚度/m	纵波速度/(m/s)	横波速度/(m/s)	纵波衰减/(dB/λ)	横波衰减/(dB/λ)	密度/(g/cm³)	空气-冰面的粗糙度/m	冰面-海水界面的粗糙度/m
2.1	3000	1600	0.3	1.0	0.92	0.2	0.8

由图 2-16 和图 2-17 可以看出，当频率≤800Hz、掠射角小于 10°时，反射损失整体较小。此时，声波波长与冰层厚度在数值上处在相同量级。冰层界面对反射损失的影响相对较小。随着频率的增大，波长越来越短，冰层介质的影响逐渐显现，反射损失曲线结构变得复杂。此外，界面还存在全反射情况，当掠射角低于 24°（横波临界角）时，纵波和横波成分都发生全反射，反射损失较小。当掠射角超过 24°时，横波和纵波与海冰界面发生耦合，反射损失出现若干共振峰。

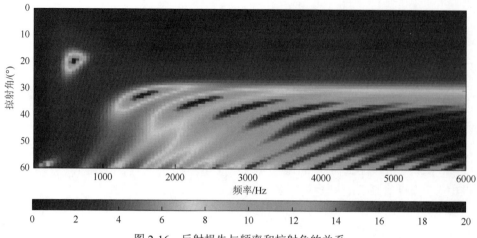

图 2-16　反射损失与频率和掠射角的关系

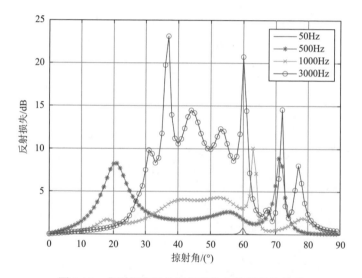

图 2-17　典型频率下的反射损失与掠射角的关系

参 考 文 献

[1]　Diachok O I. Effects of sea-ice ridges on sound propagation in the Arctic ocean[J]. The Journal of the Acoustical Society of America，1976，59（5）：1110-1120.

[2]　Burke J E，Twersky V. Scattering and reflection by elliptically striated surfaces[J]. The Journal of the Acoustical Society of America，1966，40（4）：883-895.

[3]　Kuperman W A，Schmidt H. Rough surface elastic wave scattering in a horizontally stratified ocean[J]. The Journal of the Acoustical Society of America，1986，79（12）：1767-1777.

[4]　Kuperman W A. Coherent component of specular reflection and transmission at a randomly rough two-fluid interface[J]. The Journal of the Acoustical Society of America，1975，58（2）：365-370.

[5]　Livingston E，Diachok O. Estimation of average under-ice reflection amplitudes and phases using matched-field processing[J]. The Journal of the Acoustical Society of America，1989，86（5）：1909-1919.

[6]　Yew C H，Weng X. A study of reflection and refraction of waves at the interface of water and sea ice[J]. The Journal of the Acoustical Society of America，1987，82（S1）：342-353.

[7]　冯士筰，李凤歧，李少菁. 海洋科学导论[M]. 北京：高等教育出版社，1999.

[8]　Rajan S D，Frisk G V，Doutt J A，et al. Determination of compressional wave and shear wave speed profiles in sea ice by crosshole tomography：Theory and experiment[J]. The Journal of the Acoustical Society of America，1993，93（2）：721-738.

[9]　李朝晖，张金铎，郭纪捷. 海冰中声速与声衰减的测量研究[C]. 2005 年全国水声学学术会议，武夷山，2005：57-60.

[10]　白金. 冰中纵波声速测量方法研究[J]. 舰船科学技术，2021，43（5）：126-129.

[11]　Vogt C，Laihem K，Wiebusch C. Speed of sound in bubble-free ice[J]. The Journal of the Acoustical Society of America，2008，124（6）：3613-3618.

[12]　Langleben M P. Attenuation of sound in sea ice，10-500kHz[J]. Journal of Glaciology，1969，8（54）：399-406.

[13]　McCammon D F，McDaniel S T. The influence of the physical properties of ice on reflectivity[J]. The Journal of the Acoustical Society of America，1985，77（2）：499-507.

[14]　Rajah S D. Determination of compressional and shear wave speed profiles and attenuation in sea ice[J]. The Journal of the Acoustical Society of America，1990，87（S1）：661-662.

[15]　Yang T C，Giellis G R. Experimental characterization of elastic waves in a floating ice sheet[J]. The Journal of the Acoustical Society of America，1994，96（5）：2993-3009.

[16]　Miller B E，Schmidt H. Observation and inversion of seismo-acoustic waves in a complex arctic ice environment[J]. The Journal of the Acoustical Society of America，1991，89（4）：1668-1685.

[17]　Brooke G H，Ozard J M. In-Situ Measurement of Elastic Properties of Sea Ice[M]. Dordrecht：Springer，1989：113-118.

[18]　Fricke J R. Acoustic Scattering from Elastic Ice：A Finite Difference Solution[D]. Cambridge：Woods Hole Oceanographic Institution and Massachusetts Institute of Technology，1991.

[19]　刘崇磊. 中高纬度海域冰下声信息传输技术研究[D]. 北京：中国科学院大学，2018.

[20]　Jensen F B，Kuperman W A，Porter M B，et al. Computational Ocean Acoustics[M]. New York：Springer，2011.

[21]　布列霍夫斯基赫 ΠM. 分层介质中的波[M]. 2 版. 杨训仁，译. 北京：科学出版社，1985.

[22]　黄海宁，刘崇磊，李启虎，等. 典型北极冰下声信道多途结构分析及试验研究[J]. 声学学报，2018，43（3）：273-282.

第 3 章　北极水声传播理论

北极声传播模型早期研究源于 Dyer 的关于北极声传播统计特性的研究。早期研究以试验数据分析为主，主要的经验模型是 Marsh-Mellen 模型[1]和 Buck 模型[2]。1976 年，Diachok 将冰脊看成随机分布的无限长的半圆柱体，理论模型给出了散射损失的理论预报值，对于 40Hz、50Hz 和 200Hz 的频率，此预报值在 300km 以内与测得的散射损失值基本一致。20 世纪 80 年代，随着声场建模技术的日趋成熟，北极声传播建模理论研究相继开展，主要集中在低频远程声传播的研究[3-6]。Fricke[7]提出了液体-弹性介质二维数值模型，指出当年的冰脊可以视为液体散射体，而多年的冰脊也可以视为弹性散射体。当年冰脊下散射呈现偶极子特性，而弹性多年冰脊呈现四极的散射特性。Stotts[8]在 1994 年提出了用于冰下环境的射线理论传播模型，称为海冰射线模型，使之包括冰的散射效应。Alexander 等[9]采用成熟的 Ocean Acoustic Library 工具包，使用射线模拟了冰区声传播特性，并且讨论了在模型中加入浮冰的不同处理方法。Collins[10]使用抛物线近似理论计算了距离相关的冰盖和薄弹性介质下的声传播特性。Hope 等[11]使用海洋声学与地震探测综合库（Ocean Acoustic and Seismic Exploration Synthesis，OASES）计算了冰边缘区 900Hz 信号的传播特性及到达结构，相对于其他弹性参数，冰面粗糙度对远距离的传播影响更大。随着加拿大海盆双声道波导的发现，针对双声道波导下的传播特性研究成为新的研究热点。Howe[12]针对波弗特海双声道声速结构，使用简正波模态分析方法，得到了与冰层无接触的模态，并与典型正梯度声速结构进行了对比。Carper[13]分析了波弗特海双声道波导下 300Hz 和 3500Hz 的接收波形，并计算了主动声呐模式下的信号余量及信道容量。

本章主要介绍简正波方法和波数积分法的数学原理及数值解法，结合第 2 章海冰反射系数，构造适用于北极海域冰下声传播特性的模型，最后对北极典型正梯度声速结构和双声道声速结构进行特性的仿真分析。

3.1　传播理论概述

如图 3-1 所示，Etter 将传播模型总结为五大类，分别是射线理论、简正波理论、多途径展开理论、快速场理论和抛物线理论。根据声场的水平变化特性，传播理论还可以进一步细分为距离有关的传播和距离无关的传播。

　　射线理论使用若干声线表述声波的传播，能量与声线的密度成正比，可以非常直观地展示声波传播路径和轨迹。它是一种高频近似，计算速度快，适合高频、近距离声传播的计算，但存在声能在焦散线附近发散的现象，并难以计算声影区中的声场。

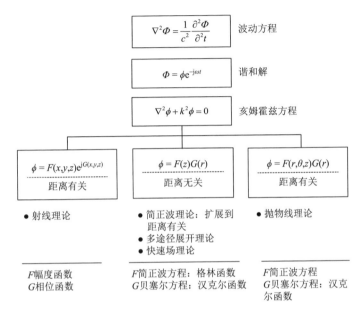

图 3-1　声传播模型分类

　　简正波理论将声传播分解为若干个模态简正波的叠加，模态幅度在深度方向的分布称为本征函数或者特征函数，而将本征函数对应的水平波数称作本征值或者特征值。各号简正波在深度方向做驻波运动，水平方向向外传播。所有号数简正波的叠加构成了海洋信道中的声场。在低频时，简正波的模态比较少，计算速度比较快。随着频率的增加，模态数目迅速增加，计算速度慢、精度差。简正波理论适合低频、远距离的声传播场景。

　　多途径展开理论又称作 WKB（Wentzel-Kramers-Brillouin）理论，在求解波动方程时，将无限积分变成有限积分，每一个积分项对应特定的模态和射线路径。声场是特定范围模态或声线路径的求和结果。多途径展开理论是一种高频近似方法，适用于焦散线和影区声场的计算，适合深海、中高频声传播场景。

　　快速场理论又称作波数积分法，在求解波动方程时，首先，通过汉克尔-傅里叶变换，将声场转化为水平波数 k_r 和深度 z 的函数；然后，在 k_r-z 平面下，结合边界条件求解波动方程；最后，通过快速傅里叶变换（Fast Fourier Transform，FFT），将声场解变换回 r-z 域。波数积分法的优点是计算速度快、精度高。此外，复杂的边界条件在积分变换后往往得到大大简化，因此，波数积分法非常适合求解复杂边界条件的情况。

抛物线理论使用抛物线方程的形式来求解波动方程。不同的近似条件将会导出不同类型的抛物线近似方程形式。最开始抛物线方程的标准形式受到近轴近似假设限制，只能计算小角度（小于15°）的声传播。后来通过远场近似及分裂-步进 Pade 近似方法，可以处理大角度（接近90°）的声传播问题。抛物线理论适合求解距离相关（如海底山等）、低频和远距离声传播的情况。

3.2　波动方程求解

3.2.1　简正波理论

在水声学中，经常使用简正波方法来研究水下声场的传播问题。简正波理论利用特征函数和水平波数表征声波的传播过程。所有模态的简正波叠加起来，就是波动方程的简正波解。由于信道的频率截止效应及高阶模态简正波的高衰减特性，对于给定的传播频率，仅有有限阶次的简正波可以在波导中传播。

1. 理想波导下的解

本节以理想波导为例，对简正波理论的相关概念与数学表示进行简要的介绍和推导。根据简正波理论，简谐点声源的非齐次亥姆霍兹方程为

$$\frac{1}{r}\frac{\partial}{\partial r}\left(\frac{\partial p}{\partial r}\right) + \rho(z)\frac{\partial}{\partial z}\left(\frac{1}{\rho(z)}\frac{\partial p}{\partial z}\right) + \frac{\omega^2}{c^2(z)}p = \frac{-\delta(z-z_s)\delta(r)}{2\pi r} \tag{3-1}$$

利用分离变量法，将 $p(r,z) = \Phi(r)\Psi(z)$ 代入式（3-1），省略掉声源项，分离常数用水平波数 k 表示，得到关于深度的方程：

$$\rho(z)\frac{\partial}{\partial z}\left(\frac{1}{\rho(z)}\frac{\partial \Psi(z)}{\partial z}\right) + \left(\frac{\omega^2}{c^2(z)} - k^2\right)\Psi(z) = 0 \tag{3-2}$$

式（3-2）称作模态方程。对于理想波导情况，声速恒定，不随深度和距离变化，海面是自由边界，海底是绝对硬的声学条件，即

$$\Psi(0) = 0, \left.\frac{\partial \Psi}{\partial z}\right|_{z=D} \tag{3-3}$$

则式（3-2）和式（3-3）构成了经典的 Sturm-Liouville 特征值问题。解空间的组成特点是方程有无数个相互独立、正交的模式解，每个模式由深度方向满足边界条件的特征函数 $\Psi_m(z)$ 和特征值 k_m 组成。这类 Sturm-Liouville 特征值问题模式之间的正交性可以写作

$$\int_0^D \frac{\Psi_m(z)\Psi_n(z)}{\rho(z)}\mathrm{d}z = \begin{cases} 0, & m \neq n \\ 1, & m = n \end{cases} \tag{3-4}$$

从式（3-4）可以看出，这些模式构成一组完备的标准正交基，此时能够将任意函数表示为简正波模式之和，则可以将声压分离为

$$p(r,z) = \sum_{m=1}^{\infty} \Phi_m(r)\Psi_m(z) \tag{3-5}$$

将式（3-5）代入式（3-2）中，得到

$$\sum_{m=1}^{\infty}\left(\frac{1}{r}\frac{\mathrm{d}}{\mathrm{d}r}\left(r\frac{\mathrm{d}\Phi_m(r)}{\mathrm{d}r}\right)\Psi_m(z) + k_m^2\Phi_m(r)\Psi_m(z)\right) = \frac{\delta(r)\delta(z-z_s)}{2\pi r} \tag{3-6}$$

利用特征函数的正交性质，对式（3-6）两边运用算子

$$\int_0^D (\cdot)\frac{\Psi_n(z)}{\rho(z)}\mathrm{d}z \tag{3-7}$$

得到关于距离 r 的方程

$$\frac{1}{r}\frac{\mathrm{d}}{\mathrm{d}r}\left(r\frac{\mathrm{d}\Phi_n(r)}{\mathrm{d}r}\right) + k_{rn}^2\Phi_n(r) = -\frac{\delta(r)\Psi_n(z_s)}{2\pi r\rho(z_s)} \tag{3-8}$$

式（3-8）是典型的贝塞尔（Bessel）方程形式，其解为

$$\Phi_n(r) = \frac{\mathrm{i}}{4\rho(z_s)}\Psi_n(z_s)H_0^{(1,2)}(k_{rn}r) \tag{3-9}$$

本节假设声场时间因子依赖项为 $\exp(-\mathrm{i}\omega t)$，为了满足无穷远处的辐射条件，应选择第一类汉克尔（Hankel）函数 $H_0^{(1)}$，同时，引入汉克尔函数在远场的渐近表示：

$$H_0^{(1)}(kr) \approx \sqrt{\frac{2}{\pi kr}}\mathrm{e}^{\mathrm{i}(kr-\pi/4)} \tag{3-10}$$

将式（3-9）、式（3-10）代入声压的表达式（3-5）中，得到最终的频域声场：

$$p(r,z,\omega) = \frac{\mathrm{i}}{p(z_s)\sqrt{8\pi r}}\mathrm{e}^{-\mathrm{i}\pi/4}\sum_{m=1}^{\infty}\Psi_m(z_s)\Psi_m(z)\frac{\mathrm{e}^{\mathrm{i}k_{rm}r}}{\sqrt{k_{rm}}} \tag{3-11}$$

由此可见，简正波理论的声场解是波动方程的精确解，它用简正波的模态来描述声传播，每一阶简正波都是波动方程的一个解，把这些简正波叠加起来以满足边界条件和初始条件，就得到了最终的声场解。

2. 格林函数解

上面讲述的理想波导声速恒定，海面绝对软，海底绝对硬，是一种理想化的海洋环境。对于更一般的声传播环境，Sturm-Liouville 问题存在奇异性，不能得到完备的特征函数正交基集合。因此，需要探求一般条件下的声场表示。本节以图 3-2 中海底是无限半空间弹性介质的 Pekeris 波导为例，探求简正波的一般解法。

首先构造出与无限半空间等价的海底边界条件，假设海底声速恒定，对于大多数海底，海底声速一般是大于海水声速的，因此，会导致海底波数小于水平波数进而产生渐消模态，导致声能衰减。海底空间中的声场可以表示为

$$\Psi_b = Be^{-\gamma_b z} + Ce^{\gamma_b z} \tag{3-12}$$

式中，γ_b 为海底介质的垂直波数。假设海底声速比较大，以致海底中的波数小于水平波数 k_r，则海底半空间的垂直波数可以表示为

$$\gamma_b = \sqrt{k_r^2 - \frac{\omega}{c_b^2}} \tag{3-13}$$

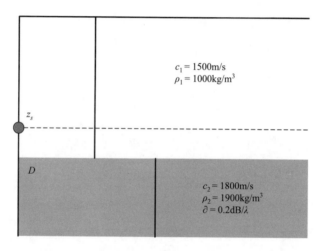

$c_1 = 1500\text{m/s}$
$\rho_1 = 1000\text{kg/m}^3$

z_s

D

$c_2 = 1800\text{m/s}$
$\rho_2 = 1900\text{kg/m}^3$
$\partial = 0.2\text{dB}/\lambda$

图 3-2　Pekeris 波导

假定 γ_b 为正数，为了在无穷远处满足收敛条件，齐次解（3-12）中的常数 $C = 0$。当海底中不存在横波时，在分界面处满足声压和法向速度连续边界条件，最终可以表示为

$$\begin{cases} f^B(k_r^2)\Psi(D) + \dfrac{g^B(k_r^2)}{\rho(D)}\dfrac{\mathrm{d}\,\Psi(D)}{\mathrm{d}z} = 0 \\[2mm] f^B(k_r^2) = 0,\ g^B(k_r^2) = \rho_b \Big/ \sqrt{k_r^2 - \left(\dfrac{w}{c_b}\right)^2} \end{cases} \tag{3-14}$$

式（3-14）代表的边界条件存在水平波数 k_r 的二次方项，不利于波动方程的求解。使用格林函数的波数积分形式：

$$p(r,z) = \int_{-\infty}^{\infty} G(z,z_s;k_r) H_0^{(1)}(k_r r)\mathrm{d}k_r \tag{3-15}$$

式中，格林函数 $G(z,z_s;k_r)$ 满足模态方程和式（3-14）所示形式的边界条件：

$$
\begin{cases}
\rho(z)\left[\dfrac{1}{\rho(z)}G'(z)\right]' + \left[\dfrac{w^2}{c^2(z)} - k_r^2\right]G(z) = \dfrac{-\delta(z - z_s)}{2\pi} \\[3mm]
f^{\mathrm{T}}(k_r^2)G(0) + \dfrac{g^{\mathrm{T}}(k_r^2)}{\rho(0)}\dfrac{\mathrm{d}G(0)}{\mathrm{d}z} = 0 \\[3mm]
f^{\mathrm{B}}(k_r^2)G(D) + \dfrac{g^{\mathrm{B}}(k_r^2)}{\rho(D)}\dfrac{\mathrm{d}G(D)}{\mathrm{d}z} = 0
\end{cases}
\tag{3-16}
$$

$f(k_r^2)$ 及 $g(k_r^2)$ 与上界面和下界面的边界条件有关。对于式（3-16）所示的微分形式，它的解可以表示为朗斯基公式 $W(z_s; k_r)$ 的形式：

$$
G(z, z_s; k_r) = -\frac{1}{2\pi}\frac{p_1(z_<; k_r)p_2(z_>; k_r)}{W(z_s; k_r)}
\tag{3-17}
$$

式中，$p_1(z_<; k_r)$ 与 $p_2(z_>; k_r)$ 满足式（3-16）所示的模态方程和边界条件。朗斯基公式满足 $W(z_s; k_r) = p_1(z; k_r)p_2'(z; k_r) - p_1'(z; k_r)p_2(z; k_r)$。对于式（3-15）构造如图 3-3 所示的围线积分，图中的波浪线称为 EJP 支割线，EJP 支割线在实数轴上包含 $[-k_2, k_2]$ 区间及整个虚数轴，它使海底中的简正波在复数空间下产生具有物理意义的解。此外，围线从正实轴的下方和虚实轴的上方通过。

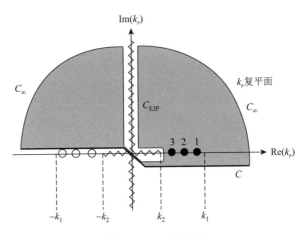

图 3-3　EJP 支割线

根据柯西积分定理，声场可以表示为积分围线内所有奇异点的留数之和：

$$
\int_{-\infty}^{\infty} + \int_{C_\infty} + \int_{C_{\mathrm{EJP}}} [G(z, z_s; k_r)H_0^{(1)}(k_r r)]\mathrm{d}k_r = 2\pi\mathrm{i}\sum_{n=1}^{N}\mathrm{Res}(k_{rn})
\tag{3-18}
$$

图 3-3 中的实心圆点表示包含在围线内的水平波数奇异值。空白圆点被 EJP 支割线避开，不会进入积分围线和留数求和。由于汉克尔函数在无穷远处趋向于 0，所以，C_∞ 对积分的贡献为 0。将式（3-17）、式（3-18）代入式（3-15）可得

$$p(r,z) = \frac{\mathrm{i}}{2}\sum_{n=1}^{N}\frac{p_1(z_<;k_{rn})p_2(z_>;k_{rn})}{\partial W(z_s;k_r)/\partial k_r\,|_{k_r=k_{rn}}}H_0^{(1)}(k_{rn}) - \int_{C_{\mathrm{EJP}}} \tag{3-19}$$

使朗斯基公式 $W(z_s;k_r)=0$ 的 k_r 称作特征值，此时，$p_1(z;k_r)$ 和 $p_2(z;k_r)$ 线性无关，可以定义满足式（3-16）的变量 $\Psi_n(z)$ 来代替 $p_1(z;k_r)$ 和 $p_2(z;k_r)$，同时使 $\partial W(z_s;k_r)/\partial k_r\,|_{k_r=k_{rn}}=1$，因此，式（3-19）最终可以表示为

$$p(r,z) = \frac{\mathrm{i}}{4\rho(z_s)}\sum_{n=1}^{N}\Psi_n(z_s)\Psi_n(z)H_0^{(1)}(k_{rn}r) - \int_{C_{\mathrm{EJP}}} \tag{3-20}$$

值得说明的是，支割线的选择会影响围线内部留数序列的个数。以图 3-3 所示的 EJP 支割线为例，$\int_{C_{\mathrm{EJP}}}$ 主要由两部分构成。第一，水平部分（$0<k_r<k_2$）代表了从海水入射到海底中的谱成分，也就是从海水中以高于临界角入射到海底中的能量成分；第二，垂直部分（k_r 为正虚数）代表了随距离增加而衰减的能量成分。因此，支割线部分的积分随着传播距离的增加，重要性会逐渐减弱。在实际的数值运算中，一般会省略支割线部分的贡献，使得简正波解在近场范围时的结果不太精确。

3. 数值解法

简正波的数值解法本质上是通过矩阵运算，求解满足式（3-16）所表示的模态方程和边界条件的水平波数 k_r 与特征函数 $\Psi_n(z)$。使用有限差分法对式（3-16）进行离散化，深度步长定为 $h=D/N$，则模态方程的有限差分形式可以表示为

$$\begin{cases}\Psi_{j-1}+\left\{-2+h^2\left[\dfrac{w^2}{c^2(z_j)}-k_r^2\right]\right\}\Psi_j+\Psi_{j+1}=0 \\[2mm] \dfrac{f^{\mathrm{T}}}{g^{\mathrm{T}}}\Psi_0+\dfrac{1}{\rho}\left\{\dfrac{\Psi_1-\Psi_0}{h}+\left[\dfrac{w^2}{c^2(0)}-k_r^2\right]\Psi_0\dfrac{h}{2}\right\}=0 \\[2mm] \dfrac{f^{\mathrm{B}}}{g^{\mathrm{B}}}\Psi_N+\dfrac{1}{\rho}\left\{\dfrac{\Psi_N-\Psi_{N-1}}{h}+\left[\dfrac{w^2}{c^2(D)}-k_r^2\right]\Psi_N\dfrac{h}{2}\right\}=0\end{cases} \tag{3-21}$$

式中，$j=1,2,\cdots,N-1$，表示介质内的深度分层网格数，为了保证有限差分法求解微分方程的正确性，一般深度步长选择为波长的 1/4。当实际获得的声速剖面空间采样不足时，还需要对声速剖面进行插值。式（3-21）可以表示成矩阵形式：

$$C(k_r^2)\Psi = 0 \tag{3-22}$$

式中，$\Psi=[\Psi_0,\Psi_1,\cdots,\Psi_N]^{\mathrm{T}}$ 为特征函数向量；$C(k_r^2)$ 为对称形式的三对角阵，具有如下形式：

$$C = \begin{bmatrix} d_0 & e_1 & & & & & \\ e_1 & d_1 & e_2 & & & & \\ & e_2 & d_2 & e_3 & & & \\ & & \ddots & \ddots & \ddots & & \\ & & & e_{N-2} & d_{N-2} & e_{N-1} & \\ & & & & e_{N-1} & d_{N-1} & e_N \\ & & & & & e_N & d_N \end{bmatrix} \tag{3-23}$$

此外，三列对角线的元素又可以表示为

$$\begin{cases} d_0 = \dfrac{-2 + h^2[\omega^2 / c^2(z_0) - k_r^2]}{2h\rho} + \dfrac{f^{\mathrm{T}}(k_r^2)}{g^{\mathrm{T}}(k_r^2)} \\[3mm] d_j = \dfrac{-2 + h^2[\omega^2 / c^2(z_j) - k_r^2]}{h\rho} \\[3mm] d_N = \dfrac{-2 + h^2[\omega^2 / c^2(z_N) - k_r^2]}{2h\rho} + \dfrac{f^{\mathrm{B}}(k_r^2)}{g^{\mathrm{B}}(k_r^2)} \\[3mm] e_j = 1/(h\rho) \end{cases} \tag{3-24}$$

将式（3-22）转化为 $[k_r^2 \boldsymbol{I} - \boldsymbol{A}]\boldsymbol{\varPsi} = 0$ 的形式，为了得到特征函数的非奇异解，必须保证 $\det([k_r^2 \boldsymbol{I} - \boldsymbol{A}]) = 0$，等价于求解矩阵 $\boldsymbol{A}$ 的特征值。在求解特征值时，可以将行列式 $\det([k_r^2 \boldsymbol{I} - \boldsymbol{A}])$ 表示成 Sturm 序列。对于对称的三对角行列式，Sturm 序列的零点个数大于等于 k_r^2 实特征值的个数。因此，可以快速地定位特征值的波数区间，配合求根算法得到矩阵的特征值。为了提高特征值的精度，使用理查德森（Richardson）外插法对特征值进行进一步的优化。最后，使用反向迭代法求出特征函数。

4. 传播特性分析

图 3-4 和图 3-5 分别为中国第十一次北极科学考察得到的正梯度和双声道声速结构，利用简正波方法，对这两种声速结构进行无冰条件下声传播特性分析。其中，海底半空间的声速为 1580m/s，密度为 1.6g/cm³，纵波衰减为 0.5dB/λ。本节主要分析远程（100km）声传播特性，在远距离接收处的声场，海底泄漏模态的贡献可以忽略。因此，将相速度区间设定为 1400～1800m/s，减少高阶模态简正波海底反射带来的传播损失，尽量地避免出现伪彩图模糊现象。

首先介绍半声道波导下的传播特性。根据简正波理论，随着模态阶数的增加，模态对应的相速度逐渐增大。而简正波深度函数的最大幅度对应的深度为相速度与声速梯度相等时的深度。在半声道波导中，由于声速为正梯度，因此，简正波深度函数最大值对应的深度（其本质为反转深度）也逐渐增加。图 3-6 为 300Hz 下不同

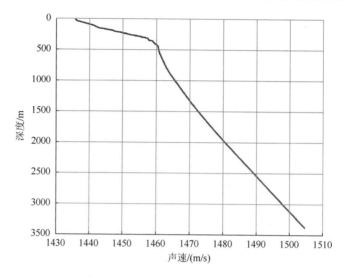

图 3-4　北极海域实测正梯度分布

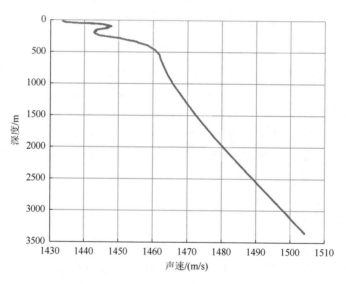

图 3-5　北极海域实测双声道声速分布

模态的简正波深度函数分布。图 3-7 为 300Hz 下反转深度、相速度与声速结构的对应关系。可见，简正波是在相速度大于水体声速对应的深度范围内传播的。

　　声场的能量分布与频率的关系较为复杂，即便在无冰条件下，表面声道也具有一定的频率选择效应。当声源深度为 100m 时，半声道下不同频率的传播损失如图 3-8 所示。从图 3-8 中可以看出，当声源频率为 100Hz 时，由于频率较低，激发的简正波模态数目相对较少，导致较少的模态泄漏出表面声道。随着频率的增加，

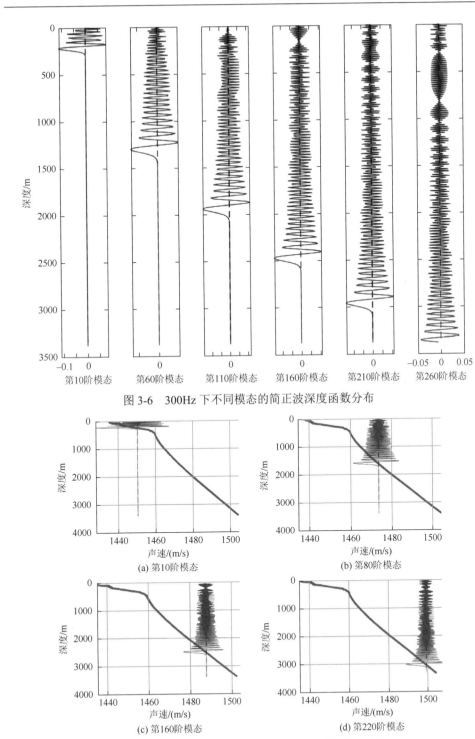

图 3-6　300Hz 下不同模态的简正波深度函数分布

图 3-7　300Hz 下反转深度、相速度与声速结构的对应关系

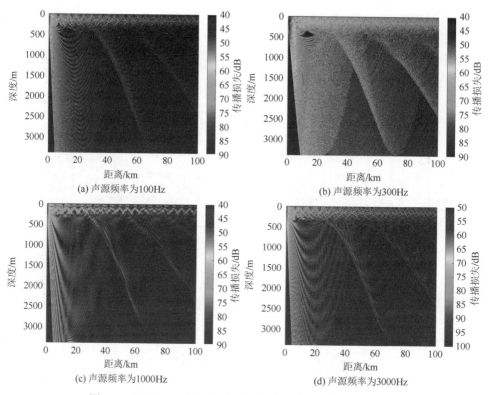

图 3-8　半声道下不同频率的传播损失（声源深度为100m）

所有模态的掠射角都减少，低阶模态中有更多的模态被限制在表面声道。同时，频率增加导致产生更多的模态，干涉条纹变得越来越多、越来越精细。此外，高阶模态对应的掠射角比较大，导致比较多的模态泄漏到更深的水体。

当声源频率为 300Hz 时，半声道下不同声源深度的声场空间分布伪彩图如图 3-9 所示。其中，需要说明的是，为了仅仅阐述水体相关的模态，将海底声速设定为最深处的水体声速，不考虑海底反射造成的干涉问题。从图 3-9 中可以看

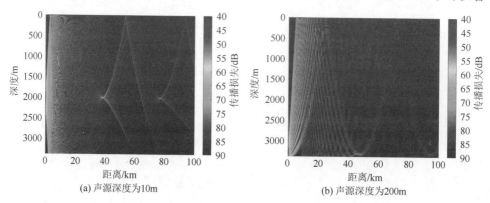

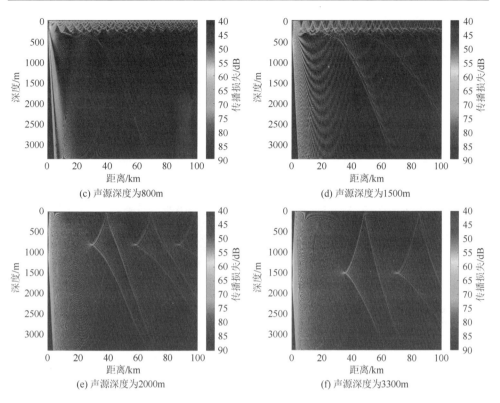

图 3-9　半声道下不同声源深度的声场空间分布伪彩图（频率为 300Hz）

出，当声源位于表面声道内（小于 400m）时，能够在表面至 400m 深度形成表面声道的能量会聚作用。同时，高阶模态对应的掠射角比较大，能量也会泄漏出表面声道。当声源位于 800m、1500m 及 2000m 时，表面声道的作用明显变弱，其传播属性类似于典型的深海声道声传播特性，在与声源深度相同的若干距离形成会聚区，且第一会聚区的距离随着声源深度的增加而减小。与南海典型深海声道相比，北极半声道上半部分声速逐渐增加，只有海面反射形成的反转声线，而深海声道以声道轴为中心，声道轴上方部分声速逐渐减小，声道轴下方声速逐渐增加，形成了深海声道。

　　双声道波导与半声道波导相比，主要差异体现在海面至 500m 深度的声速分布。声速结构差异对简正波模态深度分布函数有着重要的影响。对于图 3-5 所示的双声道声速结构，当声源频率为 300Hz 时，双声道下简正波深度函数分布如图 3-10 所示。从图 3-10 中可以看出，双声道波导下的简正波模态函数基本上与半声道波导具有类似的规律。当声源频率为 300Hz 时，双声道波导下模态整体分布如图 3-11 所示。可以看出，简正波模态函数最大振幅的包络基本和声速剖面一致。同时，特定模态的简正波会限制在次表面声道中传播，如第 3～6 阶模态。随着频率的升高，更多的模态将会限制在次表面声道中，声源频率为 3000Hz 时的模态分布函数如

图 3-12 所示，可以看出第 40～80 阶模态均为限制模态。当声源频率为 300Hz 时，被限制模态的深度分布函数与声速的关系如图 3-13 所示。

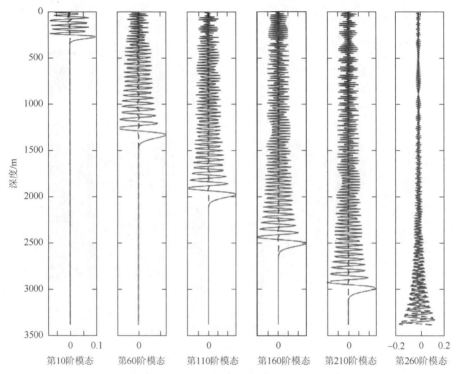

图 3-10　双声道下简正波深度函数分布（声源频率为 300Hz）

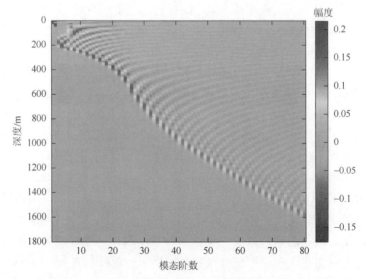

图 3-11　双声道波导下模态整体分布（声源频率为 300Hz）

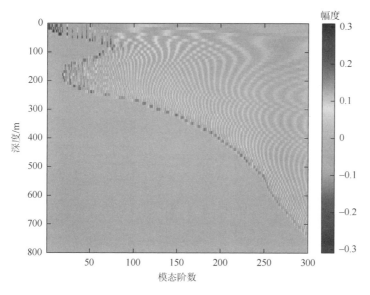

图 3-12　声源频率为 3000Hz 时的模态分布函数

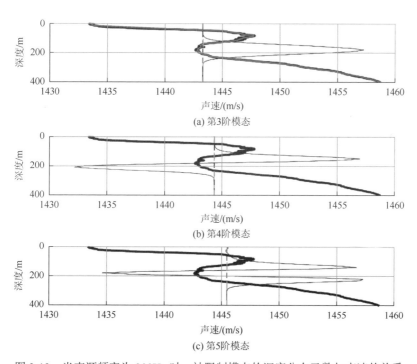

(a) 第3阶模态

(b) 第4阶模态

(c) 第5阶模态

图 3-13　当声源频率为 300Hz 时，被限制模态的深度分布函数与声速的关系

　　双声道波导下声场的频率选择效应更加明显。图 3-14 为声源深度 150m 且位于次表面声道轴时，双声道下不同频率的传播损失伪彩图。从图 3-14 中可以看出，

在低频段（小于 100Hz），简正波可以激发的模态相对较少，波长较长（大于 15m），导致高阶模态会泄漏出次表面声道轴，在海面反射的作用下，形成 400m 以上的表面声道，部分声能透射到海底方向。随着频率的升高（300Hz 以上），更多的模态将会被限制在次表面声道轴附近。此外，与半声道波导类似，声源频率越高，干涉条纹变得更多和精细，海水吸收造成的声衰减也会加大。

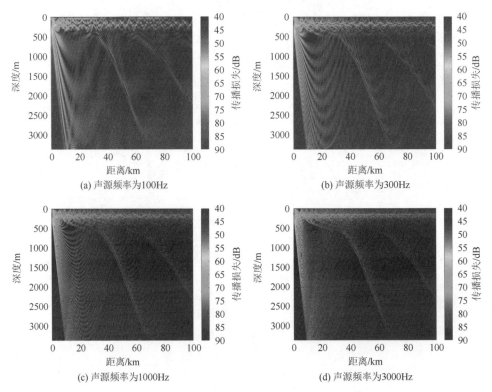

图 3-14　双声道下不同频率的传播损失伪彩图（声源深度为 150m 且位于次表面声道轴）

双声道下不同深度的空间分布如图 3-15 所示，其中声源频率设为 300Hz，对应的声源深度分别为 10m、200m、800m、1500m、2000m 和 3300m。从图 3-15 中可以看出，当声源位于声速极大值上方时（10m），次表面声道轴与海面共同形成了表面声道传播现象。随着声源深度的增加，当声源位于次表面声道轴附近时（200m），声波在次表面声道轴附近形成了稳定的次表面声道传播现象。随着深度的再次增加，声源移动到次表面声道下方时，其传播特性与半声道波导非常相似。双声道对传播性能的影响主要体现在 500m 以上深度的干涉条纹扰动，与半声道波导相比，干涉条纹较为稀疏。

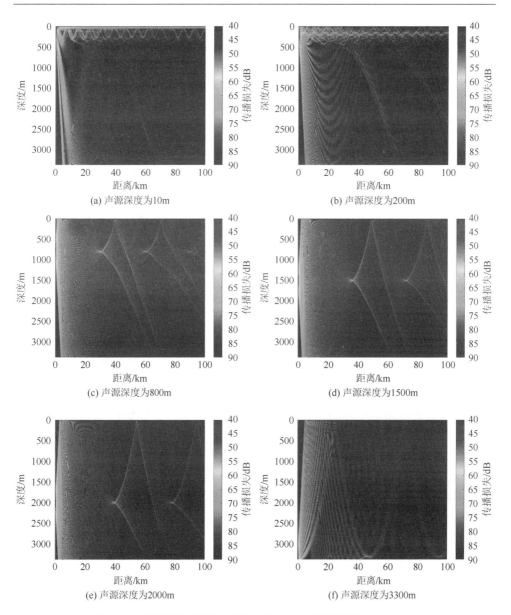

图 3-15　双声道下不同深度的空间分布（声源频率为 300Hz）

3.2.2　波数积分法理论

在简正波方法中，求解格林函数积分时，采取了将实轴上的积分转化为复平面的围线积分，进而计算围线内部留数之和的策略。波数积分法首先通过汉克尔积分变换将 (r, z) 域的波动方程转化成深度分离的波动方程。汉克尔积分变换本质上与简正波方法中采用的波数积分法等价。在得出与深度无关的格林函数后，波数积分法同样面临计算谱积分来求解最终解的问题。但是，与简正波方法不同，波数积分法直接采用数值积分算法求解谱积分。本节主要介绍波数积分法的基本原理、弹性介质位移和应力满足的边界条件，以及直接全局矩阵和快速傅里叶技术在波数积分法数值计算中的应用。

1. 基本原理

波数积分法适用于在水平分层介质中求解波动方程。这里的水平分层介质指的是介质性质仅仅与深度有关，每层介质之间的分界面是相互平行的平面。首先，使用汉克尔积分变换将声场势函数转化为与深度无关的格林函数。汉克尔积分变换和逆变换分别如式（3-25）和式（3-26）所示：

$$\phi(k_r, z) = \int_0^\infty \phi(r, z) J_0(k_r r) r \mathrm{d}r \tag{3-25}$$

$$\phi(r, z) = \int_0^\infty \phi(k_r, z) J_0(k_r r) \mathrm{d}r \tag{3-26}$$

深度分离的波动方程可以表示为式（3-27）的形式，f_s 代表点源强度。可见，与简正波理论中的模态方程具有相同的形式：

$$\left[\frac{\partial^2}{\partial z^2} - \left(k_r^2 - \frac{w^2}{c^2(z)} \right) \right] \phi(k_r z) = \frac{f_s}{2\pi} \tag{3-27}$$

深度分离的波动方程是一个二阶线性常微分方程，对于介质中声速恒定的情况，微分方程的解为特解与齐次解之和的形式，因此，我们可以直接得到式（3-27）的解：

$$\phi(k_r, z) = \hat{\phi}(k_r, z) + A^+ \phi^+(k_r, z) + A^- \phi^-(k_r, z) \tag{3-28}$$

齐次解的常数项 A^+ 和 A^- 可以根据边界条件求出。这样就得到了波数积分法的一般解。然后，对式（3-28）进行汉克尔逆变换，就得到了关于(r, z)的声场解。

2. 弹性介质中的解

本节分析各向同性的弹性介质中的波数积分解。在弹性介质中，有着两个重要的参数 λ 和 μ，称作拉梅（Lame）常数。假设弹性介质中的纵波与横波位移势分别表示为 ϕ 和 ψ，则切向位移 u、法向位移 w、法向应力 σ_{zz} 及切向应力 σ_{rz} 可以分别表示为

$$u(r, z) = \frac{\partial}{\partial r} \phi(r, z) + \frac{\partial^2}{\partial r \partial z} \psi(r, z) \tag{3-29}$$

$$w(r, z) = \frac{\partial}{\partial z} \phi(r, z) - \frac{1}{r} \frac{\partial}{\partial r} r \frac{\partial}{\partial r} \psi(r, z) \tag{3-30}$$

$$\sigma_{zz}(r, z) = (\lambda + 2\mu) \frac{\partial w}{\partial z} + \lambda \frac{\partial u}{\partial r} \tag{3-31}$$

$$\sigma_{rz}(r,z) = \mu\left(\frac{\partial u}{\partial z} + \frac{\partial w}{\partial r}\right) \tag{3-32}$$

纵波位移势和横波位移势分别满足如下亥姆霍兹方程，式（3-33）中的 $k = w/c_p$ 与 $\kappa = w/c_s$ 分别为纵波和横波波数。纵波声速和横波波速与拉梅常数有关，$c_p = \sqrt{(\lambda + 2\mu)/\rho}$，$c_s = \sqrt{\mu/\rho}$，当传播介质为液体时，$\mu = 0$，即没有横波成分。

$$\begin{cases}(\nabla^2 + k^2)\phi(r,z) = 0 \\ (\nabla^2 + \kappa^2)\psi(r,z) = 0\end{cases} \tag{3-33}$$

在各向同性的介质中，式（3-33）的解具有和式（3-28）相同的形式，假设纵波位移势的常数项为 $A^\pm$，横波位移势为 $B^\pm$，将齐次解代入式（3-29）～式（3-32）后，即可以得到各向同性分层介质中的位移和应力的表达式：

$$u(r,z) = \int_0^\infty \{-k_r A^- e^{-ik_z z} - k_r A^+ e^{ik_z z} + i\kappa_z B^- e^{-i\kappa_z z} - i\kappa_z B^+ e^{i\kappa_z z}\}J_1(k_r r)k_r dk_r \tag{3-34}$$

$$w(r,z) = \int_0^\infty \{-ik_z A^- e^{-ik_z z} + ik_z A^+ e^{ik_z z} + k_r B^- e^{-i\kappa_z z} + k_r B^+ e^{i\kappa_z z}\}J_0(k_r r)k_r dk_r \tag{3-35}$$

$$\sigma_{zz}(r,z) = \mu\int_0^\infty \{(2k_r^2 - \kappa^2)[A^- e^{-ik_z z} + A^+ e^{ik_z z}] - 2ik_r\kappa_z[B^- e^{-i\kappa_z z} - B^+ e^{i\kappa_z z}]\}J_0(k_r r)k_r dk_r \tag{3-36}$$

$$\sigma_{zr}(r,z) = \mu\int_0^\infty \{2ik_r k_z[A^- e^{-ik_z z} - A^+ e^{ik_z z}] - (2k_r^2 - \kappa^2)[B^- e^{-i\kappa_z z} + B^+ e^{i\kappa_z z}]\}J_1(k_r r)k_r dk_r \tag{3-37}$$

式中，$k_z = \sqrt{k^2 - k_r^2}$ 代表纵波垂直波数；$\kappa_z = \sqrt{\kappa^2 - k_r^2}$ 代表横波垂直波数。根据具体的传播环境和边界条件，将式（3-34）～式（3-37）代入边界条件，即可求出 $A^\pm$ 和 $B^\pm$。

3. 分层介质的边界条件

在两层介质的分界面处，声场应该满足应力和位移势连续的边界条件。弹性介质会产生法向应力和切向应力，形成法向应变和切向应变，因此，同时具有纵波和横波成分。声学介质不存在切向应力和应变，声波只有纵波成分。在真空中，不能产生质点位移。根据传播介质性质的不同，分界面边界条件如表 3-1 所示。

表 3-1　分界面边界条件

分界面类型	法向位移	切向位移	法向应力	切向应力
液体-真空	不存在	不存在	0	不存在
液体-液体	连续	不存在	连续	不存在
液体-固体	连续	不存在	连续	0
固体-真空	不存在	不存在	0	0
固体-固体	连续	连续	连续	连续

从表 3-1 中可以看出，在液体-液体分界面处，满足法向位移（速度）和法向应力（负声压）连续。当为液体-真空分界面时，法向应力为 0，即自由海面的声压为 0。在液体-固体分界面处满足法向应力和法向位移连续，以及切向应力为 0 的边界条件。在固体-真空分界面，法向应力和切向应力都为 0。当分界面上下两层介质都为固体时，满足四个参数连续的边界条件。

4. 数值解法

波动积分法求解数值解时，可以分成三部分。首先，按照接收水听器的位置选择特定的深度，指定声源频率，根据积分核函数的性质来选择水平波数区间并进行离散化，使用汉克尔积分得到深度分离的格林函数。其次，根据声源频率和指定的水平波数区间进行汉克尔逆变换，得到指定声源频率和深度上关于距离的声场传递函数。最后，根据声源频率和接收水听器深度来选择合适的频率、深度采样点数和步长，重复第一步和第二步，得到声源频率、接收深度、接收距离网格化的声场频域解。

下面简要介绍采用直接全局矩阵法求解深度分离波动方程齐次解未知常量的原理及 FFT 在汉克尔逆变换下的应用。

1）常数项求解

直接全局矩阵法使用了有限元法，在介质的每一分层中，将齐次解的未知常量作为自由度。将未知常量和介质位移、应力参数构造成矩阵形式，这样，在第 m 层介质内，未知变量间满足如下关系：

$$v_m(k_r,z) = c_m(k_r,z)a_m(k_r) \quad (3\text{-}38)$$

$$\begin{cases} v_m(k_r,z) = [w(k_r,z),u(k_r,z),\sigma_{zz}(k_r,z),\sigma_{rz}(k_r,z)]^{\mathrm{H}} \\ a_m(k_r) = [A_m^+(k_r),A_m^-(k_r),B_m^+(k_r),B_m^-(k_r)]^{\mathrm{H}} \end{cases} \quad (3\text{-}39)$$

式中，$a_m(k_r)$ 为第 m 层局部自由度幅度向量。当声源存在于分层之内时，还要添加声源项位移、应力参数 $\hat{v}(k_r,z)$ 的贡献。根据界面之间的连续性，则有

$$v_m^m(k_r) + \hat{v}_m^m(k_r) = v_{m+1}^m(k_r) + \hat{v}_{m+1}^m(k_r) \quad (3\text{-}40)$$

将齐次解部分和声源项部分移至等号两侧，并使用 $v^m(k_r)$ 和 $\hat{v}^m(k_r)$ 代表相邻介质间齐次解和声源解的不连续性：

$$\begin{cases} v^m(k_r) = v^m_m(k_r) - v^m_{m+1}(k_r) \\ \hat{v}^m(k_r) = \hat{v}^m_m(k_r) - \hat{v}^m_{m+1}(k_r) \\ v^m(k_r) = -\hat{v}^m(k_r) \end{cases} \tag{3-41}$$

引入全局自由度幅度向量 $A(k_r)$ 及幅度映射矩阵 S_m，使得 $a_m(k_r) = S_m A(k_r)$，代入式（3-38）和式（3-41），可得局部参数的不连续性 $v^m(k_r)$：

$$v^m(k_r) = [c^m_m(k_r)S_m - c^m_{m+1}(k_r)S_{m+1}]A(k_r) \tag{3-42}$$

引入不连续性全局矩阵 $V(k_r)$ 及映射矩阵 T_m，全局不连续性和局部不连续性满足：

$$V(k_r) = \sum_{m=1}^{N-1} T_m v^m(k_r) \tag{3-43}$$

将式（3-42）代入式（3-43），根据式（3-41）表述的齐次解不连续性与声源解不连续性的关系，可得最终的不连续性全局-局部映射关系：

$$\begin{cases} C(k_r)A(k_r) = -\hat{V}(k_r) \\ \hat{V}(k_r) = \sum_{m=1}^{N-1} T_m[\hat{v}^m_m(k_r) - \hat{v}^m_{m+1}(k_r)] \\ C(k_r) = \sum_{m=1}^{N-1} T_m[c^m_m(k_r)S_m - c^m_{m+1}(k_r)S_{m+1}] \end{cases} \tag{3-44}$$

在实际的计算中，幅度映射矩阵 S_m 与不连续性映射矩阵 T_m 是元素为 0 和 1 的稀疏矩阵，式（3-44）中的矩阵相乘和求和可以通过一个位置索引矩阵来代替。索引矩阵指明局部参数和全局参数的对应关系，这种映射是一一对应的关系，如图 3-16 所示。

幅度映射矩阵的作用是将介质内非零的幅度常数保留下来。例如，在弹性半空间介质中应保留纵波与横波的上下行波幅度 $A^\pm$ 和 $B^\pm$，而在液体半空间中仅仅保存纵波成分幅度 $A^\pm$。不连续性映射矩阵则用来表征在每一分层内边界条件的实际数目。这样，计算出局部系数矩阵 $c^m_m(k_r)$，按照索引矩阵建立起全局系数矩阵，通过式（3-44）就可以获得所有的未知幅度。

2）波数 FFT

波动积分法求解水平分层介质下声场解的最后一步是进行深度分离格林函数的汉克尔积分逆变换。

$$\phi(r,z) = \int_0^\infty \phi(k_r,z)J_m(k_r r)\mathrm{d}r \tag{3-45}$$

贝塞尔函数可以用汉克尔函数的形式来表示，假设时间依赖项为 $\exp(-i\omega t)$，则第二类汉克尔函数表示由无穷远向声源方向传播的情况。为了满足无穷远处

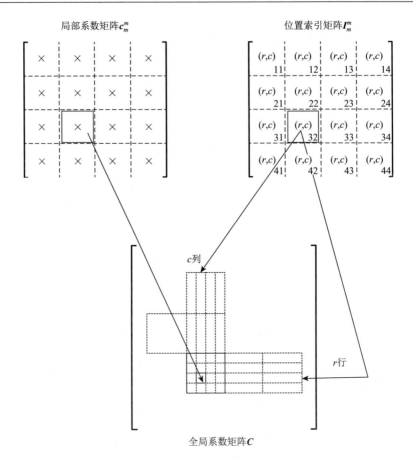

图 3-16　全局-局部系数映射矩阵

的熄灭边界条件，只保留第一类汉克尔函数。由汉克尔函数的渐近性质可知，式（3-45）可以表示为

$$\phi(r,z)=\sqrt{\frac{1}{2\pi r}}e^{-i\left(m+\frac{1}{2}\right)\frac{\pi}{2}}\int_0^\infty \phi(k_r,z)\sqrt{k_r}\,e^{ik_r r}dk_r \tag{3-46}$$

将式（3-46）的积分核函数进行离散化，根据核函数的性质选定水平波数积分区间 $[k_{\min},k_{\max}]$ 和采样点数 M，满足

$$\begin{cases}k_l=k_{\min}+l\Delta k_r,\quad l=0,1,\cdots,M-1\\ \Delta k_r=(k_{\max}-k_{\min})/(M-1)\end{cases} \tag{3-47}$$

将式（3-47）代入式（3-46），可得汉克尔积分逆变换的离散形式：

$$\phi(r,z)=\frac{\Delta k_r}{\sqrt{2\pi r}}e^{i\left[k_{\min}r-\left(m+\frac{1}{2}\right)\frac{\pi}{2}\right]}\sum_{l=0}^{M-1}[\phi(k_l,z)\sqrt{k_l}]e^{il\Delta k_r r} \tag{3-48}$$

从式（3-48）中可以看出，当距离增加 $R=2\pi/\Delta k_r$ 时，指数项相位增加 2π，因此，$\phi(r,z)$ 在距离上以 R 为周期，这将会引起混叠问题。

为了运用 FFT 算法，将距离项进行离散化，距离步长 Δr 与水平波数步长 Δk_r 满足如下关系：

$$\begin{cases} r_j=r_{\min}+j\Delta r, \quad j=0,1,\cdots,M-1 \\ \Delta r\Delta k_r=\dfrac{2\pi}{M} \end{cases} \tag{3-49}$$

将式（3-49）代入式（3-48）中，选择 M 为 2 的幂次方，则波数积分算法的 FFT 形式如下：

$$\phi(r,z)=\frac{\Delta k_r}{\sqrt{2\pi r_j}}e^{i\left[k_{\min}r_j-\left(m+\frac{1}{2}\right)\frac{\pi}{2}\right]}\sum_{l=0}^{M-1}\left[\phi(k_l,z)e^{ir_{\min}l\Delta k_r}\sqrt{k_l}\right]e^{i\frac{2\pi}{M}lj} \tag{3-50}$$

在实际的 FFT 中，在选取水平波数区间时，需要格外的注意。水平波数区间的范围和采样步长将影响声场的最大计算距离与距离分辨率。在近距离传播时，为了包含透射到海底中的能量衰减部分，水平波数的最小值应该小于海底中的波数 $k_2=w/c_b$。同时，为了包含渐消模式解，水平波数的最大值要大于水体中的最大波数，即 $k_1=w/c_{\min}$。根据水平波数步长和距离步长的关系，为了达到最大的计算距离，则水平波数采样点数需要保证 $M\geqslant r_{\max}(k_{\max}-k_{\min})/2\pi$。根据式（3-49），可以推导出 FFT 得到的距离步长为 $\Delta r=2\pi/(k_{\max}-k_{\min})$。最后，将采样点数增加到原来的两倍，重复计算过程，直到得到稳定的声场解。

3.2.3　射线理论

射线理论为求解波动方程最为直观的方式。将声传播等效为与波阵面垂直的声线，声线的稀疏表征声能的大小。通过射线分析，可以得到声线的传播轨迹、波导的多途结构（每条路径的传播时间、幅度、到达角等信息）、声场的能量分布等，可为声场分析和信号处理提供最为直观的示意。

如前面介绍，在北极典型半声道波导中，混合层的声速梯度为 0.016，自混合层下部到中层水温度最大值所在深度声速梯度大于等于 0.1，整体呈现正梯度增长。因此，本节主要介绍等声速梯度下的传播轨迹和传播时间的计算方法。

1. 基本原理

射线理论下波动方程的解可以表示为

$$p(r,z,t)=A(r,z,t)e^{i(\omega t-k\varphi(r,z))} \tag{3-51}$$

式中，A 为声压幅值；$\varphi(r,z)$ 为长度量纲。将式（3-51）代入式（3-1），得到

$$\frac{\nabla^2 A}{A} - \left(\frac{\omega}{c_0}\right)^2 \nabla\varphi \cdot \nabla\varphi + k^2 = 0 \tag{3-52}$$

$$\nabla^2\varphi + \frac{2}{A}\nabla A \cdot \nabla\varphi = 0 \tag{3-53}$$

当 $\dfrac{\nabla^2 A}{A} \ll k^2$ 时，式（3-52）和式（3-53）可以简化为

$$(\nabla\varphi)^2 = \left(\frac{c_0}{c}\right)^2 = n^2 \tag{3-54}$$

$$\nabla \cdot (A^2 \nabla\varphi) = 0 \tag{3-55}$$

式中，n 为分层介质的折射率。式（3-54）与式（3-55）分别称为程函方程和强度方程。程函方程定义了声线的传播轨迹特性，而强度方程定义了声强的约束规则。

2. 声线轨迹

在水平分层介质中，Snell 定律表述了掠射角和角度的依赖关系，可以表示为

$$\frac{\cos\theta_1}{c_1} = \frac{\cos\theta_2}{c_2} \tag{3-56}$$

可见，较大的速度对应较小的掠射角，即声线向着速度较小的方向发生弯曲。如图 3-17 所示，从水平波数的角度，对式（3-56）两边同时乘以角频率，则

$$k_1 \cos\theta_1 = k_2 \cos\theta_2 = k_r \tag{3-57}$$

即 Snell 定律下，不同分层的水平波数是保持恒定的。

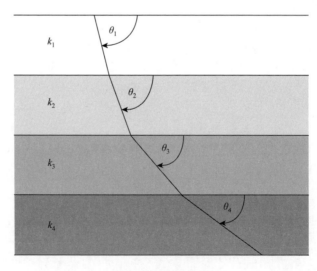

图 3-17　Snell 定律

假设声源位于深度 z_0，初始掠射角为 θ_0，声线传播到深度 z 时的掠射角为 θ，则从图 3-18 中可以看出，$dr = dz / \tan\theta$，根据 Snell 定律，经过简单的推导，水平距离可以表示为

$$r = \int_{z_0}^{z} \frac{\cos\theta_0}{\sqrt{n^2 - \cos^2\theta_0}} dz \qquad (3\text{-}58)$$

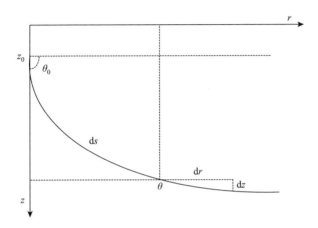

图 3-18　声线传播轨迹示意图

声线的传播时间可以表示为 $t = \int \dfrac{ds}{c(z)}$，在垂直分层比较细时，轨迹 ds 可以表示为 $ds = dz / \sin\theta$，因此，声线从 z_0 传播到深度 z 处的传播时间可以表示为 $t = \int \dfrac{dz}{c(z)\sin\theta}$，根据 Snell 定律，经过简单的推导，传播时间可以表示为

$$t = \int \frac{n^2(z)dz}{c_0\sqrt{n^2(z) - \cos^2\theta_0}} \qquad (3\text{-}59)$$

实际处理时，在得到波导的声速结构后，可以根据式（3-58）和式（3-59）计算声线的传播轨迹与传播时间。

3. 等声速梯度情况

声速公式在等声速梯度下可以表示为 $c(z) = c_0(1 + az_0)$，其中 a 表示声速梯度。北极海域典型正梯度声速结构可以分为两段等声速深度段，第一段为海面到 400m 海深，第二段为 400m 深度到海底。由图 3-4 所示的中国第十一次北极科学考察实测的正梯度声速结构可以看出，第一段的正梯度约为 0.09，第二段的声速梯度约为 0.017。

　　因此，在第一段正梯度中，存在着一个最大的初始掠射角 θ_{0m}。当掠射角小于 θ_{0m} 时，声线可以限制在海面至 400m 深度的表面声道中传播；当掠射角大于 θ_{0m} 时，声线将透射到 400m 深度以下。在第二段正梯度中，存在着一个最大的掠射角 θ_{bm}，当初始掠射角大于 θ_{bm} 时，将会与海底发生作用。

　　根据 Snell 定律，对于深度为 z_0、初始掠射角为 θ_0 处的声源，当在深度 z_{turn} 发生反转时，满足

$$\frac{\cos\theta_0}{1+az_0} = \frac{1}{1+az_{turn}} \tag{3-60}$$

因此，反转深度可以表示为

$$z_{turn} = \frac{1+az_0-\cos\theta_0}{a\cos\theta_0} \tag{3-61}$$

　　在初始掠射角接近水平时，使用余弦函数的近似表达式，反转深度可以表示为

$$z_{turn} = z_0 + \frac{\theta_0^2}{2a} \tag{3-62}$$

　　为了使声线能够限制在海面至海深 H 内传播，则最大的初始掠射角可以表示为

$$\theta_{0m} = \sqrt{2a(H-z_0)} \tag{3-63}$$

　　此外，声线跨度指的是相邻海面两次反射或者反转点之间的水平距离。在等声速梯度下，声线跨度可以表示为

$$L = \frac{2\tan\theta_0}{a} \tag{3-64}$$

　　从式（3-64）中可以看出，随着初始掠射角的增大，声线的跨度逐渐增加。对于表面声道而言，存在着最大的跨度，对应声线的反转点位于表面声道的最大深度，可以表示为

$$L_{max} = \sqrt{\frac{8(H-z_0)}{a}} \tag{3-65}$$

　　因此，对于图 3-4 所示的典型正梯度声速结构，根据式（3-63），对于海面深度处的声源，可知在第一段的最大掠射角约为 9.6°。其中，图 3-19～图 3-21 分别为声源深度为 0m、100m 和 300m 时的表面声道声线轨迹分布图。随着声源深度的增加，其对应的初始掠射角逐渐变小。

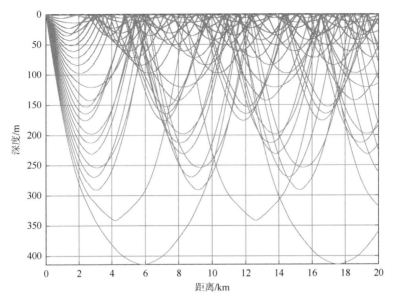

图 3-19　表面声道声线轨迹分布图（声源深度为 0m）

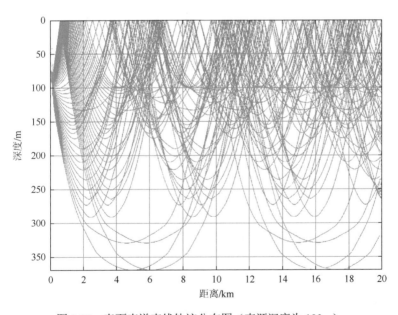

图 3-20　表面声道声线轨迹分布图（声源深度为 100m）

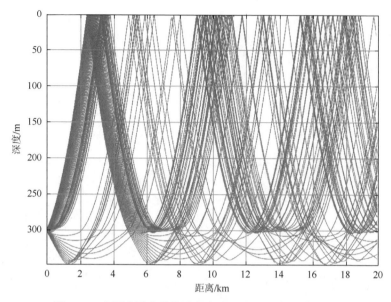

图 3-21　表面声道声线轨迹分布图（声源深度为 300m）

对于全海深传播的声线，首先，假设声源位于两段正梯度的交界处（深度为
400m），根据式（3-63）和第二段的声速梯度，可以求得海底反转声线的初始掠
射角。然后，根据表面声道处的声速梯度和 Snell 定律，可以求得声源位置的初始
掠射角。对于图 3-4 所示的典型正梯度声速结构，可以求得海面处的初始掠射角
约为 18.2°。图 3-22～图 3-25 分别为声源深度为 100m、600m、1000m 和 2500m 时

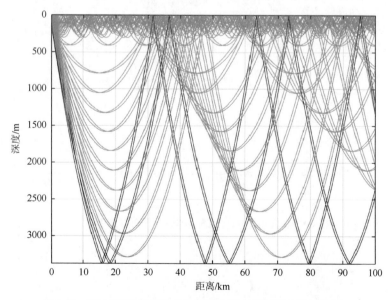

图 3-22　半声道下全海深声线传播轨迹（声源深度为 100m）

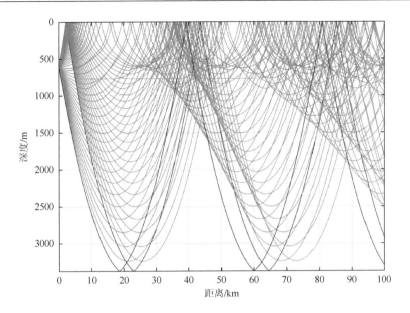

图 3-23　半声道下全海深声线传播轨迹（声源深度为 600m）

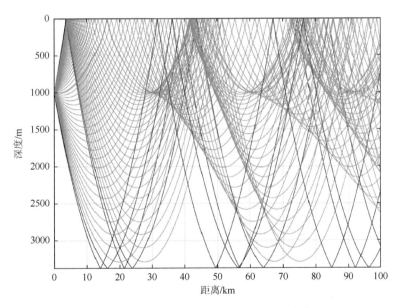

图 3-24　半声道下全海深声线传播轨迹（声源深度为 1000m）

的半声道下全海深声线传播轨迹。同样，随着声源深度的增加，不与海底反射的初始掠射角范围越来越小。随着初始掠射角的增加，反转深度和声线跨度也不断增加。

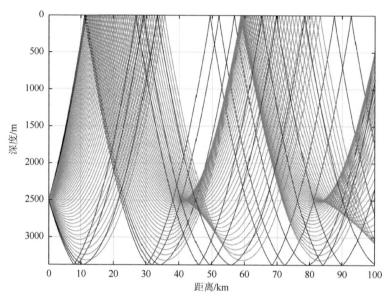

图 3-25　半声道下全海深声线传播轨迹（声源深度为 2500m）

　　针对双声道下的传播轨迹，当声源深度为 50m 时，如图 3-26 所示，在一定的掠射角范围内，在海面至次表面声道上方形成了表面声道，并且在次表面声道内，形成了完整的声线传播反转轨迹。

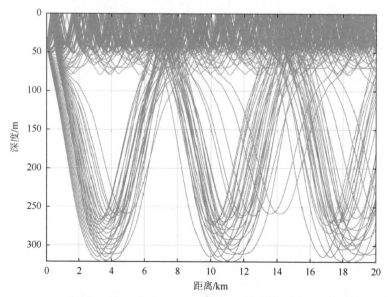

图 3-26　双声道声线传播轨迹（声源深度为 50m）

　　当声源深度位于次表面声道轴附近、深度为 150m 时，其双声道声线传播轨迹如图 3-27 所示。从图 3-27 中可以看出，小掠射角的声线（即低阶模态）可以在次表面声道形成远距离传播现象。随着声线掠射角的增加，声能逐渐向海面和海底方向泄漏。

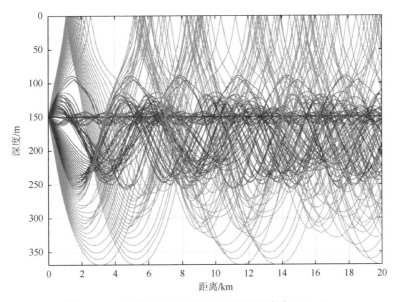

图 3-27　双声道声线传播轨迹（声源深度为 150m）

当声源深度位于次表面声道下方 300m 时，其双声道声线传播轨迹如图 3-28

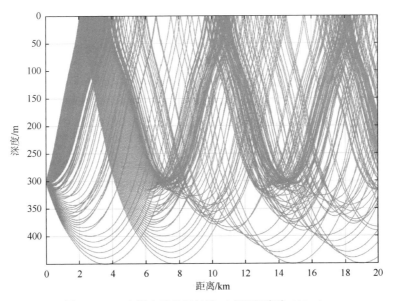

图 3-28　双声道声线传播轨迹（声源深度为 300m）

所示。从图 3-28 中可以看出，双声道对声线的限制作用基本上消失，声线轨迹
与图 3-21 所示的声线轨迹基本相似。

对于双声道下全海深声线轨迹分布情况，与半声道情况下声源深度相同，声
源分别位于 100m、600m、1000m 和 2500m 四个深度。双声道下全海深声线轨迹
分别如图 3-29～图 3-32 所示。其中，当深度为 100m、最大的掠射角约为 15°时可

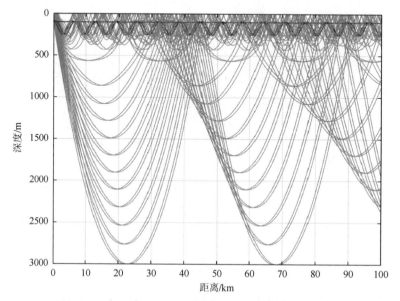

图 3-29　双声道下全海深声线轨迹（声源深度为 100m）

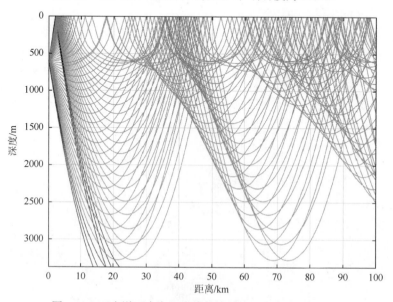

图 3-30　双声道下全海深声线轨迹（声源深度为 600m）

以保证声线不与海底发生反射。从图 3-29～图 3-32 可以看出，在次表面声道处有非常明显的限制在声道中的直达声线。随着深度的增加，次表面声道的作用逐渐减弱，其声线传播估计与半声道波导下的分布规律基本一致。

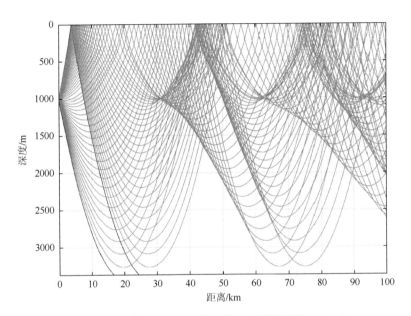

图 3-31　双声道下全海深声线轨迹（声源深度为 1000m）

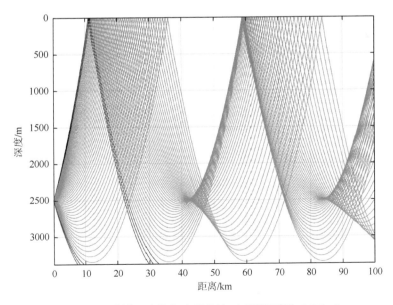

图 3-32　双声道下全海深声线轨迹（声源深度为 2500m）

3.3 冰下声传播模型

目前的传播模型虽然可对弹性海底进行精确的表征和预报，但对弹性上边界缺乏较为系统的分析。对于海冰上边界，经典的传播模型理论直接将海冰视为一层弹性介质，通过指定海冰厚度、横纵波声速、横纵波衰减、密度和粗糙度等参数，构造弹性介质和水体介质的阻抗边界条件，直接进行求解。但是，考虑到海冰参数大范围获取的难度和准确性，可以通过测量海冰反射系数，将海冰对声传播的影响等效为上界面的反射系数，进而耦合到传播模型中去。本节对简正波理论中弹性介质阻抗边界解法及海冰反射系数耦合现有传播模型方法进行详细的推导与分析。

3.3.1 简正波方法对弹性介质的处理

假设使用的坐标系为笛卡儿坐标系，弹性介质中的质点位移使用矢量 $\boldsymbol{u} = (u, v, w)$ 来表示，根据牛顿第二定律，在外部激励 $\boldsymbol{f}$ 和内部压力 τ 的作用下，质点的运动方程可以表示为

$$\rho \ddot{u}_i = f_i + \tau_{ji,j} \tag{3-66}$$

式（3-66）中的 $\ddot{u}_i$ 表示对时间求二次导，压力 τ_{ij} 和应力 e_{ij} 满足：

$$\tau_{ij} = \lambda \delta_{ij} e_{kk} + 2\mu e_{ij} \tag{3-67}$$

式中，λ 和 μ 分别为拉梅常数。除此之外，应力 e_{ij} 和位移之间满足如下关系：

$$e_{ij} = \frac{\partial u_i}{\partial x_j} + \frac{\partial u_j}{\partial x_i} \tag{3-68}$$

我们使用归一化的应力-应变向量 $\boldsymbol{r}$ 来表征弹性介质的法向、切向位移和应力：

$$(r_1, r_2, r_3, r_4) = \left(\frac{u}{ik}, w, \frac{\tau_{zx}}{ik}, \tau_{zz} \right) \tag{3-69}$$

仅考虑瑞利波 $\boldsymbol{u} = (\mu, w)$，则弹性介质瑞利波的控制方程可以写成如下形式：

$$-w^2 \rho \boldsymbol{r} = \begin{bmatrix} -k^2(\lambda + 2\mu)r_1 + \lambda r_{2,z} + [\mu(r_{1,z} + r_2)]_z \\ -k^2 \mu(r_{1,z} + r_2) + [-k^2 \lambda r_1 + (\lambda + 2\mu)r_{2,z}]_z \end{bmatrix} \tag{3-70}$$

式（3-70）中存在 k^2 项，即水平波数会以共轭形式成对出现。根据式（3-67）的关系，应力-应变向量 $\boldsymbol{r}$ 中的应力部分可以表示为

$$r_3 = \frac{\tau_{zx}}{ik} = \mu(r_{1,z} + r_2) \tag{3-71}$$

$$r_4 = \tau_{zz} = (\lambda + 2\mu)r_{2,z} - k^2 \lambda r_1 \tag{3-72}$$

这样可以将式（3-70）转化为关于向量 r 的矩阵形式：

$$r' = Er$$

$$E = \begin{bmatrix} 0 & -1 & 1/(\rho c_s^2) & 0 \\ k^2\eta(z) & 0 & 0 & 1/(\rho c_p^2) \\ k^2\zeta(z)-\rho w^2 & 0 & 0 & -\eta(z) \\ 0 & -\rho w^2 & k^2 & 0 \end{bmatrix} \tag{3-73}$$

式中，c_p 与 c_s 分别为弹性介质中的纵波和横波声速；$\zeta(z)$ 和 $\eta(z)$ 可以表示为

$$\zeta(z) = \frac{\rho[c_p^4 - (c_p^2 - 2c_s^2)^2]}{c_p^2}, \quad \eta(z) = \frac{c_p^2 - 2c_s^2}{c_p^2} \tag{3-74}$$

将式（3-73）代表的弹性介质应力-应变关系和具体的边界结合起来，结合波动方程就可以得到弹性边界下的声场解。其对应的数值计算可以使用有限差分法非常方便地实现。

对于北极海域冰层覆盖的情况，冰-水界面为声学-弹性分层，在海冰-海水分界面应满足：①法向应力连续；②弹性介质中的切向应力在界面处为 0；③法向速度连续。这是由于在分界面处法向位移连续，由于法向速度仅是位移关于时间 t 的一阶导数，因此，法向速度也是连续的。上面的三个关系可以表示为

$$r_4(z) = -\Psi(z) \tag{3-75}$$

$$r_3(z) = 0 \tag{3-76}$$

$$w^2 r_2(z) = \Psi'(z) \tag{3-77}$$

使用平行打靶法，将微分方程的边值问题转化为初值问题。在海水空间中，随深度由下向上打靶，在海冰中随深度由上向下打靶。但对于海冰中的位移-应力向量 r，存在四个待求变量，因此需要提供四个初值。为了解决这个问题，选择采用两个线性独立的解向量初始值 r_0 和 s_0。在海冰上边界，海冰-真空边界相当于绝对软边界，法向应力和切向应力消失，因此，可以选择初值解

$$r_0 = (0,1,0,0), \quad s_0 = (1,0,0,0) \tag{3-78}$$

选择水平波数 k 的试探解，使得在海水-海冰界面满足式（3-75）～式（3-77）的边界条件。假设应力-应变方程的解为 $ar+bs$，海水中的模态方程解为 $c\Psi(z)$，则式（3-75）～式（3-77）代表的边界条件可以转化为矩阵形式：

$$\begin{bmatrix} w^2 r_2 & w^2 s_2 & -\Psi' \\ r_3 & s_3 & 0 \\ r_4 & s_4 & \Psi \end{bmatrix}\begin{bmatrix} a \\ b \\ c \end{bmatrix} = \begin{bmatrix} 0 \\ 0 \\ 0 \end{bmatrix} \tag{3-79}$$

式中，a、b、c 为一个常数。为了使得系数向量不为 0，要求式（3-79）左侧的特征矩阵奇异，即特征行列式为 0，则可以推出

$$f^{\mathrm{T}}(k^2)\Psi(0)+g^{\mathrm{T}}(k^2)\frac{\mathrm{d}\Psi(0)}{\mathrm{d}z}=0 \tag{3-80}$$

$$f^{\mathrm{T}}(k^2)=w^2 y_4,\ g^{\mathrm{T}}(k^2)=y_2 \tag{3-81}$$

$$y_2=r_3 s_4-r_4 s_3,\ y_4=r_2 s_3-r_3 s_2 \tag{3-82}$$

这样，通过不断地尝试水平波数 k，海水介质中从海底界面开始向上打靶，一直到海冰-海水界面。海冰中通过给定的两个线性独立初始值，从海冰-真空上边界开始向下打靶，一直到海冰-海水界面处。这样，使式（3-80）成立时的 k 即为待求的特征值。

在实际的问题中，初始值 r_0 和 s_0 在理论意义上是线性独立的，但经过有限差分将其深度离散化之后，可能导致 r_0 和 s_0 不再满足线性独立。为了解决这个问题，可以使用复合矩阵法直接去求 y_2 和 y_4。定义向量 $\boldsymbol{y}$：

$$\boldsymbol{y}=\begin{bmatrix} y_1 \\ y_2 \\ y_3 \\ y_4 \\ y_5 \end{bmatrix}=\begin{bmatrix} r_1 s_2-r_2 s_1 \\ r_3 s_4-r_4 s_3 \\ r_1 s_3-r_3 s_1 \\ r_2 s_3-r_3 s_2 \\ r_1 s_4-r_4 s_1 \end{bmatrix} \tag{3-83}$$

将式（3-83）代入式（3-73）中，得到复合矩阵形式：

$$\boldsymbol{y}'=\boldsymbol{W}\boldsymbol{y} \tag{3-84}$$

$$\boldsymbol{W}=\begin{bmatrix} 0 & 0 & 0 & 1/(\rho c_s^2) & -1/(\rho c_s^2) \\ 0 & 0 & 0 & -w^2\rho & -[k^2\zeta(z)-\rho w^2] \\ 0 & 0 & 0 & 1 & \eta(z) \\ k^2\zeta(z)-\rho w^2 & 1/(\rho c_p^2) & -k^2\eta(z) & 0 & 0 \\ w^2\rho & -1/(\rho c_s^2) & -2k^2 & 0 & 0 \end{bmatrix} \tag{3-85}$$

3.3.2　反射系数边界条件法

为了将反射系数耦合到射线等其他模型，本节将海冰反射系数构造成 Robin 边界条件，即将海冰对声传播的影响转化为海冰-海水界面的反射系数。

海水中的声场可以表示为入射波和反射波的叠加，假设坐标原点位于海面，深度轴方向指向海底，则海水中的声场可以使用反射系数表示：

$$\Psi(z)=\mathrm{e}^{-\mathrm{i}\gamma z}+R\mathrm{e}^{\mathrm{i}\gamma z} \tag{3-86}$$

式中，$\gamma=\sqrt{(\omega/c(0))^2-k^2}$，$k$ 为水平波数，对 $\Psi(z)$ 求深度 z 的偏导数，得到

$$\Psi'(z) = -\mathrm{i}\gamma(\mathrm{e}^{-\mathrm{i}\gamma z} - R\mathrm{e}^{\mathrm{i}\gamma z}) \qquad (3\text{-}87)$$

式（3-86）和式（3-87）相除，并使得深度 $z = 0$，得到关于上表面反射系数的方程：

$$f^{\mathrm{T}}(k^2)\Psi(0) + g^{\mathrm{T}}(k^2)\frac{\mathrm{d}\,\Psi(0)}{\mathrm{d}z} = 0 \qquad (3\text{-}88)$$

$$f^{\mathrm{T}} = 1, \quad g^{\mathrm{T}} = \frac{1 + R}{\mathrm{i}\gamma(1 - R)} \qquad (3\text{-}89)$$

式（3-89）为简正波法边界条件的基本表达式。从中可以看出，当反射系数为 $R = -1$ 时，为了满足式（3-88）成立的条件，需要使得 $\Psi(0) = 0$，即自由海面边界条件；当 $R = 1$ 时，需要使得 $\mathrm{d}\,\Psi(0)\,/\,\mathrm{d}z = 0$，此时对应绝对硬边界条件；当 $R = 0$ 时，反射系数对边界条件不产生影响，对应最一般化的边界条件。

在实际的处理中，首先将掠射角、反射系数幅度和相位离散化，得到不同掠射角条件下的反射系数和相位。在求解特征值的过程中，假设试探解为 k_0，则根据水平波数与垂直波数的关系，可以求得对应的掠射角 θ：

$$\theta = \arctan\frac{\gamma}{k} \qquad (3\text{-}90)$$

根据计算出的掠射角 θ，在离散化的反射系数中找到对应的反射系数幅度和相位值，就可以得到冰面边界条件式（3-89），进而得到简正波解。

3.3.3　海冰覆盖下的传播特性

Krakenc 模型直接在复数域内求解特征方程，考虑了弹性介质的吸收，适合海冰覆盖条件的声场分析。在计算冰下声场时，可以直接将冰层介质等效为相应的声学参数。冰层介质主要考虑冰层厚度、密度、纵波声速、横波声速、纵波衰减及横波衰减等 6 个声学参数。表 3-2 为冰层参数设置。这些参数在 Krakenc 程序中用来表征海冰边界。

表 3-2　冰层参数设置

冰层厚度/m	纵波声速/(m/s)	横波声速/(m/s)	密度/(g/cm³)	纵波衰减/(dB/λ)	横波衰减/(dB/λ)
3	3000	1400	0.95	0.3	1

1. 半声道传播特性

首先，考虑北极典型声速剖面，使用图 3-4 所示的北极海域实测正梯度声速结构，分析在自由海面和冰层覆盖两种边界条件下的传播损失。

仿真时声源深度位于 100m，声源频率分别为 50Hz、100Hz、200Hz 和 300Hz，在海冰覆盖时，传播损失仿真结果如图 3-33～图 3-36 所示。

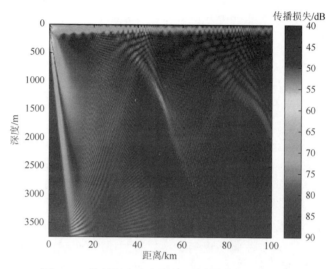

图 3-33　传播损失仿真结果（声源频率为50Hz）

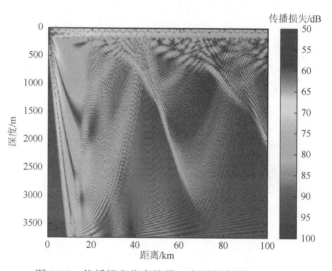

图 3-34　传播损失仿真结果（声源频率为100Hz）

　　从图 3-33 和图 3-34 中可以看出，在低于 100Hz 频率时，冰层对传播损失的影响不是太大，这是因为没有考虑冰层上下表面的粗糙情况。此外，100Hz 以下频率对应的波长比较长（大于 15m），远大于冰层的厚度，声波可以直接穿透冰层。所以，自由海面和冰层覆盖海面的传播损失相当。当声源频率继续升高时，声波波长变得与冰层厚度可比拟，冰层介质对声波的反射和吸收作用开始显现。从图 3-35 中可以看出，当声源频率为 200Hz 时，自由海面条件下 300m 深度内存在非常明显的表面声道，当距离 100km 时，能量仍然非常大。当上表面是海

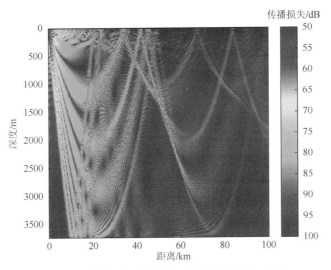

图 3-35　传播损失仿真结果（声源频率为 200Hz）

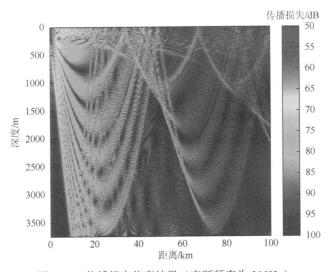

图 3-36　传播损失仿真结果（声源频率为 300Hz）

冰界面时，由于声能在冰面处的反射、散射和吸收，能量损耗较大，当距离为 20km 时，表面声道效应已经消失。

　　图 3-37 为接收深度为 80m 时，不同声源频率的传播损失对比。可见，当声源频率为 200Hz 和 300Hz 时，冰面的存在对能量造成的损耗非常明显。图 3-38 展示了自由海面和海冰覆盖两种条件下不同频率的传播损失对比情况。当上边界是自由海面时，声源频率为 50Hz 时的传播损失最小；当声源频率为 100Hz、200Hz 和 300Hz 时，由于模态数目的增多，不同阶简正波的耦合作用，导致声场的干涉结

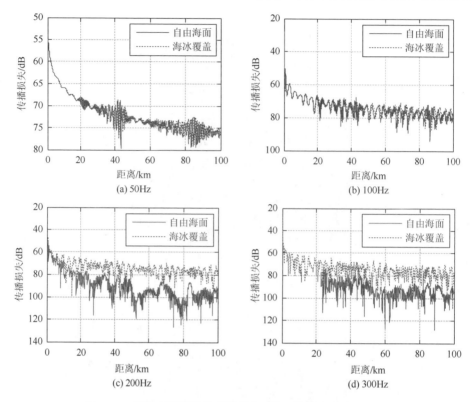

图 3-37 不同声源频率的传播损失对比（接收深度为 80m）

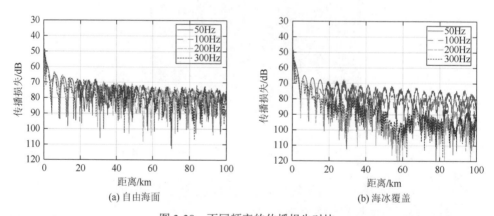

图 3-38 不同频率的传播损失对比

构变得复杂，声场随着距离的起伏比较剧烈。当上边界是海冰时，可以看出，声信道的频率选择效应比较明显。声源频率为 50Hz 时，传播损失最小，声源频率为 100Hz 时次之，声源频率为 200Hz 和 300Hz 时声能衰减最为严重。这里再次验证了半波导条件下的低通滤波效应。

2. 双声道传播特性

双声道条件下海冰覆盖情况的声传播特性展现出新的特点。声源频率分别为
50Hz、100Hz、300Hz、500Hz 和 1000Hz，为了分析双声道波导的深度选择特性，
将声源深度分别设置为 30m、150m、300m 和 500m，对应的传播损失空间分布如
图 3-39～图 3-43 所示。从图中可以看出，当声源深度位于 30m 时，各个频率都

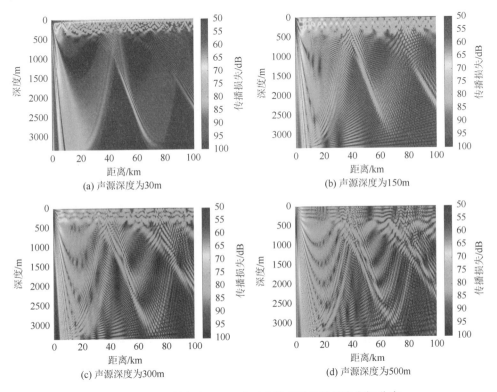

(a) 声源深度为30m　　　　　　　　　　(b) 声源深度为150m

(c) 声源深度为300m　　　　　　　　　　(d) 声源深度为500m

图 3-39　声源频率为 50Hz 时双声道声场传播损失空间分布

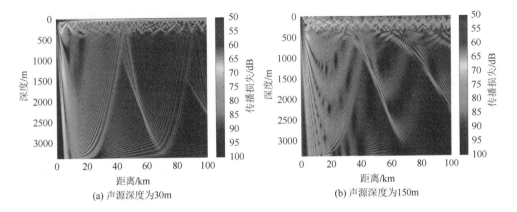

(a) 声源深度为30m　　　　　　　　　　(b) 声源深度为150m

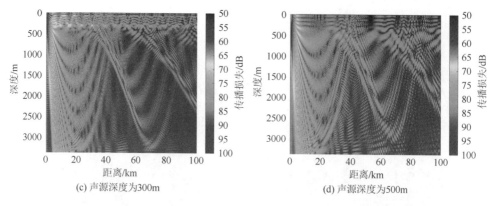

(c) 声源深度为300m　　　　　　　　(d) 声源深度为500m

图 3-40　声源频率为 100Hz 时双声道声场传播损失空间分布

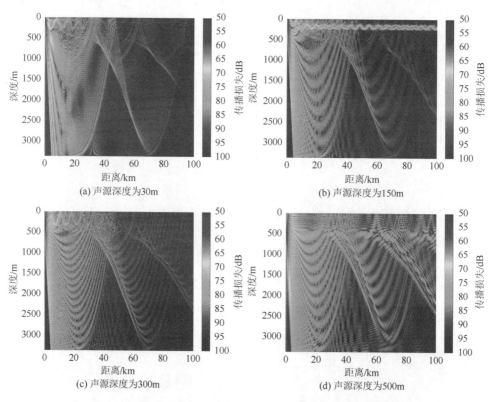

(a) 声源深度为30m　　　　　　　　(b) 声源深度为150m

(c) 声源深度为300m　　　　　　　　(d) 声源深度为500m

图 3-41　声源频率为 300Hz 时双声道声场传播损失空间分布

受到冰面反射吸收的影响，只是低频反射衰减较少。当声源位于 150m 深度时，处在次表面声道中，当频率越大时，各阶模态对应的掠射角都变小，声道现象越明显。当声源位于次表面声道下方时（深度为 300m 和 500m），随着频率的变化，分别形成了表面声道和次表面声道的传播现象。

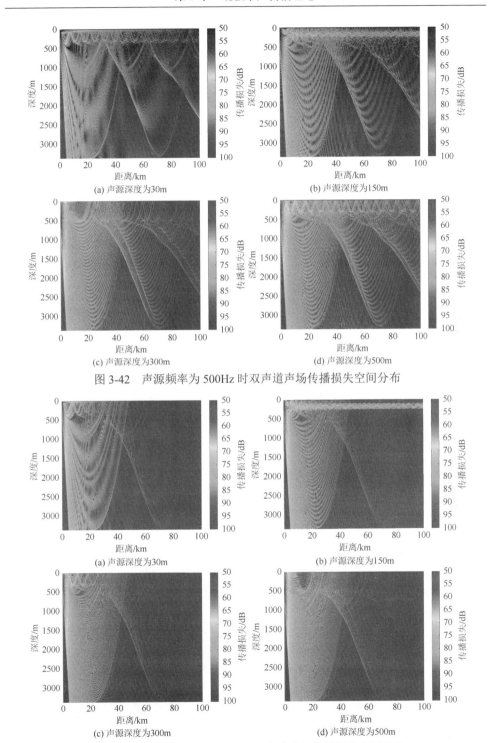

图 3-42　声源频率为 500Hz 时双声道声场传播损失空间分布

图 3-43　声源频率为 1000Hz 时双声道声场传播损失空间分布

从图 3-44 和图 3-45 所示的传播损失与距离的关系中可以看出，当声源和接收都位于次表面声道轴附近时，海冰覆盖和自由海面两种条件下的传播损失相差无几。此外，冰层破裂噪声和混响则集中于表面声道内，次表面声道的传输性能则进一步得到提高。因此，我们可以看出，当声源和接收都位于次表面声道轴附近时，可以达到类似于自由海面的情况下的声传播特性。国外学者将这种现象形象地称为波弗特海透镜。

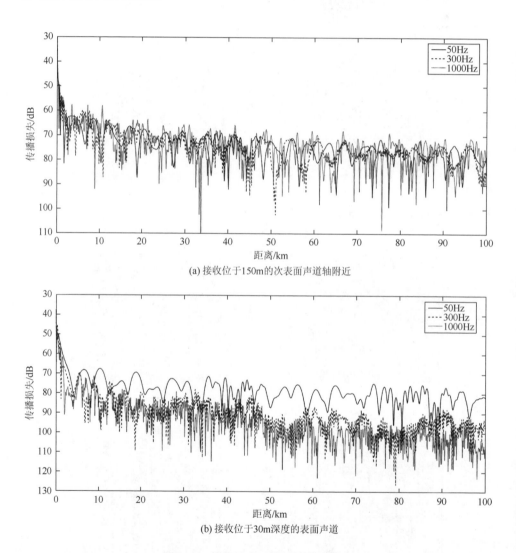

(a) 接收位于150m的次表面声道轴附近

(b) 接收位于30m深度的表面声道

图 3-44　接收深度对传播损失的影响

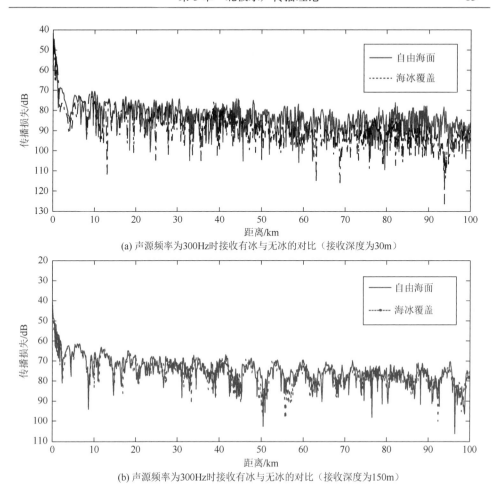

(a) 声源频率为300Hz时接收有冰与无冰的对比（接收深度为30m）

(b) 声源频率为300Hz时接收有冰与无冰的对比（接收深度为150m）

图 3-45　有冰和无冰情况的对比

参 考 文 献

[1]　　Marsh H W，Mellen R H. Underwater sound propagation in the Arctic Ocean[J]. The Journal of the Acoustical Society of America，1963，35（4）：552-563.

[2]　　Buck B M. Arctic deep-water propagation measurements[J]. The Journal of the Acoustical Society of America，1964，36（8）：1526-1533.

[3]　　Dinapoli F R，Mellen R H. Low Frequency Attenuation in the Arctic Ocean[M]. Ocean Seismo-Acoustics. Boston：Springer，1986：387-395.

[4]　　Wolf J W，Diachok O I，Yang T C，et al. Very-low-frequency under-ice reflectivity[J]. The Journal of the Acoustical Society of America，1993，93（3）：1329-1334.

[5]　　Lepage K，Schmidt H. Modeling of low-frequency transmission loss in the central Arctic[J]. The Journal of the Acoustical Society of America，1994，96（3）：1783-1795.

[6]　　Gavrilov A N，Mikhalevsky P N，Andreyev M Y. Measurements of low-frequency transmission loss in the

trans-arctic acoustic propagation experiment[C]. Proceedings of Challenges of Our Changing Global Environment Conference, San Diego, 1995: 941-948.

[7]　　Fricke J R. Acoustic scattering from elemental Arctic ice features: Numerical modeling results[J]. The Journal of the Acoustical Society of America, 1993, 93 (4): 1784-1796.

[8]　　Stotts S A. Development of an Arctic ray model[J]. The Journal of the Acoustical Society of America, 1994, 95 (3): 1281-1298.

[9]　　Alexander P, Duncan A, Bose N. Modelling sound propagation under ice using the ocean acoustics library's acoustic toolbox[C]. Proceedings of the Acoustical Society of Australia, Fremantle, 2012.

[10]　Collins M D. Treatment of ice cover and other thin elastic layers with the parabolic equation method[J]. The Journal of the Acoustical Society of America, 2015, 137 (3): 1557-1563.

[11]　Hope G, Sagen H, Storheim E, et al. Measured and modeled acoustic propagation underneath the rough Arctic sea-ice[J]. The Journal of the Acoustical Society of America, 2017, 142 (3): 1619-1633.

[12]　Howe T T R. A modal analysis of acoustic propagation in the changing arctic environment[D]. Cambridge: Massachusetts Institute of Technology, 2015.

[13]　Carper S A. Low frequency active sonar performance in the Arctic Beaufort Lens[D]. Cambridge: Massachusetts Institute of Technology, 2017.

第 4 章　北极冰源噪声

由于北极海域水上交通较少，航运噪声非常低。除了在开阔期和冰水混合期间，风关噪声的影响也相对较少。因此，该区域噪声除地震、航船噪声外，主要来源于海冰破裂、冰结构隆起、浮冰间的碰撞及人工破冰行为产生的冰源辐射噪声。由于冰层摩擦、碰撞及断裂产生的噪声与冰层的物理状态显著相关，其环境噪声偏离高斯分布，具有显著的非高斯性和脉冲性。4.1 节介绍北极冰源噪声幅度概率分布模型，将非高斯冰源噪声拟合为 α 稳定分布。4.2 节介绍噪声相关性模型，重点阐述海面噪声源空间相关函数的波数积分法和简正波方法的数学表达形式，以及基于简正波方法的垂直指向性计算。4.3 节介绍冰源噪声谱特性分析，包括噪声功率谱、噪声的时间和空间相关性；最后，使用第十一次中国北极科学考察获得的声学潜标年度噪声数据对北极海洋环境噪声的幅度、谱级及时频分布特性进行分析。

4.1　北极冰源噪声幅度概率分布模型

北极海域冰层之间的移动碰撞、裂解及航运噪声等现象使得其背景噪声通常是非高斯、非线性的，且含有大量的脉冲噪声干扰，在概率密度函数（Probability Density Function，PDF）上的表征特点是相比于高斯分布具有更厚的拖尾[1]。因此，为了提高北极水声学信号处理中信号检测、目标探测等的有效性，需要建立与实际噪声拟合度更高的噪声模型。从广义中心极限定理出发，本节所提出的 α 稳定分布可以认为是高斯分布的扩展，与实际的北极海域海洋环境噪声（多脉冲干扰，且 PDF 具有较厚的拖尾特性）更相符，且该分布已经在各领域得到了较为广泛的应用，可以考虑作为该海域背景噪声的统计模型。因此，本节首先介绍常用的非高斯模型，然后重点介绍 α 稳定分布基本理论，最后使用北极海域实测噪声数据进行 α 稳定分布的拟合及特性分析。

4.1.1　常用的非高斯模型

1. 柯西分布模型

柯西分布又称为柯西-洛伦兹（Cauchy-Lorentz）分布，其概率密度函数为

$$f(x;x_0,\gamma) = \frac{1}{\pi\gamma\left(1+\left(\dfrac{x-x_0}{\gamma}\right)^2\right)} = \frac{1}{\pi}\left(\frac{\gamma}{(x-x_0^2)+\gamma^2}\right) \tag{4-1}$$

式中，x_0 为 PDF 峰值所在位置处的位置参数；γ 为尺度参数，其值为 1/2 最大值处的 1/2 宽度。柯西分布的累积分布函数为

$$F(x;x_0,\gamma) = \frac{1}{\pi}\arctan\left(\frac{x-x_0}{\gamma}\right) + \frac{1}{2} \tag{4-2}$$

柯西分布的方差、期望与高阶矩都不存在。

2. 混合高斯模型

混合高斯模型是一类应用十分广泛且结构简单的非高斯模型，不同于高斯变量之和，混合高斯的概率密度函数是两个或多个高斯概率密度函数的加权和[2]，形式如下：

$$f(x) = \sum_{i=1}^{n} p_i N(x;\overline{x}_i,P_i) \tag{4-3}$$

式中，p_i、$\overline{x}_i$、P_i 分别为各高斯分布概率密度函数的权重、均值与方差，满足 $\sum_{i=1}^{n} p_i = 1$。其样本产生由以下事件定义：

$$A_i = \{x \sim N(\overline{x}_i,P_i)\} \tag{4-4}$$

$$p(A_i) = p_i \tag{4-5}$$

混合高斯分布的均值为

$$\begin{cases} \overline{x} = \displaystyle\sum_{i=1}^{n} p_i \overline{x}_i \\ E((x-\overline{x})(x-\overline{x})') = \displaystyle\sum_{i=1}^{n} p_i P_i + \sum_{i=1}^{n} p_i x_i \overline{x}_i' - \overline{x}\,\overline{x}' \end{cases} \tag{4-6}$$

Myers 和 Sotirin[3]曾利用混合高斯模型对北极海洋环境噪声进行研究，并取得了不错的效果。

3. 广义高斯模型

广义高斯分布是一类以拉普拉斯（Laplace）分布和高斯分布为特例，以均匀分布及 δ 函数为极限分布的对称分布，具有更适应实际环境的特征，在各领域中都得到了广泛的应用[4]。其概率密度函数满足如下条件：

$$f(x;\alpha,\sigma^2) = \frac{\alpha}{2\beta\Gamma(1/\alpha)}\exp\left(-\left(\frac{|x|}{\beta}\right)^{\alpha}\right) \tag{4-7}$$

式中，$\Gamma(\cdot)$ 为伽马（Gamma）函数。β 和 $\Gamma(a)$ 分别满足：

$$\beta = \sigma\sqrt{\frac{\Gamma(1/\alpha)}{\Gamma(3/\alpha)}} \tag{4-8}$$

$$\Gamma(a) = \int_0^{\infty} t^{a-1}e^{-t}, \quad a > 0 \tag{4-9}$$

参数 α、σ 分别控制该分布的形状与方差，当 α、σ 取值不同时可以得到不同形状的广义高斯分布。α 值越小，概率密度函数在 0 值处的峰值越尖锐，且高斯分布与拉普拉斯分布分别对应 $\alpha = 2$ 与 $\alpha = 1$。图 4-1 为 $\sigma = 10$ 时，不同 α 条件下广义高斯分布的概率密度函数图。

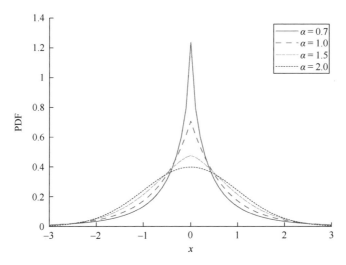

图 4-1　不同 α 条件下广义高斯分布的概率密度函数图（$\sigma = 10$）

4.1.2　α 稳定分布基本理论

α 稳定分布是满足广义中心极限定理的一类分布，最初主要应用于数学领域。除了在特殊情况下（当满足高斯分布、柯西分布及皮尔森分布时）有显式的概率密度函数和分布函数，在其余情形下都不存在显式表达式，不存在二阶矩和高阶矩。因此，α 稳定分布在信号处理领域的应用受到了限制。直到 1993 年 Shao 和 Nikias[5] 给出了 α 稳定分布信号的分数低阶矩处理方法并分析了其与二阶矩高斯信号处理方法的异同，才使得 α 稳定分布逐渐在信号处理领域得到广泛的应用。

实际上，大多数情形下的噪声都具有和高斯噪声类似的分布特性，但是又比高斯噪声拥有更厚的统计拖尾。在传统的通信、探测等领域常用加性高斯白噪声来对信道的噪声进行建模，这在实际情况下是不符合的，因为信道中或多或少存在着脉冲噪声的干扰，虽然这些脉冲干扰出现的概率较低，但是其幅值很大，会对通信及探测产生不小的影响，令基于高斯背景噪声条件下建立的方法性能下降甚至失效。而 α 稳定分布模型则能很好地对这些噪声进行统计描述，因此在各领域得到了充分的利用与发展，并得到了不错的效果[6-13]。北极海域因为冰层的存在，所以较普通海域存在更多的脉冲干扰，使得其统计分布与高斯分布并不完全契合，而 α 稳定分布正好能弥补这个缺陷[14, 15]。并且相比于其他的非高斯噪声模型，α 稳定分布结构更为简单，对噪声特性的描述也有着不弱于其他模型的性能。

1. α 稳定分布的定义与性质

α 稳定分布主要从吸引域、稳定性和特征函数等三个角度进行定义，且由于其概率密度函数无法显式表达，因此在实际研究与应用中，特征函数的定义方法最常用[16-18]。

定义 4-1 吸引域定义。对于随机变量 X，若存在序列 $\{a_n\} \in \mathbb{R}^+$、$\{b_n\} \in \mathbb{R}$ 及独立的同分布随机序列 $\{y_1, y_2 \cdots, y_n\}$ 使得

$$\frac{y_1 + y_2 + \cdots + y_n}{a_n} + b_n \Rightarrow X \tag{4-10}$$

成立，则称 X 满足稳定分布，其中 $\Rightarrow$ 代表依分布收敛。特殊地，若 y_n 的方差有限，则该极限分布满足高斯分布。因此，式（4-10）也称为广义的中心极限定理。

定义 4-2 稳定性定义。对于随机变量 X 与任意的 $A, B \in \mathbb{R}^+$，若存在 $C \in \mathbb{R}^+$，$D \in \mathbb{R}$ 使得

$$AX_1 + BX_2 \overset{d}{=} CX + D \tag{4-11}$$

成立，则称 X 满足稳定分布，其中 $\overset{d}{=}$ 代表相同分布。特殊地，若 X 与 $-X$ 分布相同，则该稳定分布对称。

定义 4-3 特征函数定义。虽然 α 稳定分布的 PDF 无法显式表达，但是其特征函数却存在统一的表达式，因此常常采用特征函数对该分布进行描述，若随机变量 X 的特征函数 $\varphi(t) = E(e^{itX})$ 满足如下表达式：

$$\varphi(t) = \begin{cases} \exp\left(j\delta t - |\gamma t|^\alpha \left(1 + j\beta \operatorname{sgn}(t) \tan\left(\frac{\pi\alpha}{2} \right) \right) \right), & \alpha \neq 1 \\ \exp\left(j\delta t - |\gamma t| \left(1 - j\beta \operatorname{sgn}(t) \frac{2}{\pi} \lg|t| \right) \right), & \alpha = 1 \end{cases} \tag{4-12}$$

则称 X 满足 α 稳定分布，记为 $X \sim S_\alpha(\beta, \gamma, \delta)$。其中，$\mathrm{sgn}(t)$ 为符号函数，满足

$$\mathrm{sgn}(t) = \begin{cases} 1, & t > 0 \\ 0, & t = 0 \\ -1, & t < 0 \end{cases} \tag{4-13}$$

$\alpha \in (0,2]$ 为特征指数（Characteristic Exponent），表征稳定分布冲击性的强弱，其值越小，对应的分布拖尾越厚，呈现出更为显著的冲击性与非高斯脉冲特性；$\beta \in [-1,1]$ 为偏斜参数（Skewness Parameter），表征稳定分布的非对称程度，$\beta = 0$、$\beta > 0$、$\beta < 0$ 分别对应对称、右偏、左偏分布情况，其中第一种情形称为对称 α 稳定分布，记为 SαS；$\gamma \in (0, +\infty)$ 为尺度参数（Scale Parameter），表征稳定分布样本的离散程度，与高斯分布中的方差类似且有 $\gamma = 2\sigma^2$；$\delta \in (-\infty, +\infty)$ 为位置参数（Location Parameter），表征稳定分布的均值（$\alpha > 1$）或中值（$\alpha \leqslant 1$）。图 4-2 展示了不同参数变化对 α 稳定分布的影响，图 4-3 展示了 α 稳定分布的拖尾特性。

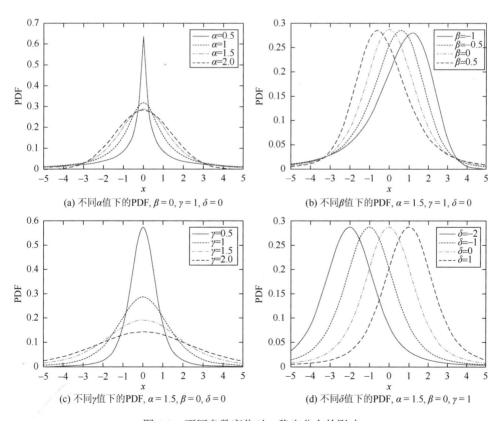

(a) 不同 α 值下的 PDF，$\beta = 0$，$\gamma = 1$，$\delta = 0$

(b) 不同 β 值下的 PDF，$\alpha = 1.5$，$\gamma = 1$，$\delta = 0$

(c) 不同 γ 值下的 PDF，$\alpha = 1.5$，$\beta = 0$，$\delta = 0$

(d) 不同 δ 值下的 PDF，$\alpha = 1.5$，$\beta = 0$，$\gamma = 1$

图 4-2　不同参数变化对 α 稳定分布的影响

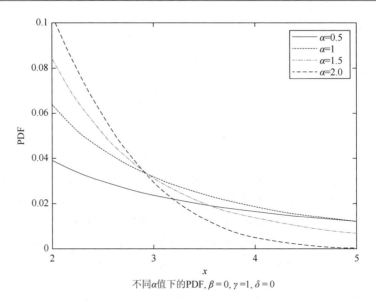

不同α值下的PDF, $\beta=0$, $\gamma=1$, $\delta=0$

图4-3　α稳定分布的拖尾特性

α稳定分布的性质主要体现在以下 6 个方面。

性质 4-1　若 X_1,X_2 均为独立的稳定随机变量，并且各自满足 $X_1 \sim S_\alpha(\beta_1,\gamma_1,\delta_1)$，$X_2 \sim S_\alpha(\beta_2,\gamma_2,\delta_2)$，则 $X_1+X_2 \sim S_\alpha(\beta,\gamma,\delta)$ 成立，其中

$$\beta=\frac{\beta_1\gamma_1^\alpha+\beta_2\gamma_2^\alpha}{\gamma_1^\alpha+\gamma_2^\alpha},\quad \gamma=(\gamma_1^\alpha+\gamma_2^\alpha)^{1/\alpha},\quad \delta=\delta_1+\delta_2 \tag{4-14}$$

性质 4-2　若 $X \sim S_\alpha(\beta,\gamma,\delta)$，并且 C_1 为非零实常数，$C_2 \in \mathbb{R}$，有式（4-15）成立：

$$C_1X+C_2 \sim \begin{cases} S_\alpha(\operatorname{sgn}(C_1)\beta,|C_1|\gamma,C_1\delta+C_2), & \alpha\neq1 \\ S_\alpha(\operatorname{sgn}(C_1)\beta,|C_1|\gamma,C_1\delta-\dfrac{2}{\pi}C_1\ln(C_1)\gamma\beta+C_2), & \alpha=1 \end{cases} \tag{4-15}$$

性质 4-3　当 $\alpha<1$ 且 γ 为定值时，若有 $X \sim S_\alpha(\beta,\gamma,0)$，且 $-1\leqslant\beta_1\leqslant\beta_2\leqslant1$，则对于所有的 x 均满足

$$P\{\beta_1\geqslant x\}\leqslant P\{\beta_2\geqslant x\} \tag{4-16}$$

性质 4-4　若 $X \sim S_\alpha(\beta,\gamma,\delta)$，且 $0<\alpha\leqslant2$，则有

$$\begin{cases} \lim_{\lambda\to\infty}\lambda^\alpha P\{X>\lambda\}=C_\alpha\dfrac{1+\beta}{2}\gamma^\alpha \\ \lim_{\lambda\to\infty}\lambda^\alpha P\{X<-\lambda\}=C_\alpha\dfrac{1-\beta}{2}\gamma \end{cases} \tag{4-17}$$

式中

$$C_\alpha = \left(\int_0^\infty x^{-\alpha} \sin x \, dx \right)^{-1} = \begin{cases} \dfrac{1-\alpha}{\Gamma(2-\alpha)\cos(\pi\alpha/2)}, & \alpha \neq 1 \\ \dfrac{2}{\pi}, & \alpha = 1 \end{cases} \tag{4-18}$$

式中，$\Gamma(\cdot)$ 为 Gamma 函数，同式（4-9）。

性质 4-5 若 $X \sim S_\alpha(\beta,\gamma,\delta)$，且 $0 < \alpha \leq 2$，则对于任意的 $0 < p < \alpha$，有式（4-19）成立：

$$E(|X|^p) < \infty \tag{4-19}$$

而当 $p \geq \alpha$ 时，

$$E(|X|^p) = \infty \tag{4-20}$$

性质 4-6 若 $X \sim S_\alpha(\beta,\gamma,\delta)$，$0 < \alpha \leq 2$，并且当 $\alpha = 0$ 时，$\beta = 0$，则对于所有的 $0 < p < \alpha$，存在常数 $C_{\alpha,\beta}(p)$ 使得式（4-21）成立：

$$(E(|X|^p) = \infty)^{1/p} = C_{\alpha,\beta}(p)\gamma \tag{4-21}$$

式中，$C_{\alpha,\beta}(p) = (E(|X_0|^p))^{1/p}$，并且 $X_0 \sim S_\alpha(\beta,1,0)$。

性质 4-5 与性质 4-6 表明，α 稳定分布的二阶与高阶统计量均不收敛，并且若 $\alpha < 1$，则其期望也不存在。但是该分布存在分数低阶矩，因此可以利用分数低阶统计量实现对信号的处理，弥补其使用二阶与高阶统计量时性能下降的弊端。

2. 分数低阶统计量理论

在高斯背景下我们通常采用信号的二阶与高阶统计量进行处理与分析，但实际上统计矩的阶数可以从 0 延伸到无穷阶，并且基于不同阶的统计矩可以获得大量的信号相关信息，图 4-4 为随机信号统计量的分布示意图。

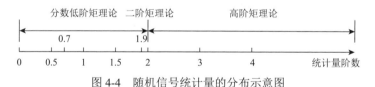

图 4-4 随机信号统计量的分布示意图

但是对于 α 稳定分布而言，由于其特征指数 $\alpha \in (0,2]$，从性质 4-5 可知，只有当 $0 < p < \alpha$ 时，其统计矩才有实际的意义，此时的 p 阶矩称为分数低阶矩（Fractional Lower Order Moments，FLOM）或分数低阶统计量[19]，其可以表示为 $E(|X|^p)$，其中 $0 < p < \alpha \leq 2$。由于 α 稳定随机变量的统计量与分散系数之间存在着由 Zolotarev 定理[20]指出的关系，因此 FLOM 可以由离差 $\gamma = \sigma^\alpha$ 和特征因子 α 表征，若随机变量 $X \sim S_\alpha(\beta,\gamma,\delta)$，则有

$$E(|X|^p) = \begin{cases} C(p,\alpha)\gamma^{p/\alpha}, & 0 < p < \alpha \\ \infty, & p \geq \alpha \end{cases} \tag{4-22}$$

式中

$$C(p,\alpha) = \frac{2^{p+1}\Gamma((p+1)/2)\Gamma(-p/\alpha)}{\alpha\sqrt{\pi}\Gamma(-p/2)} \qquad (4\text{-}23)$$

可见，除高斯分布（$\alpha = 2$）外，其余 α 稳定分布随机变量的二阶矩和高阶矩均不收敛。但是当阶数 p 满足 $p < \alpha$ 时，其存在分数低阶矩，这就为该分布随机变量的相关信号处理研究奠定了理论基础。

在 α 稳定分布中，特殊地，SαS 除了具有正的分数阶统计量还具有有限的负阶矩，因此其分数低阶矩的统一表达式如下所示。

若随机变量 X 满足 SαS，且 $\delta = 0$，$\gamma > 0$，则有

$$E(|X|^p) = C(p,\alpha)\gamma^{p/\alpha}, \quad -1 < p < \alpha \leqslant 2 \qquad (4\text{-}24)$$

式中，$C(p,\alpha)$ 与式（4-23）相同。从式（4-24）可以看出，SαS 随机变量的分数低阶矩是等价的，与 X 无关，且任意的阶数之间只相差一个由 α 和 γ 决定的常数。

此外，为了使脉冲信号的分析与处理框架更完善，Gonzalez 等[21]提出了零阶统计量（Zero Order Statistics，ZOS）的概念和理论，弥补了当 $p \geqslant \alpha$ 时分数低阶统计量失效的情形。

对数阶随机变量的定义如下：若 $E(Y) = E(\log|x|)$ 为定义的对数矩，则当随机变量 X 满足

$$E(\log|x|) < \infty \qquad (4\text{-}25)$$

时，称随机变量 Y 为对数阶随机变量。

随机变量的协方差是二阶统计量分析中重要的组成部分，在信号处理与分析领域中占有重要地位，如信号检测、方位估计及滤波等[22]。但是由于 α 稳定分布随机变量的二阶统计量不收敛，因此其协方差并不存在。

基于此，Miller 和 Chapman[23]提出了与协方差相近的共变概念，若 X 和 Y 为满足联合 SαS 分布的随机变量且有 $1 < \alpha \leqslant 2$，则其共变与共变系数定义为

$$[X,Y]_\alpha = \int_S xy^{\langle\alpha-1\rangle}m\mathrm{d}S \qquad (4\text{-}26)$$

$$\lambda_{X,Y} = \frac{[X,Y]_\alpha}{[Y,Y]_\alpha} \qquad (4\text{-}27)$$

式中，S 代表单位圆；$y^{\langle\alpha\rangle} = |y|^\alpha \operatorname{sgn}(y)$；$m$ 为变量 X 和 Y 的谱测度。由此可知，共变不具有对称性（$\alpha = 2$ 除外），这是与协方差最主要的区别，即

$$[X,Y]_\alpha \neq [Y,X]_\alpha \qquad (4\text{-}28)$$

在实际应用中，由于谱测度 m 难以计算，因此基于定义的方法不具有较高的实用性，需要利用分数低阶矩的相关定理对共变进行进一步处理，分析如下所示。

假定分散系数分别为 γ_x 和 γ_y 的随机变量 X、Y 满足联合 SαS 分布且 $1 < \alpha \leqslant 2$，则有

$$[X,X]_\alpha = \| X \|_\alpha^\alpha = \gamma_x \tag{4-29}$$

$$[Y,Y]_\alpha = \| Y \|_\alpha^\alpha = \gamma_y \tag{4-30}$$

$$\lambda_{X,Y} = \frac{E(XY^{\langle p-1 \rangle})}{E(|Y|^p)}, \quad 1 \leqslant p < \alpha \tag{4-31}$$

$$[X,Y]_\alpha = \gamma_y \frac{E(XY^{\langle p-1 \rangle})}{E(|Y|^p)}, \quad 1 \leqslant p < \alpha \tag{4-32}$$

但是在 α 稳定分布中，共变的适用范围局限在 $1 < \alpha \leqslant 2$，而实际当脉冲噪声干扰十分强烈时该分布的特征指数 $\alpha \leqslant 1$，导致基于共变所提出的信号处理算法性能下降甚至无效。相比之下，适用于所有 α 取值范围的分数低阶协方差（Fractional Lower Order Covariance，FLOC）则更具有普遍性，其定义如下所示。

若随机变量 X、Y 满足联合 SαS 分布且 $1 < \alpha \leqslant 2$，则其分数低阶协方差为

$$\text{FLOC}(X,Y) = E(X^{\langle A \rangle} Y^{\langle B \rangle}), \quad 0 \leqslant A < \frac{\alpha}{2}, \quad 0 \leqslant B < \frac{\alpha}{2} \tag{4-33}$$

4.1.3　北极噪声 α 稳定分布拟合

从实际观测到的北极海洋环境噪声信号中可以发现，其低频噪声中叠加了大量的脉冲成分，且近年来随着冰层的融化，以及航运与油气开采事业在北极不断地发展，将使得冲击噪声的占比不断增加。考虑到无脉冲噪声干扰下的海洋环境噪声满足高斯分布，因此将北极海域海洋环境噪声建模为加性混合噪声，如下：

$$s(t) = n(t) + \sum_{i}^{N} \mu_i s_i(t) \tag{4-34}$$

式中，$n(t)$ 代表高斯噪声；$s_i(t)$ 代表突发性脉冲干扰噪声；μ_i 代表干扰噪声的有无，若有噪声，则取 $\mu_i = 1$，否则取 $\mu_i = 0$。

1. 非高斯性判定

为了验证 α 稳定分布对冲击噪声的建模效果，本节向高斯白噪声中加入信噪比为 5dB、冲击信号占比不同的脉冲干扰，并以核密度估计（Kernel Density Estimation，KDE）为参照，利用检验预测模型常用的 R^2 指标分析高斯分布与 α 稳定分布的拟合程度。

图 4-5 为噪声时域波形、对应参数估计、分布直方图与拟合结果，图 4-6 为不同分布的拟合度对比结果。从图 4-5（b）中可以看出，当环境噪声为无脉冲干扰即高斯白噪声时，两种模型拟合效果一致；当存在冲击信号时，正态分布模型完全失效，而 α 稳定分布模型则具有较好的拟合效果，且从拟合度曲线中也能发现，即使噪声的脉冲特性有所变化，该分布模型仍然具有较好的鲁棒性。

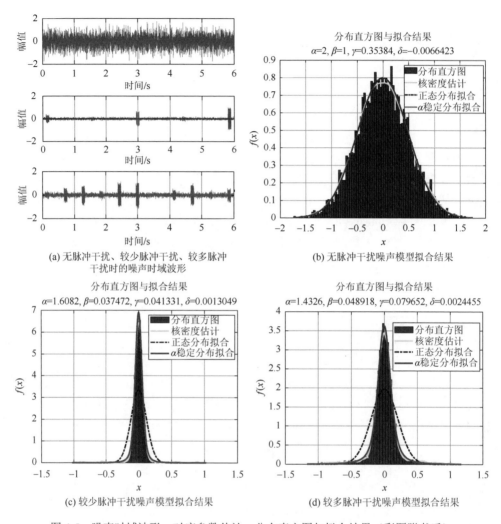

(a) 无脉冲干扰、较少脉冲干扰、较多脉冲
干扰时的噪声时域波形

(b) 无脉冲干扰噪声模型拟合结果

(c) 较少脉冲干扰噪声模型拟合结果

(d) 较多脉冲干扰噪声模型拟合结果

图4-5　噪声时域波形、对应参数估计、分布直方图与拟合结果（彩图附书后）

使用2016年中国第七次北极科学考察中国科学院声学研究所布放在楚科奇海台（74.72°N，161.7°W）的声学潜标实测噪声数据，对北极海域环境噪声进行 α 稳定分布拟合。两个水听器的深度分别位于105m和450m，采样频率为8000Hz，每间隔3h采集20min的背景噪声数据，时间跨度为2017年9月2日～2018年3月9日。

由于北极海域环境噪声的脉冲特性主要体现在低频段，因此本书主要着重于低频段的噪声分析。在以往的文献中，通常认为北极地区的半声道有利于低频（小于30Hz）声传播，并且 Dyer[24] 的研究表明，100Hz 以内风和压力所引起的冰裂与冰脊形成对环境噪声有显著的影响，而100Hz以上环境噪声则受风及近场冲击影响较大。基于此，本节将实测噪声数据分解为0～30Hz、30～100Hz、100～500Hz

三个不同频段，并进行相应的分析。为了验证 α 稳定分布模型在北极海域环境噪声统计特性中的适用性，选取三种典型海洋环境噪声进行分析。

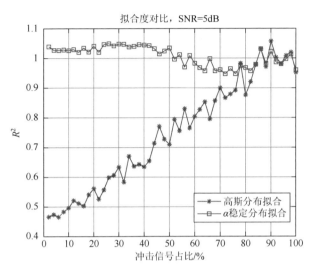

图 4-6　不同分布的拟合度对比结果

如图 4-7 所示，其中，图 4-7（a）分别为 105m 深度处，安静、较少脉冲干扰、较多脉冲干扰环境下噪声信号时域波形；图 4-7（b）为同点位、同时刻采集的 450m 深度噪声信号时域波形，对选取的时域信号进行均值、偏度、峰度及方差进行估计，可用于初步判定噪声数据的非高斯性。均值表征噪声中的趋势项（直流分量），是噪声时间序列的平均值；偏度是统计数据分布非对称程度的数字特征，与 α 稳定分布中参数 β 存在一定的对应关系，其值为 0 时表征分布具有对称性；峰度是表征概率密度分布曲线在平均值处峰值高低的特征数，如果峰度大于 3，那么说明噪声的分布与高斯噪声相比具有更尖的峰顶，反之则具有平峰值；方差是衡量数据离散程度的重要参数，可以根据实测数据中样本方差的收敛性来判定该数据样本是否具有高斯性。在 α 稳定分布中，当 $\alpha = 2$ 时分布为高斯分布，此时数据的方差随着样本的增加逐渐收敛，而当 $\alpha < 2$ 时样本方差收敛性变差。

图 4-8～图 4-10 分别为 0～30Hz 频段 105m 深度，对应安静、较少脉冲干扰和较多脉冲干扰三种情况下噪声信号分布统计结果，分别为均值、偏度、方差及峰度（白色线为峰度均值）。考虑到篇幅大小，其他两个频段和 450m 深度统计结果不再展示。由噪声数据的统计分布结果可知，在安静环境下不同深度处噪声数据方差逐渐收敛且峰度接近 3，具有高斯性。当环境中存在冲击噪声源时，噪声数据方差不收敛，且峰度的波动范围很大，计算得到后两种环境下不同深度处 160s 噪声样本数据的峰度值分别为（6.2748，6.0769）和（3.4027，2.7937），可见脉冲干扰的存在使噪声呈现不同程度的非高斯性。

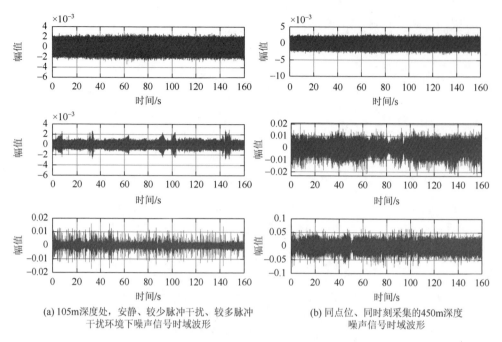

(a) 105m深度处，安静、较少脉冲干扰、较多脉冲　　　　　　(b) 同点位、同时刻采集的450m深度
干扰环境下噪声信号时域波形　　　　　　　　　　　　　　　　噪声信号时域波形

图 4-7　安静、较少脉冲干扰、较多脉冲干扰时噪声的时域波形

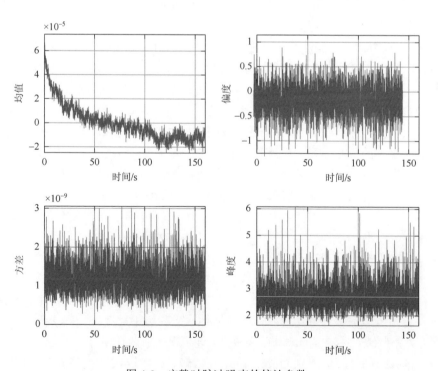

图 4-8　安静时脉冲噪声的统计参数

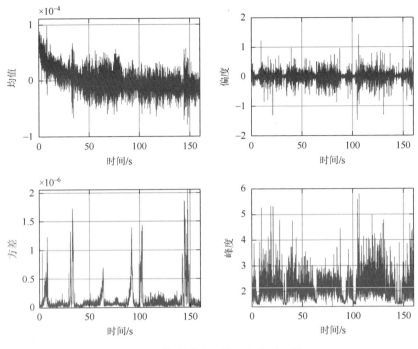

图 4-9　较少脉冲干扰时的统计参数

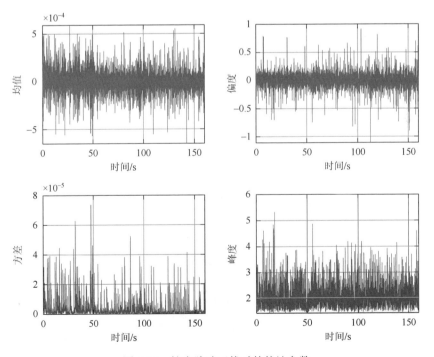

图 4-10　较多脉冲干扰时的统计参数

2. α 稳定分布模型验证

首先利用该海域海洋环境噪声的实测数据通过参数估计得到 α 稳定分布与正态分布模型的参数，然后根据参数建立对应的模型并通过对比两种模型在三种类型噪声数据下的拟合度判定模型的优劣，图 4-11 为 0～30Hz 噪声数据在两种模型

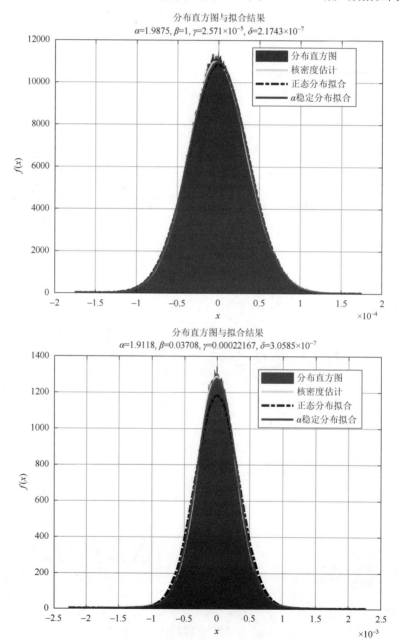

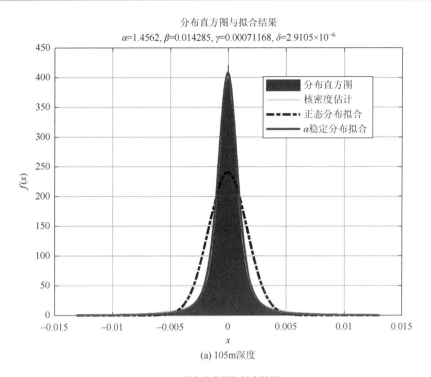

(a) 105m深度

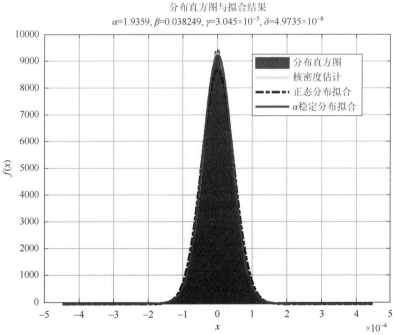

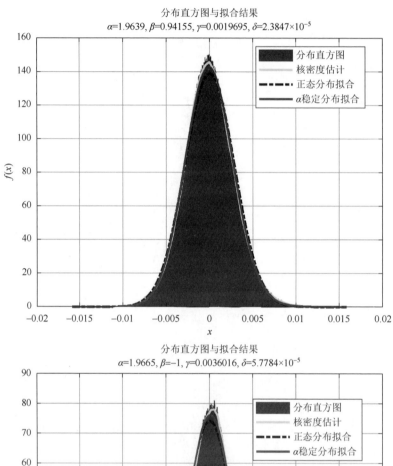

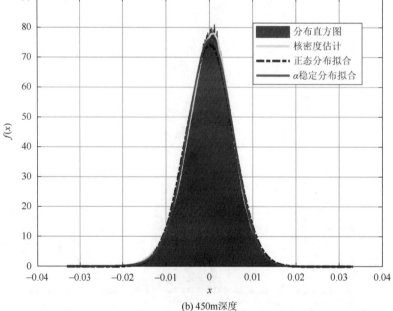

(b) 450m深度

图 4-11　不同深度下各类型环境噪声模型拟合结果（彩图附书后）

中的拟合结果，其中，图 4-11（a）表征各类型噪声上层深度拟合结果，图 4-11（b）表征各类型噪声下层深度拟合结果，表 4-1 为不同模型拟合度对比结果（每个比值代表高斯分布拟合度/α 稳定分布拟合度）。

表 4-1　不同模型拟合度对比结果

频率	类型 1（上层）	类型 1（下层）	类型 2（上层）	类型 2（下层）	类型 3（上层）	类型 3（下层）
0～30Hz	0.9884/1.0009	0.9418/1.0012	0.9236/1.0006	0.9667/0.9990	0.6215/1.0163	0.9696/0.9979
30～100Hz	0.9910/1.0010	0.9488/1.0011	0.9234/1.0005	0.9660/0.9988	0.6193/1.0161	0.9647/0.9976
100～500Hz	0.9958/1.0012	0.9852/1.0011	0.9296/1.0000	0.9057/0.9784	0.5994/1.0132	0.8852/0.9827

通过上述分析得到，类型 1（安静环境）不同深度处的噪声在各频段均表现出高斯性，模型验证结果表明，两种模型具有相近的拟合效果；在类型 2 和 3 环境下，冲击噪声的干扰使得噪声呈现不同程度的非高斯性。上层深度随着脉冲干扰增强，噪声偏离高斯分布越明显，正态分布模型完全失效，而 α 稳定分布则能更好地描述其统计特性。450m 深度环境噪声则具有更好的高斯性，其可能的原因是该海域存在双声道效应，105m 深度环境噪声有冰脊形成噪声、浮冰碰撞产生噪声和风成噪声的贡献，表现为明显的非高斯性，经过双声道波导的滤波作用，使得下层深度环境噪声的高斯性相对于上层深度有所增强。

对环境噪声而言，其幅度的统计特性主要依赖于拖尾性质、离散程度、对称位置及偏斜程度。一般而言，在大样本统计平均下，海洋环境噪声的幅度分布是无偏的[25]。均值和方差能刻画数据的离散程度与对称位置，因此主要分析数据的拖尾特性，即 α 值的大小。对 2017 年 10 月～2018 年 2 月采集的 105m 深度的噪声数据进行分析，表 4-2 为各月噪声数据 α 估计值在不同范围的数量统计结果（·/·/· 代表 0～30Hz/30～100Hz/100～500Hz 不同频段，各频段每月的样本总数=每月天数×8）。

表 4-2　α 估计值统计结果

时间	α 值范围			
	$\alpha < 1.6$	$1.6 \leqslant \alpha < 1.8$	$1.8 \leqslant \alpha < 1.99$	$\alpha \geqslant 1.99$
2017 年 10 月	13/13/9	16/15/15	126/125/80	93/95/144
2017 年 11 月	9/8/3	18/13/7	180/182/64	33/37/166
2017 年 12 月	15/15/16	16/15/14	152/140/89	65/78/129
2018 年 1 月	0/0/1	2/2/0	155/137/92	91/109/155
2018 年 2 月	4/4/3	7/6/11	111/98/78	102/116/132

图 4-12 为协调世界时（Universal Time Coordinated，UTC）时间 12:20 下不同频段噪声数据 α 估计值随样本的变化情况。可以发现，不同频段的噪声统计特性不同。其中，0～30Hz 与 30～100Hz 频段的 α 值接近，说明其噪声具有近似的分布特性，且与 100～500Hz 对比存在较大的差异。由此可见，北极海洋环境噪声的冲击性可以以 100Hz 为界分别进行考虑，其结果与 Dyer 的结果相符。从图 4-12 中还可以看出，10～12 月结冰期海洋环境噪声受脉冲干扰较多，冰下噪声具有明显的非高斯性，而 1～2 月冰封期由于冰层几乎完全覆盖，冰下环境噪声非高斯性减弱。

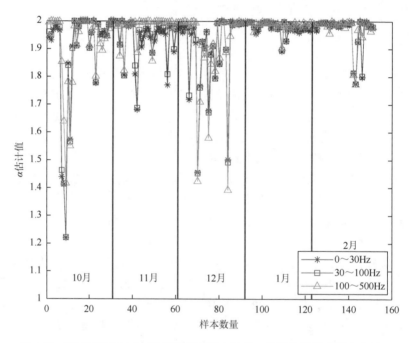

图 4-12　UTC 时间 12:20 下不同频段噪声数据 α 估计值随样本的变化情况

4.2　噪声相关性及指向性模型

在北极海域，当海面完全由海冰覆盖时，主要的噪声源来自海冰活动。一般来说，常采用的海面噪声源模型有以下两种：一种是假定统计相关的无指向性点源分布于海面之下某一深度的无限平面上，另一种是假定统计独立的指向性点源分布在海面上。现已证明这两种海面噪声源模型是等价的。假设互不相关的噪声源均匀地分布在海面下深度为 z' 的某一个无限大平面上，如图 4-13 所示。

海面噪声源分布产生的声场是式（4-35）的解：

$$(\nabla^2 + k^2)\phi_\omega(r,z) = -S_\omega(r')\delta(z-z') \tag{4-35}$$

式中，$k \equiv \omega / c(z)$；$\boldsymbol{r}' = (x', y')$。我们省略了噪声源强度 S_ω 和声场 ϕ_ω 对频率的依赖关系，但应注意宽带总噪声场是通过对 ϕ_ω 进行傅里叶合成得到的。

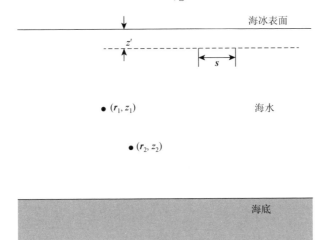

图 4-13　噪声模型的几何表示

4.2.1　波数积分法计算噪声场

式（4-35）的解为

$$\phi(\boldsymbol{r}, z) = \int S(\boldsymbol{r}') g(\boldsymbol{r}, \boldsymbol{r}', z, z') \mathrm{d}^2 \boldsymbol{r}' \tag{4-36}$$

式中，$g(\boldsymbol{r}, \boldsymbol{r}', z, z')$ 是格林函数，满足以下亥姆霍兹方程：

$$(\nabla^2 + k^2) g(\boldsymbol{r}, \boldsymbol{r}', z, z') = -\delta^2(\boldsymbol{r} - \boldsymbol{r}')\delta(z - z') \tag{4-37}$$

和相应的边界条件。噪声场互谱密度代表了噪声场的空间特性或指向特性，这些特性可以用分布式声接收阵测得。空间中两点 $(\boldsymbol{r}_1, z_1)$、$(\boldsymbol{r}_2, z_2)$ 的互谱密度为

$$C_\omega(\boldsymbol{r}_1, \boldsymbol{r}_2, z_1, z_2) = \langle \phi(\boldsymbol{r}_1, z_1)\phi^*(\boldsymbol{r}_2, z_2) \rangle$$

$$= \iint \langle S(\boldsymbol{r}')S^*(\boldsymbol{r}'') \rangle \times g(\boldsymbol{r}_1, \boldsymbol{r}', z_1, z') g^*(\boldsymbol{r}_2, \boldsymbol{r}'', z_2, z') \mathrm{d}^2 \boldsymbol{r}' \mathrm{d}^2 \boldsymbol{r}'' \tag{4-38}$$

式中，$S(\boldsymbol{r}')$ 为海面噪声源的函数，可以认为海面噪声源的相关函数 $q^2 N(s) \equiv \langle S(\boldsymbol{r}')S^*(\boldsymbol{r}'') \rangle$ 是均匀的，因而在空间上它只与声源间隔 $\boldsymbol{s} \equiv \boldsymbol{r}' - \boldsymbol{r}''$ 有关，这里 q 是海面噪声源强度。用 $\boldsymbol{R} \equiv \boldsymbol{r}_1 - \boldsymbol{r}_2$ 表示噪声场点，则式（4-38）给出的对于角频率 w 的互谱密度就可以表示为 $C_\omega(\boldsymbol{R}, z_1, z_2)$。格林函数积分表达式的笛卡儿坐标形式为

$$\begin{cases} g(\boldsymbol{r}_1, \boldsymbol{r}', z_1, z') = \dfrac{1}{2\pi} \int g(k, z_1, z') \exp(\mathrm{i}\boldsymbol{k} \cdot (\boldsymbol{r}_1 - \boldsymbol{r}')) \mathrm{d}^2 \boldsymbol{k} \\ g^*(\boldsymbol{r}_2, \boldsymbol{r}'', z_2, z') = \dfrac{1}{2\pi} \int g^*(k, z_2, z') \exp(-\mathrm{i}\boldsymbol{k}' \cdot (\boldsymbol{r}_2 - \boldsymbol{r}'')) \mathrm{d}^2 \boldsymbol{k}' \end{cases} \tag{4-39}$$

把式（4-39）代入式（4-38），并用 R 代替 $r_1 - r_2$，用 s 代替 $r' - r''$，对 r'' 和 k' 积分后得到以下结果：

$$C_\omega(R, z_1, z_2) = q^2 \iint N(s)g(k, z_1, z')g^*(k, z_2, z') \times \exp(i k \cdot (R - s)) \mathrm{d}^2 s \mathrm{d}^2 k \quad (4\text{-}40)$$

再对 k 相应的方位角进行积分，得到

$$C_\omega(R, z_1, z_2) = 2\pi q^2 \int N(s) \mathrm{d}^2 s \int_0^\infty g(k_r, z_1, z')g^*(k_r, z_2, z') \times \mathrm{J}_0(k_r | R - s |) k_r \mathrm{d}k_r \quad (4\text{-}41)$$

式中，$z_1 = z_2$ 是零阶贝塞尔函数。式（4-41）含有对水平波数 k_r 的积分和对空间间隔 $s = r' - r''$ 的积分。海面噪声源的相关函数为

$$N(s) = \begin{cases} 2\delta(s)/(k^2(z')s), & p=1, \text{非相关声源} \\ 2^p p! \mathrm{J}_p(k(z')s)/(k(z')s)^p, & p>1, \text{相关声源} \end{cases} \quad (4\text{-}42)$$

对于噪声源不相关的情况，式（4-42）的第一个表达式代表海面处的偶极分子层，这一偶极分子层相当于海面下方的不相关单极子声源层。将式（4-42）的第一个表达式代入式（4-41），得到互谱密度为

$$C_\omega(R, z_1, z_2) = \frac{8\pi^2 q^2}{k^2(z')} \int_0^\infty g(k_r, z_1, z')g^*(k_r, z_2, z') \mathrm{J}_0(k_r R) k_r \mathrm{d}k_r \quad (4\text{-}43)$$

式（4-43）的积分部分可以按照第 3 章波数积分方法来求解。因此，上述方法为海面噪声源的波数积分法。考虑 $R = 0$ 和 $z_1 = z_2 = z$ 时的特殊情形，即场点噪声的自相关，式（4-43）可以简化为一个与噪声强度成正比的量，即

$$C_\omega(0, z, z) = \frac{8\pi^2 q^2}{k^2(z')} \int_0^\infty | g(k_r, z, z') |^2 k_r \mathrm{d}k_r \quad (4\text{-}44)$$

其对应噪声强度为 $C_\omega(0, z, z)$ 的对角线元素。

4.2.2 简正波方法计算噪声场

简正波方法深度分离问题的格林函数可以表示为

$$\rho(z) \frac{\partial}{\partial z} \left(\frac{1}{\rho(z)} \frac{\partial g(z)}{\partial z} \right) + \left(\frac{w^2}{c^2(z)} - k_r^2 \right) g(z) = \frac{-\delta(z - z_s)}{2\pi} \quad (4\text{-}45)$$

将 δ 函数展开成模态之和，即

$$\delta(z - z_s) = \sum_m a_m \psi_m(z) \quad (4\text{-}46)$$

这里假定不存在连续谱，因而这些模态构成了一个完备集。根据模态间的正交性，则 δ 函数可以表示为如下模态函数之和：

$$\delta(z - z_s) = \sum_m \frac{\psi_m(z)\psi_m(z_s)}{\rho(z)} \quad (4\text{-}47)$$

将式（4-47）的模态函数之间的关系称为完备性关系。将式（4-47）代入式（4-45），得到格林函数的展开形式为

$$g(k_r, z, z_s) = \frac{1}{2\pi\rho(z)} \sum_m \frac{\psi_m(z)\psi_m(z_s)}{k_r^2 - k_{rm}^2} \tag{4-48}$$

式中，$\psi_m(z)$ 为归一化幅度函数；k_{rm} 为第 m 号模态的传播波数。要获得有限的噪声互谱密度函数，就必须考虑模态衰减。这是由限制在分层介质中的离散模态遭受柱面扩展损失，而噪声源辐射的噪声能量随着距离的平方增加造成的。因此，远方声源对能量的贡献随距离的增大而增加，导致总强度发散。而模态衰减使得声强随着距离的增大呈指数规律下降，从而保证收敛性。假定 k_{rm} 是复数，其虚部为模态衰减系数，即 $k_{rm} = \kappa_m + \mathrm{i}\alpha_m$，且 $\kappa_m, \alpha_m > 0$。由于 g 和 g^* 对于 k_r 是平滑的，同时利用关系 $\mathrm{J}_0 = |\mathrm{H}_0^{(1)} + \mathrm{H}_0^{(2)}|/2$ 及 $-\mathrm{H}_0^{(1)}(-x) = \mathrm{H}_0^{(2)}$，可以将式（4-43）写成更方便的形式：

$$C_\omega(R, z_1, z_2) = \frac{4\pi^2 q^2}{k^2} \int_{-\infty}^{\infty} g(k_r, z_1, z')g^*(k_r, z_2, z')\mathrm{H}_0^{(1)}(k_r R)/k_r \mathrm{d}k_r \tag{4-49}$$

将式（4-48）代入式（4-49），得到最终结果是以下积分：

$$I_{mn} = \frac{q^2}{\rho^2 k^2} \int_{-\infty}^{\infty} \frac{k_r \mathrm{H}_0^{(1)}(k_r R)}{(k_r^2 - k_{rm}^2)(k_r^2 - (k_{rn}^*)^2)} \mathrm{d}k_r \tag{4-50}$$

该积分在 $\pm k_{rm}$ 和 $\pm k_{rn}^*$ 处有一阶极点，其中极点 $+k_{rm}$ 和 $-k_{rn}^*$ 在上半平面。利用复数积分的标准方法，以半径很大的半圆封闭上半平面的围线，求得留数为

$$I_{mn} = \frac{\mathrm{i}\pi q^2}{\rho^2 k^2} \left(\frac{\mathrm{H}_0^{(1)}(k_{rm}R)}{k_{rm}^2 - (k_{rn}^*)^2} + \frac{\mathrm{H}_0^{(2)}(k_{rn}^*R)}{k_{rm}^2 - (k_{rn}^*)^2} \right) \tag{4-51}$$

这里还利用了汉克尔函数关系 $-\mathrm{H}_0^{(1)}(-x) = \mathrm{H}_0^{(2)}$。现在就可以写出互谱密度的简正波表达式：

$$\begin{aligned} C_\omega(R, z_1, z_2) &= \frac{\mathrm{i}\pi q^2}{\rho^2 k^2} \sum_{m,n} \Psi_m(z')\Psi_m(z_1)\Psi_n(z')\Psi_n(z_2) f_{mn} \\ &\times (\mathrm{H}_0^{(1)}(k_{rm}R) + \mathrm{H}_0^{(2)}(k_{rn}^*R)) \end{aligned} \tag{4-52}$$

式中，$f_{mn} = \dfrac{1}{k_{rm}^2 - (k_{rn}^*)^2}$。

f_{mn} 表示构成噪声场的简正波间的相干性度量。假定 $\kappa_m \gg \alpha_m$，$\kappa_n \gg \alpha_n$，由此可得

$$f_{mn} = \begin{cases} \dfrac{1}{\kappa_m^2 - \kappa_n^2}, & m \neq n \\[3mm] \dfrac{1}{4\mathrm{i}\alpha_m\kappa_m}, & m = n \end{cases} \tag{4-53}$$

可以发现，在没有衰减的情况下，当 $m = n$ 时，式（4-52）将各项变成无限

大。按照上面的讨论，这是由远方声源的贡献造成的。而当 $m \neq n$ 时，式（4-52）中的各项保持有限值，这是因为这些项是由相位快速变化的不同模态式简正波的乘积构成的，且远方声源对噪声场的贡献可以忽略。若衰减系数 α_m 远小于不同模态水平波数间的最小间距 $|\kappa_m - \kappa_n|$，则噪声场可以由模态的非相干求和来近似表示。用 κ_m 来近似 k_m 的实部以进一步简化式（4-52），可得[26]

$$C_\omega(R, z_1, z_2) = \frac{\pi q^2}{2\rho^2 k^2} \sum_m \frac{(\Psi_m(z'))^2 \Psi_m(z_1) \Psi_m(z_2) J_0(\kappa_m R)}{\alpha_m \kappa_m} \tag{4-54}$$

当 $R = 0, z_1 = z_2$ 时，可得噪声场强度的计算公式为

$$P_{\text{noise}} = \frac{\pi q^2}{2\rho^2 k^2} \sum_m \frac{(\Psi_m(z') \Psi_m(z))^2}{\alpha_m \kappa_m} \tag{4-55}$$

4.2.3 垂直指向性

噪声的垂直指向性反映了海洋中噪声的整体分布情况及噪声场波导中的基本传播特性，各环境参数如冰层情况、海面情况、声速结构信息、垂直阵阵元参数等信息都可以从垂直指向性中得到体现[27,28]，并且垂直指向性对提高线列阵增益和水下目标探测性能具有重要的参考意义[29]。考虑到射线方法的有效性及清晰的物理解释，基于射线方法的垂直指向性分析得到了广泛的研究[30]，得到了海面噪声源在半无限液态空间中噪声的垂直相关性和指向性的理论表达式。Harrison[31-33]提出了一个简单的射线噪声模型来模拟噪声级、噪声指向性凹槽等现象。针对射线方法在低频段的误差，Kuperman 和 Ingenito[26]推导了简正波模态下噪声空间相关性的表达形式。Perkins 等[34]使用绝热近似理论推导了噪声的三维空间相关性。Yang 和 Yoo[35]使用简正波模态表达形式分析了噪声场垂直指向性及环境参数对指向性的影响。针对北极海域空间指向性，Poulsen 和 Schmidt[36]利用 2016 年冰原演习垂直阵数据，研究了双声道波导下不同深度的噪声指向性，并与 OASES 中的噪声模型进行了对比。

针对北极海域冰原噪声为低频噪声源的情况，本节介绍利用简正波方法计算噪声的垂直指向性。假设噪声源位于深度为 z' 的平面上，接收点位于坐标原点，即 $r = 0$，则深度为 z_j 的水听器接收到的声场为所有噪声源之和，可以表示为[35]

$$p(z_j) = \sum_l S(r_l) G(r_l, z_0, z_j) e^{\phi_l} \tag{4-56}$$

式中，$G(r_l, z_0, z_j)$ 为噪声源到接收点的格林函数；$S(r_l)$ 为噪声源特定频率下的谱密度幅度；ϕ_l 为噪声源的相位。噪声的垂直指向性可以使用深度位于 $z_j (j = 1, 2, \cdots, N)$ 的垂直阵表示：

$$B(\theta) = \left| \sum_j p(z_j) e^{-ikz_j \sin\theta} \right|^2 \tag{4-57}$$

式中，θ 为入射声波与垂直阵法向方向的夹角。假设各个噪声源之间是不相关的，则式（4-57）可以表示为

$$B(\theta) = \sum_l S^2(r_l) \left| \sum_j G(r_l, z_0, z_j) \mathrm{e}^{-\mathrm{i}kz_j \sin\theta} \right|^2 \qquad (4\text{-}58)$$

考虑到垂直阵不能得到声源的方位信息，将噪声源所在的平面划分成圆环状，则声源的幅度信息可以表示为距离坐标中心为 r 的圆环单位面积的方位平均，即 $S(r) = \dfrac{1}{2\pi} \int S(r, \theta) \mathrm{d}\theta$，则式（4-58）可以表示为

$$B(\theta) = \int 2\pi S^2(r) \left| \sum_j G(r_l, z_0, z_j) \mathrm{e}^{-\mathrm{i}kz_j \sin\theta} \right|^2 \mathrm{d}r \qquad (4\text{-}59)$$

关于式（4-59）积分中距离的设定，可以分为三个区间，分别为 $0 \sim r_1$、$r_1 \sim r_2$ 及 $r_2 \sim \infty$，其中，r_1 表示距离接收较近的区域，存在连续谱成分。$r_1 \sim r_2$ 代表了声场中的离散谱部分，可以使用简正波模态展开的形式来进一步表示式（4-59）。r_2 表示海域的边界或者大于 r_2 的噪声源对接收点的声场贡献可以忽略的临界点。当噪声源与接收点的距离为 $r_1 \sim r_2$ 时，可以将格林函数使用简正波的模态展开：

$$G(r_l, z_0, z_j) = \sum_m \sqrt{\frac{2\pi}{k_m r}} \psi_m(z) \psi_m(z_0) \mathrm{e}^{-\mathrm{i}k_m r} \qquad (4\text{-}60)$$

深度 z_j 处的声压可以表示为

$$p(z_j) = \sum_m a_m \psi_m(z_j) = \sum_m a_m E_{jm} \qquad (4\text{-}61)$$

式中，$E_{jm} \equiv \psi_m(z_j)$；$a_m$ 为模态幅度，表示为

$$a_m = S(r) \sum_m \sqrt{\frac{2\pi}{k_m r}} \psi_m(z_0) \mathrm{e}^{-\mathrm{i}k_m r} \qquad (4\text{-}62)$$

将式（4-57）表示为矩阵形式，可得

$$B(\theta) = \boldsymbol{s}^{\mathrm{H}} \boldsymbol{R}_{ij} \boldsymbol{s} \qquad (4\text{-}63)$$

式中，$\boldsymbol{s}$ 为导向向量，第 j 个元素可以表示为 $s_j = \mathrm{e}^{-\mathrm{i}kz_j \sin\theta}$；$\boldsymbol{R}_{ij}$ 为噪声的互协方差矩阵，可以表示为

$$\boldsymbol{R}_{ij} = \langle p^*(z_i) p(z_j) \rangle \qquad (4\text{-}64)$$

将式（4-61）代入式（4-64）可得噪声的模态互协方差矩阵 $\boldsymbol{N}$，可以表示为

$$\boldsymbol{R} = \boldsymbol{E} \boldsymbol{N} \boldsymbol{E}^{\mathrm{H}} \qquad (4\text{-}65)$$

式中，$\boldsymbol{N} = \boldsymbol{a}\boldsymbol{a}^{\mathrm{H}}$ 为模态互协方差矩阵，$\boldsymbol{a} = [a_1, \cdots, a_M]^{\mathrm{H}}$ 为模态幅度向量；$\boldsymbol{E} = [\psi_1(z), \cdots, \psi_M(z)]$ 为模态深度函数矩阵。$\boldsymbol{N}$ 的对角线元素可以表示为

$$\eta_m = \frac{4\pi^2}{k_m} \int_{r_1}^{r_2} S^2(r) |\psi_m(z_0)|^2 \, \mathrm{e}^{-2\alpha_m r} \mathrm{d}r \qquad (4\text{-}66)$$

式中，α_m 为模态衰减因子。当模态协方差矩阵是对角阵时，最终的垂直指向性因子可以表示为

$$B(\theta) = \sum_m \eta_m B_m(\theta) \qquad (4\text{-}67)$$

$$B_m(\theta) = \left| \sum_j \mathrm{e}^{-\mathrm{i}kz_j \sin\theta} \psi_m(z_j) \right|^2 \qquad (4\text{-}68)$$

整体的指向性可以表示为各阶简正波模态指向性之和。可以证明，垂直指向性的模态表示方法和 4.2.2 节中式（4-54）所示的简正波计算结果一致。

4.3　冰源噪声谱特性分析

4.3.1　噪声功率谱

1. 功率谱密度

假设采集的噪声时间序列为 $x(n)$，长度为 L，采样频率为 f_s，首先将时间序列分为 M 段，每段长度为 N，其计算步骤如下所示[37]。

（1）FFT 变换。设第 m 段有效噪声信号序列为 $x_m(n)$，将其乘以窗函数 $w(n)$，其 FFT 变换为

$$X_m(k) = \sum_{n=0}^{N-1} x_m(n) w(n) \mathrm{e}^{-\frac{\mathrm{i}2\pi kn}{N}} \qquad (4\text{-}69)$$

式中，$m = 1, 2, \cdots, M$；$k = 0, 1, \cdots, N-1$；$X_m(k)$ 为第 m 段有效噪声信号的 FFT 变换结果。

（2）加窗修正。对式（4-69）中 FFT 变换结果因加窗导致的能量差异进行修正，并计算得到该段噪声功率：

$$Y_m(k) = \frac{1}{NE} |X_m(k)|^2 \qquad (4\text{-}70)$$

$$E = \frac{1}{N} \sum_{n=0}^{N-1} w^2(n) \qquad (4\text{-}71)$$

式中，$Y_m(k)$ 为第 m 段有效噪声信号加窗修正结果；E 为窗函数能量。

（3）线性平均。对所有 M 段有效噪声信号取线性平均，得到了功率谱中常见的修正周期图平均法：

$$P(k) = \frac{1}{M} \sum_{m=1}^{M} Y_m(k) \qquad (4\text{-}72)$$

相应的频率表示形式为

$$P(f_k) = \frac{1}{M}\sum_{m=1}^{M}\frac{1}{Nf_s}\left|\sum_{n=0}^{N-1}x_m(n)\mathrm{e}^{-\mathrm{i}\frac{2\pi f_k n}{f_s}}\right|^2 \tag{4-73}$$

式中，$f_k = kf_s/N$。最终的功率谱可以表示为

$$\mathrm{PSD}(f_k) = 10\lg(P(f_k)) - M(f_k) - G \tag{4-74}$$

式中，$M(f_k)$ 为水听器灵敏度；G 为水听器增益。

2. 声压谱级

声压谱级[38]指的是 1Hz 带宽内特定频率下的噪声级，其计算公式如下：

$$\mathrm{NL}(f_k) = 10\lg\frac{P(f_k)}{\Delta f} - M(f_k) - G \tag{4-75}$$

式中，$P(f_k)$ 为噪声功率；$M(f_k)$ 为水听器灵敏度；G 为水听器增益。

3. 1/3 倍频程频带声压级

$$\mathrm{NL}_{1/3} = 10\lg\left(\frac{1}{k_2-k_1}\sum_{k=k_1}^{k_2}P(f_k)\right) - M(f_k) - G \tag{4-76}$$

式中，$P(f_k)$ 为噪声功率；$M(f_k)$ 为水听器灵敏度；G 为水听器增益；k_1 和 k_2 分别代表 1/3 倍频程截止频率[39]的索引，其对应的截止频率分别为

$$\begin{cases} f_{k_1} = 2^{-1/6}f_k \\ f_{k_2} = 2^{1/6}f_k \end{cases} \tag{4-77}$$

4.3.2　噪声的时空相关性

假设水听器所处的位置分别位于 (r_1,z_1) 及 (r_2,z_2)，则两个位置的归一化相关系数可以表示为[40, 41]

$$\rho = \max_{\tau}\frac{\int_{-\infty}^{\infty}p^*(r_1,z_1,t)p(r_2,z_2,t+\tau)\mathrm{d}t}{\int_{-\infty}^{\infty}|p(r_1,z_1,t)|^2\mathrm{d}t\int_{-\infty}^{\infty}|p(r_2,z_2,t)|^2\mathrm{d}t} \tag{4-78}$$

式中，$p(r_1,z_1,t)$ 与 $p(r_2,z_2,t)$ 分别为两个场点接收到噪声的时间序列；τ 为一定的时延，用于获得最大的相关系数。式（4-78）对应的频域形式为

$$\rho = \max_{\tau}\frac{\mathrm{Re}\left(\int_{\omega_1}^{\omega_2}p^*(r_1,z_1,\omega)p(r_2,z_2,\omega)\mathrm{e}^{-\mathrm{i}\omega\tau}\mathrm{d}t\right)}{\int_{\omega_1}^{\omega_2}|p(r_1,z_1,\omega)|^2\mathrm{d}\omega\int_{-\infty}^{\infty}|p(r_2,z_2,\omega)|^2\mathrm{d}\omega} \tag{4-79}$$

对于噪声的时间相关性，只需要对同一位置、不同时刻的声压进行相应的互相关运算[42]即可，本节不再赘述。

4.3.3　北极水声学潜标结果分析

为了对北极冰源噪声谱级时间变化特性、深度变化特性及时频谱特性有一个较为全面的认识，选择第十一次中国北极科学考察获得的声学潜标年度噪声数据进行分析。声学潜标所处的位置位于楚科奇海台陆坡区域，如图 4-14 所示，记录了 2018 年 8 月 2 日～2019 年 9 月 5 日总共 400 天的噪声数据。声学潜标上两个自容式水听器所处的深度分别位于 95m 和 415m，每 20h 采集 15min 数据，采样频率为 4000Hz。潜标所在海域深度为 1848m，楚科奇海台陆坡区声速结构如图 4-15 所示。

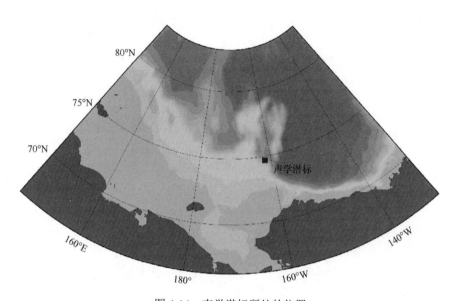

图 4-14　声学潜标所处的位置

根据 NSIDC 提供的 2018 年 8 月～2019 年 9 月海冰密集度年度数据，如图 4-16 所示，可见 8～10 月为开阔海域，10～12 月为结冰期，12 月～次年 6 月为冰封期，6～8 月为融冰期，海冰主要为 1 年冰，是典型的冰边缘区（Marginal Ice Zone，MIZ）。

1. 北极噪声时空统计特性

首先对噪声时频特性进行分析，95m 深度和 415m 深度结果分别如图 4-17 和图 4-18 所示。从图 4-17 和图 4-18 中可以看出，噪声能量主要集中在 200Hz 以下

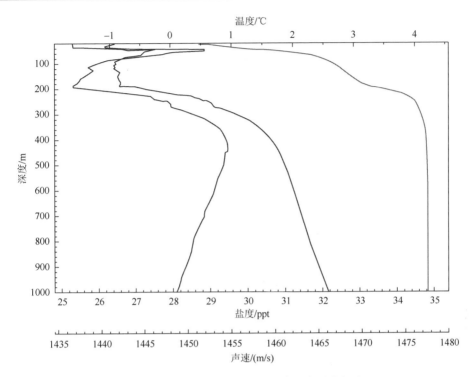

图 4-15 楚科奇海台陆坡区声速结构（彩图附书后）

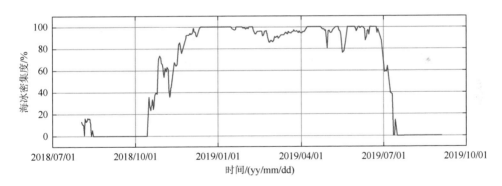

图 4-16 海冰密集度年度变化

的低频段。在海冰覆盖期间，会出现较大的海冰碰撞、断裂产生的宽带噪声。
从图 4-19 所示的 95m 深度 20～2000Hz 全频段噪声级年度变化特性中可以看出，
在 7～11 月对应的开阔海域和结冰期间，95m 深度的噪声级在海面风浪及海冰
冰情的作用下，噪声级呈上升趋势。图 4-20 所示的 415m 深度北极海域全频段
噪声级年度变化特性整体上呈现年度平稳性，在此基础上具有较多的冲击宽带
噪声。

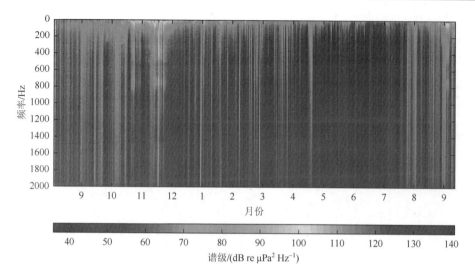

图 4-17　噪声时频特性（95m 深度）

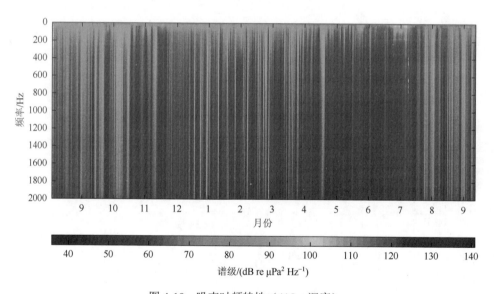

图 4-18　噪声时频特性（415m 深度）

　　图 4-21 和图 4-22 分别为 95m 深度与 415m 深度 1～12 月噪声级和频率的变化关系。从图 4-21 中可以看出，在 95m 深度 9～11 月对应的开阔和结冰期噪声级最大，而在 4～6 月的冰封期噪声级最小。在低频段（小于 100Hz），11 月和 6 月两个月份的噪声级之差在 25dB 以上。从图 4-22 中可以看出，在 415m 深度，8 月与 9 月对应的浮冰期和开阔期噪声级最大，在 4～6 月的冰封期噪声级最小，且在低频段（小于 100Hz）最大噪声级之差在 10dB 以内。

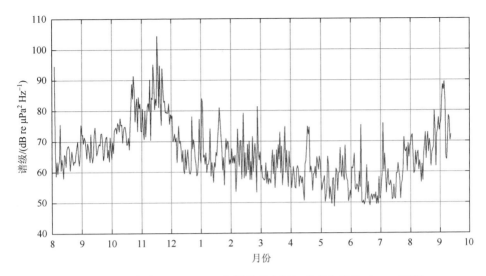

图 4-19　北极海域 20～2000Hz 全频段噪声级年度变化特性（95m 深度）

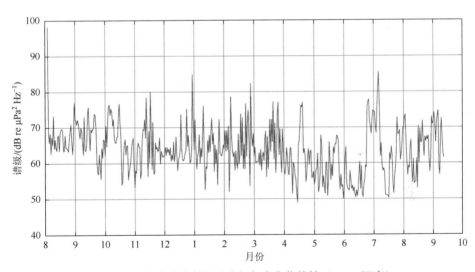

图 4-20　北极海域全频段噪声级年度变化特性（415m 深度）

　　图 4-23 为北极海域噪声 200Hz 倍频程对应的深度变化特性。从图 4-23 中可以看出，在 12 月～次年 7 月份海冰完全覆盖期间，415m 深度的噪声级大于 95m 深度的噪声级。在 7 月中旬～11 月底主要涵盖融冰、开阔海域及结冰过程，95m 深度的噪声级大于 415m 深度的噪声级。这和声学潜标所处的海域双声道声速结构息息相关，图 4-15 为潜标所在位置的 CTD 剖面信息。从图 4-15 中可以看出，在 44m 深度存在温度的极大值，在 188m 深度存在温度的极小值，对应的声速结构形成了 0～44m 的表面声道和 44～350m 的次表面声道。在冰层完全覆盖期间，

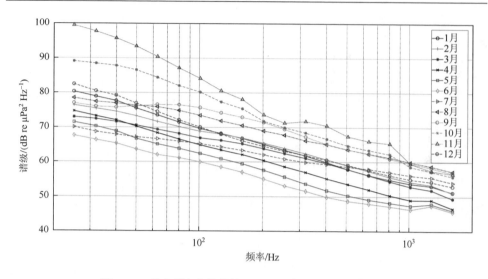

图 4-21　噪声频率变化特性（95m 深度）（彩图附书后）

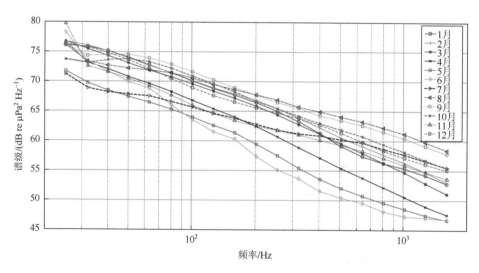

图 4-22　噪声频率变化特性（415m 深度）（彩图附书后）

双声道轴深度对应的噪声源相对较少，相对比较安静。而在冰层融化、开阔海域及结冰期间，冰层破裂、融冰、风浪、行船、地质勘探、结冰、冰层挤压等噪声源的影响显著，95m 深度的噪声级明显增加，而在双声道的作用下，这些噪声更多地限制在表面声道和次表面声道中传播，导致 415m 深度的噪声级明显地小于 95m 深度的噪声级。在 11 月对应的结冰期间，两个深度的噪声级相差 12dB 左右。

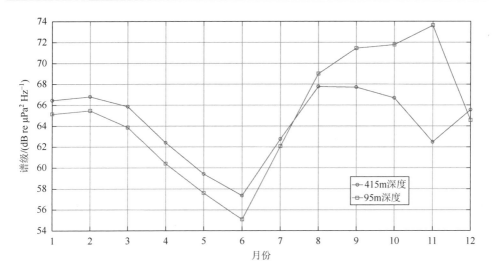

图 4-23 北极海域噪声 200Hz 倍频程对应的深度变化特性

图 4-24 与图 4-25 为最安静月份（6 月）和最嘈杂月份（11 月）的噪声级的深度变化规律。从图 4-24 和图 4-25 中可以看出，随着频率的升高，两个深度的噪声级之差越来越小，也反映了北极海域声信道的频率选择效应，高频声波衰减较大。在 11 月对应的结冰高噪声级期间，低频段两个深度的噪声级之差可达 20dB，也反映了双声道波导的会聚作用。

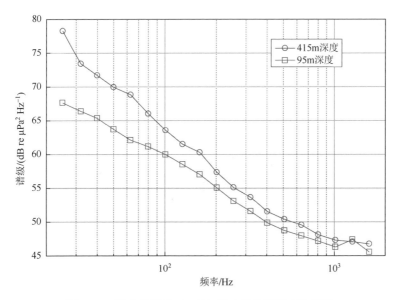

图 4-24 最安静月份（6 月）噪声级的深度变化规律

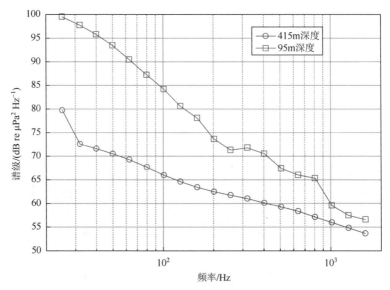

图 4-25 最嘈杂月份（11 月）噪声级的深度变化规律

2. 时频分布特性

在潜标记录的北极海域背景噪声年度数据中，从噪声的时间序列和时频结构上看，存在着非常丰富的、特征独特的噪声信号。结合噪声时频结构和音频播放情况，本节对哺乳动物叫声信号、瞬态频率调制信号、地震气枪信号、行船辐射噪声信号、冰层碰撞信号等 5 类典型信号进行分析。

1）哺乳动物叫声信号

图 4-26 为 2019 年 5 月 14 日记录的一组哺乳动物叫声时间序列。从时域波形上来看，可以分成 3 个部分。第一部分的时间为 20～150s，为 4 组连续的叫

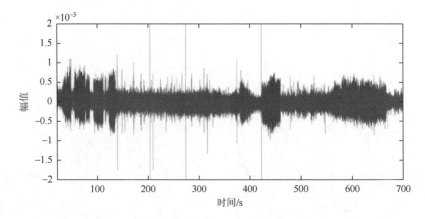

图 4-26　5 月 14 日记录的一组哺乳动物叫声时间序列

声，每组叫声的持续时间在 20s 左右；第二部分的时间为 360～480s；第三部分的时间为 560～670s。

图 4-27 为三个部分具体的时域波形和时频分布。从图 4-27 中可以看出，第

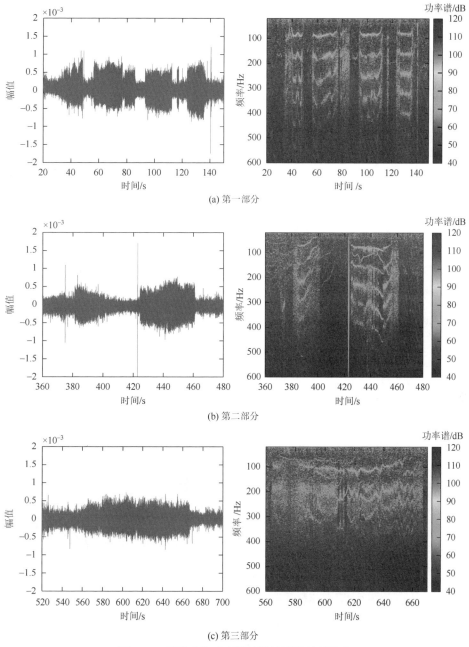

(a) 第一部分

(b) 第二部分

(c) 第三部分

图 4-27　哺乳动物叫声的时域波形和时频分布

一部分主要有 4 组信号，每组信号的长度为 30s 左右，叫声间隔为 20s，为 100Hz 左右的频率调制信号，谐波成分清晰；第二部分主要有 2 组叫声，中间存在一个明显的由冰层断裂产生的冲击信号；第三部分的持续时间最长，大约为 120s。

　　2）瞬态频率调制信号

　　根据文献[32]的描述，瞬态频率调制信号主要由浮冰间的横向剪切和摩擦产生。图 4-28 和图 4-29 分别为 2019 年 5 月 24 日和 2019 年 6 月 24 日冰封期间测量的瞬态频率调制信号时频图。从图 4-28 和图 4-29 中可以看出，由于冰层的摩擦，产生了大量的冲击脉冲。体现在频域上表现为多个频率调制成分，且调制谱的能量主要集中在低频段。

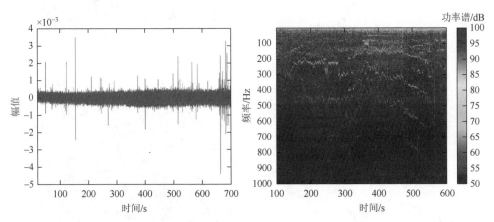

图 4-28　瞬态频率调制信号时频图（2019 年 5 月 24 日）

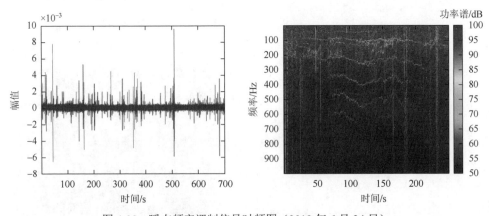

图 4-29　瞬态频率调制信号时频图（2019 年 6 月 24 日）

　　3）地震气枪信号

　　在北极楚科奇海和加拿大海盆的冰边缘区，每年的 8～10 月基本为开阔水域，是地质勘探活动的主要时期。图 4-30 为 2018 年 9 月 24 日测得的一组近距离气枪信号。仅截取 90s，对包含的 6 组波形进行分析。从图 4-30 中可以看出，发射周期为 15s 左右，信号的持续时间为 5s 左右，其频带为 10～500Hz，能量主要集中在 10～100Hz 频段。此外，由于气枪信号的拖曳深度集中在上表面，415m 深度的能量要明显地弱于 95m 深度的能量。

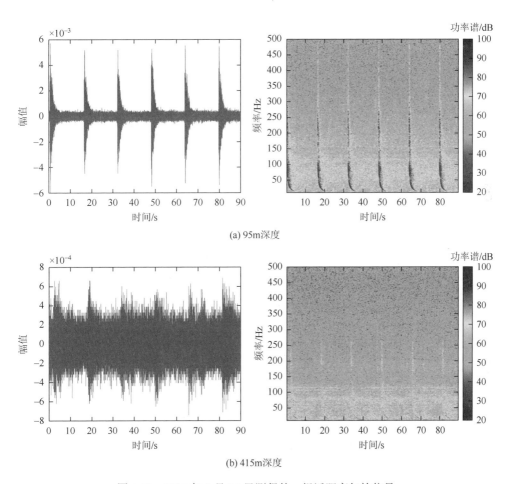

图 4-30　2018 年 9 月 24 日测得的一组近距离气枪信号

图 4-31 为 2018 年 9 月 14 日测得的一组远距离气枪信号。在 95m 深度，从时域波形上已经分辨不出脉冲信号成分。而在 415m 深度上，可见脉冲的持续时间为 10s 左右，信号为连续发射的 10～40Hz 的线性调频脉冲。

4）行船辐射噪声信号

在北极楚科奇海和加拿大海盆的冰边缘区，随着夏季西北航道和东北航道的

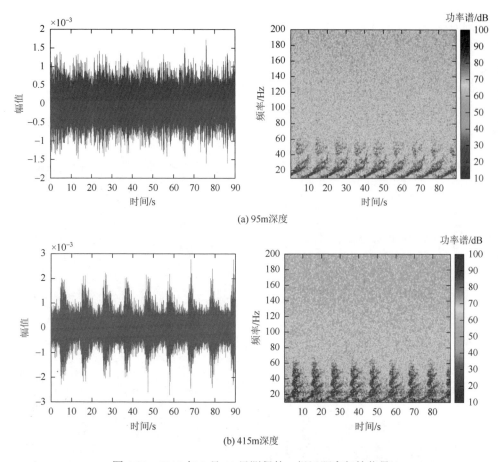

(a) 95m深度

(b) 415m深度

图 4-31　2018 年 9 月 14 日测得的一组远距离气枪信号

开通，商船、科考船只逐渐增多，特别是在夏季的开阔期，行船噪声的占比也随之加大。潜标记录了多次行船噪声成分，时间主要集中在地震勘探活动的高发时期。

图 4-32 为 2018 年 9 月 19 日测得的行船噪声数据，除了地震勘探信号，存在 140Hz、180Hz、260Hz、340Hz 左右的线谱成分，并且 95m 和 415m 深度都比较明显。图 4-33 为 2018 年 8 月 24 日记录的行船噪声信号，280Hz 和 400Hz 处的线谱成分非常清晰，并存在着微弱的扰动。

5）冰层碰撞信号

图 4-34 和图 4-35 为 2018 年 11 月 14 日结冰期间浮冰碰撞噪声，从图 4-34 所示的 95m 深度上可以看出，密集的冰层碰撞、挤压等导致强冲击脉冲非常多。体现在时频结构上，为宽带噪声，但是能量主要在 10～800Hz 频段，尤其在 200Hz 以下的频段。由图 4-35 可以看出，冲击噪声非常小，噪声级低。这是由于冰层活动主

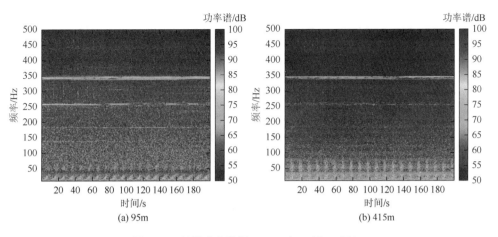

图 4-32　行船噪声数据（2018 年 9 月 19 日）

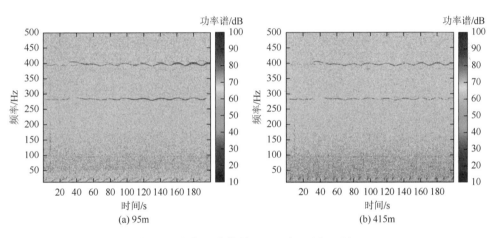

图 4-33　行船噪声信号（2018 年 8 月 24 日）

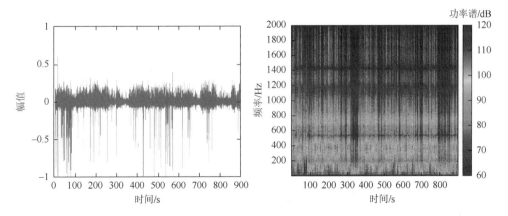

图 4-34　冰层活动噪声时频结构（95m 深度）

要集中在冰面下方10m以上深度内，双声道波导的深度选择效应导致冰面处的噪声很难泄漏到415m深度。

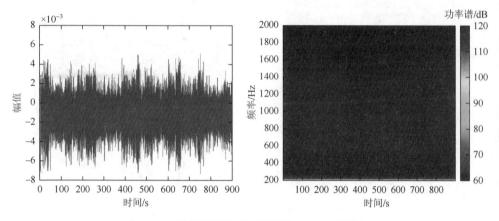

图4-35　冰层活动噪声时频结构（415m深度）

参 考 文 献

[1]　卫翀华，黄海宁，尹力，等. 双声道波导中低频环境噪声分布特性[J]. 声学学报，2019，44（4）：417-428.

[2]　Bouvet M，Schwartz S C. Comparison of adaptive and robust receivers for signal detection in ambient underwater noise[J]. IEEE Transactions on Acoustics Speech and Signal Processing，1989，37（5）：621-626.

[3]　Myers R，Sotirin B. Gaussian mixture statistical model of arctic noise[J]. The Journal of the Acoustical Society of America，1993，93（4）：2418.

[4]　李志明. 广义高斯分布的参数估计及其应用[D]. 北京：中国地质大学，2007.

[5]　Shao M，Nikias C L. Signal processing with fractional lower order moments：Stable processes and their applications[J]. Proceedings of the IEEE，1993，81（7）：986-1010.

[6]　王彪，李涵琼，高世杰，等. 一种变步长最小平均 p 范数自适应滤波算法[J]. 电子与信息学报，2022，44（2）：661-667.

[7]　吕佳霖. α 噪声背景下基于无穷范数-分数低阶矩的 DOA 估计方法研究[D]. 长春：吉林大学，2021.

[8]　金艳，陈鹏辉，姬红兵. 脉冲噪声下基于压缩变换函数的 LFM 信号参数估计[J]. 电子与信息学报，2021，43（2）：277-283.

[9]　金艳，李亚刚，姬红兵. 脉冲噪声下一种自适应 ASR 稳健滤波方法[J]. 电子与信息学报，2021，43（2）：296-302.

[10]　王平波，卫红凯，娄良轲，等. 海洋混响数据的 SαS 分布建模[J]. 哈尔滨工程大学学报，2021，42（1）：55-60.

[11]　生雪莉，穆梦飞，殷敬伟，等. 基于稀疏分解的水下运动目标多普勒频移估计方法[J]. 哈尔滨工程大学学报，2020，41（10）：1429-1435.

[12]　王平波，代振，卫红凯. 基于 SαS 分布的高斯化处理研究[J]. 电子与信息学报，2020，42（9）：2239-2245.

[13]　Jin X H，Li X，Lu J Y. A kernel bound for non-symmetric stable distribution and its applications[J]. Journal of Mathematical Analysis and Applications，2020，488（2）：124063.

[14]　谭靖骞. 北极海域海洋环境噪声特性及信号检测研究[D]. 北京：中国科学院大学，2020.

[15]　谭靖骞，曹宇，黄海宁，等. 北极海域海洋环境噪声建模与特性分析[J]. 应用声学，2020，39（5）：690-697.

[16]　ˈLi C N，Yu G. A new statistical model for rolling element bearing fault signals based on alpha-stable distribution[C]. 2nd International Conference on Computer Modeling and Simulation，Sanya，2010.

[17]　Pierce R D. Application of the positive alpha-stable distribution[C]. Proceedings of the IEEE Signal Processing Workshop on Higher-Order Statistics，Banff，1997：420-424.

[18]　Pele T D. A SαS approach for estimating the parameters of an alpha-stable distribution[J]. Procedia Economics and Finance，2014，10：68-77.

[19]　陈根华，陈伯孝，秦永. 基于分数低阶矩的干涉阵列米波雷达稳健测高方法[J]. 电子与信息学报，2021，43（6）：1676-1682.

[20]　Zolotarev V M. On the representation of stable laws by integrals[J]. Trudy Matematicheskogo Instituta imeni VA Steklova，1964，71：46-50.

[21]　Gonzalez J G，Paredes J L，Arce G R. Zero-order statistics：A mathematical framework for the processing and characterization of very impulsive signals[J]. IEEE Transactions on Signal Processing，2006，54（10）：3839-3851.

[22]　沈峰，姜利，单志明. 非高斯噪声环境下的信号检测与自适应滤波方法[M]. 北京：国防工业出版社，2014.

[23]　Miller G A，Chapman J P. Misunderstanding analysis of covariance[J]. Journal of Abnormal Psychology，2001，110（1）：40-48.

[24]　Dyer I. ACOUSTICS 1987：Arctic ambient noise：Ice source mechanics[J]. The Journal of the Acoustical Society of America，1988，84（5）：1941-1942.

[25]　宋国丽，郭新毅，马力. 海洋环境噪声中的 α 稳定分布模型[J]. 声学学报，2019，44（2）：177-188.

[26]　Kuperman W A，Ingenito F. Spatial correlation of surface generated noise in a stratified ocean[J]. The Journal of the Acoustical Society of America，1998，67（6）：1988-1996.

[27]　王超，韩梅，周艳霞. 海洋环境噪声垂直指向性[C]. 2013 年全国水声学学术交流会，湛江，2013：9-12.

[28]　衣雪娟，林建恒，殷宝友. 斜坡海底海洋环境噪声垂直指向性研究[J]. 声学技术，2008（4）：511-515.

[29]　李整林，董凡辰，胡治国，等. 深海大深度声场垂直相关特性[J]. 物理学报，2019，68（13）：205-223.

[30]　Cron B F，Sherman C H. Spatial-correlation functions for various noise models[J]. The Journal of the Acoustical Society of America，1962，34（11）：1732-1736.

[31]　Harrison C H. CANARY：A simple model of ambient noise and coherence[J]. Applied Acoustics，1997，51（3）：289-315.

[32]　Harrison C H. Formulas for ambient noise level and coherence[J]. The Journal of the Acoustical Society of America，1996，99（4）：2055-2066.

[33]　Harrison C H. Noise directionality for surface sources in range-dependent environments[J]. The Journal of the Acoustical Society of America，1997，102（5）：2655-2662.

[34]　Perkins J S，Kuperman W A，Ingenito F，et al. Modeling ambient noise in three-dimensional ocean environments[J]. The Journal of the Acoustical Society of America，1993，93（2）：739-752.

[35]　Yang T C，Yoo K. Modeling the environmental influence on the vertical directionality of ambient noise in shallow water[J]. The Journal of the Acoustical Society of America，1997，101（5）：2541-2554.

[36]　Poulsen A J，Schmidt H. Acoustic noise properties in the rapidly changing Arctic ocean[C]. 22nd International Congress on Acoustics：Acoustics for the 21st Century，Buenos Aires，2016：070005.

[37]　Merchant N D，Barton T R，Thompson P M，et al. Spectral probability density as a tool for marine ambient noise analysis[C]. Proceedings of Meetings on Acoustics，Montreal，2013：010049.

[38]　Merchant N D，Blondel P，da Kin D T，et al. Averaging underwater noise levels for environmental assessment of

shipping[J]. The Journal of the Acoustical Society of America，2012，132（4）：EL343-EL349.

[39]　崔华义. 海洋噪声时空分布特性研究[C]. 2000 年全国水声学学术会议，武夷山，2005：53-55.

[40]　李鋆，李整林，任云，等. 深海声场水平纵向相关性[C]. 中国声学学会第八届全国会员代表大会暨 2014 年全国声学学术会议，北京，2014：96-99.

[41]　赵梅，胡长青. 浅海倾斜海底声场空间相关性研究[J]. 声学技术，2010，29（4）：365-369.

[42]　季桂花，何利，牛海强，等. 南海北部随机起伏海洋中声场时间相关分析[C]. 中国声学学会第十一届青年学术会议，西安，2015：131-134.

第 5 章　北极环境适应性水声探测技术

从第 4 章所述的北极冰源噪声的幅度概率分布特性可知，冰层碰撞碎裂、冰脊形成等所产生的噪声具有显著的脉冲特性，拟合为 α 稳定分布更为妥当。目前，常用的基于普通海域海洋环境噪声特性所建立的高斯分布模型已不再适用，并且以高斯背景噪声为前提所提出的信号检测算法在北极水声学研究中性能也会出现不同程度的下降。从第 3 章所述的半声道/双声道声传播特性可知，在北极典型的半声道/双声道声速结构下，声波与海冰频繁发生折射与散射，导致冰层影响下的声信道多途结构比较复杂，多途结构与海冰的形状、粗糙度及内部的分层和物理性质紧密相关，导致声信道预测结果存在较大的模糊性和不确定性。这些信道特性给冰下水声信道的预测及信道匹配相关处理方法带来了新的困难。针对上述两大类问题，本章主要围绕以下三个方面展开：5.1 节介绍冰源噪声下信号检测方法，分成噪声参数已知和噪声参数未知两种情况；5.2 节介绍冰源噪声下线谱增强方法；5.3 节介绍冰下信道预测及匹配场定位方法。

5.1　冰源噪声下信号检测方法

5.1.1　噪声参数已知的信号检测算法

海洋环境噪声中的信号检测问题一直是水声信号处理的重要课题之一，是水下目标探测、定位与导航的前提与基础。在以往的研究中，通常将海洋环境噪声视为高斯噪声，并在此基础上利用各准则分析得到了相应的最佳检测器。但是在北极海域海洋环境噪声中，冰层碎裂、碰撞及哺乳动物发声和航运噪声等因素导致其环境噪声偏离高斯分布，具有显著的非高斯性和脉冲性，使得原本适用于高斯背景噪声下的检测器性能出现退化甚至无效[1]。在第 4 章的介绍中，可知北极海域海洋环境噪声服从 α 稳定分布，因此有必要研究在 α 稳定分布噪声下的信号检测算法，即在已知 α 稳定分布的四个参数的前提下，构建最优检测器。当背景噪声的统计特性即概率密度函数完全已知时，可以利用似然比检测器、非线性变换及相似度衡量等方法实现对目标信号的有效检测。本节介绍最优检测器、局部最优检测器（Local Optimal Detector，LOD）、零记忆非线性（Zero Memory Nonlinearity，ZMNL）变换函数及 k-Sigmoid 局部次优检测算法。

1. 最优检测器

对于背景噪声下的信号检测问题，通常的处理手段是采用假设检验的方式进行分析。而在加性噪声模型下，两个假设的问题可以表述为

$$\begin{cases} H_0 : \boldsymbol{x} = \boldsymbol{W} \\ H_1 : \boldsymbol{x} = \theta\boldsymbol{s} + \boldsymbol{W} \end{cases} \tag{5-1}$$

式中，$\boldsymbol{x} = (x_1, x_2, \cdots, x_N)$ 为 N 维的接收信号向量；$\boldsymbol{s} = (s_1, s_2, \cdots, s_N)$、$\boldsymbol{W} = (W_1, W_2, \cdots, W_N)$ 分别为待检测的信号和相互独立且满足 α 稳定分布的噪声随机变量；$\theta \geqslant 0$ 为信号的幅度；H_0 为零假设，代表接收信号中只含有噪声；H_1 为备选假设，代表接收信号中含有待检测的信号。

此时，噪声中的信号检测问题就转化为利用采集到的接收信号 $\boldsymbol{x}$ 构建检测统计量 $T(\boldsymbol{x})$ 并与预先设定的检测门限进行比较，进而判定假设 H_0 与 H_1 谁成立的问题，典型检测器结构如图 5-1 所示。

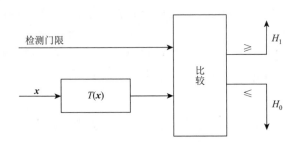

图 5-1 典型检测器结构

因此，问题的关键在于如何构建合适的检测统计量 $T(\boldsymbol{x})$ 来对待测信号进行检测。传统的信号检测方法，都是基于纽曼-皮尔逊准则构建似然比检测统计量，进而实现信号检测的。

在雷达、声呐的信号检测问题上，通常为了保证系统能够更有效地处理有用数据，会限制虚警概率 $P_f(P(H_1 | H_0))$ 的大小，避免过多的虚假数据进入系统导致其工作效率下降。同时又要求更多的有效数据进入系统，即希望检测概率 $P_d(P(H_1 | H_1))$ 最大，这使得纽曼-皮尔逊准则成为信号检测领域中重要的方法[2]。

而要求出基于纽曼-皮尔逊准则的检测统计量，需要在 $P(H_1 | H_0) = \alpha$ 的前提约束下，使 $P(H_1 | H_1)$ 达到最大。利用拉格朗日乘子（Lagrangian Multiplier）$u(u \geqslant 0)$ 构建目标函数并进行分析：

$$\begin{aligned} J &= P(H_0 | H_1) + u(P(H_1 | H_0) - \alpha) \\ &= \int_{R_0} p(\boldsymbol{x} | H_1) \mathrm{d}\boldsymbol{x} + u\left(\int_{R_1} p(\boldsymbol{x} | H_0) \mathrm{d}\boldsymbol{x} - \alpha \right) \end{aligned} \tag{5-2}$$

此时在约束条件下通过极小化函数 J 即可使得 $P(H_1|H_1)=1-P(H_0|H_1)$ 达到最大。对式（5-2）变换积分域处理可得

$$J=u(1-\alpha)+\int_{R_0}(p(\boldsymbol{x}|H_1)-up(\boldsymbol{x}|H_0))\mathrm{d}\boldsymbol{x} \tag{5-3}$$

由于 $u\geqslant 0$，要使得式（5-3）最小化只需被积分函数为正时 $\boldsymbol{x}$ 范围在 R_1 域，被积函数为负时 $\boldsymbol{x}$ 范围在 R_0 域，即如下的形式：

$$T(\boldsymbol{x})=\frac{p(\boldsymbol{x}|H_1)}{p(\boldsymbol{x}|H_0)}\mathop{\gtrless}\limits_{H_0}^{H_1}u \tag{5-4}$$

式中，$T(\boldsymbol{x})$ 为似然比检测统计量。

当背景噪声为高斯白噪声时，可得能量检测器（Energy Detector，ED）是纽曼-皮尔逊准则下的最优检测器[3]。而在本假设检验问题下，由于噪声随机变量相互独立且满足 α 稳定分布，根据上述分析可得其似然比检测统计量：

$$T(\boldsymbol{x})=\ln\left\{\frac{\prod\limits_{i=1}^{N}f_{S_\alpha(\beta,\gamma,\delta)}(x_i-\theta s_i)}{\prod\limits_{i=1}^{N}f_{S_\alpha(\beta,\gamma,\delta)}(x_i)}\right\}$$

$$=\sum_{i=1}^{N}\ln\left\{\frac{f_{S_\alpha(\beta,\gamma,\delta)}(x_i-\theta s_i)}{f_{S_\alpha(\beta,\gamma,\delta)}(x_i)}\right\} \tag{5-5}$$

2. 局部最优检测器

当待检测的目标信号比较微弱，即 $\theta\to 0$ 时，$T(\boldsymbol{x})$ 的渐近相对效率函数为

$$\mathrm{ARE}(T)=\lim_{\theta\to 0}\frac{\left(\dfrac{\partial^v}{\partial\theta^v}E_\theta(T(\boldsymbol{x}))\right)^2}{\mathrm{Var}_\theta(T(\boldsymbol{x}))} \tag{5-6}$$

式中，v 为 $E_\theta(T(\boldsymbol{x}))$ 的首个非零导数项阶数；$E_\theta(\cdot)$ 为以 θ 为变量的均值；$\mathrm{Var}_\theta(\cdot)$ 为方差。

假设背景噪声的概率密度函数为 $f(\boldsymbol{x})$，那么接收信号 $\boldsymbol{x}$ 的概率密度函数为 $f(\boldsymbol{x}-\theta s)$，则式（5-6）可以转化为

$$\mathrm{ARE}(T)=\lim_{\theta\to 0}\frac{\left(\dfrac{\partial^v}{\partial\theta^v}\int T(\boldsymbol{x})f(\boldsymbol{x}-\theta s)\mathrm{d}\boldsymbol{x}\right)^2}{\mathrm{Var}_\theta(T(\boldsymbol{x}))} \tag{5-7}$$

由于

$$\lim_{\theta \to 0} \frac{\partial^v}{\partial \theta^v} f(x - \theta s)$$

$$= \lim_{\theta \to 0} \lim_{\Delta \to 0} \frac{f(x - (\theta + v\Delta)s) - vf(x - (\theta + (v-1)\Delta)s) + \cdots + f(x - \theta s)}{\Delta^v} \quad (5\text{-}8)$$

交换极限的运算顺序，则有

$$\lim_{\theta \to 0} \frac{\partial^v}{\partial \theta^v} f(x - \theta s)$$

$$= \lim_{\Delta \to 0} \frac{f(x - v\Delta s) - vf(x - (v-1)\Delta s) + \cdots + f(x - \theta s)}{\Delta^v}$$

$$= -\nabla_s^v f(x)$$

$$= -s\nabla^v f(x) \quad (5\text{-}9)$$

式中，$\nabla^v f(x)$ 为 $f(x)$ 的 v 阶导，表示为

$$\nabla^v f(x) = \frac{\partial^v}{\partial x^v} f(x) \quad (5\text{-}10)$$

将式（5-10）代入式（5-7），可得

$$\mathrm{ARE}(T) = \frac{\left(\dfrac{\partial^v}{\partial \theta^v} \displaystyle\int T(x) \dfrac{-s\nabla^v f(x)}{f(x)} f(x) \mathrm{d}x \right)^2}{\mathrm{Var}_0(T(x))}$$

$$= \frac{\left(\dfrac{\partial^v}{\partial \theta^v} E_0 \left(T(x) \dfrac{-s\nabla^v f(x)}{f(x)} \right) \right)^2}{\mathrm{Var}_0(T(x))} \quad (5\text{-}11)$$

由于 $E_0 \left(\dfrac{-s\nabla^v f(x)}{f(x)} \right) = 0$，因此式（5-11）可以表示为

$$\mathrm{ARE}(T) = \frac{\left(\mathrm{Cov}_0 \left(T(x), \dfrac{-s\nabla^v f(x)}{f(x)} \right) \right)^2}{\mathrm{Var}_0(T(x))} \quad (5\text{-}12)$$

式中，$\mathrm{Cov}(\cdot)$ 代表协方差运算。

对式（5-12）的分子进行分析，利用不等式变换可得

$$\left(\mathrm{Cov}_0 \left(T(x), \dfrac{-s\nabla^v f(x)}{f(x)} \right) \right)^2 \leqslant \mathrm{Var}_0(T(x)) \mathrm{Var}_0 \left(\dfrac{-s\nabla^v f(x)}{f(x)} \right) \quad (5\text{-}13)$$

当且仅当 $T(x) = \dfrac{-s\nabla^v f(x)}{f(x)}$ 时取得等号，$T(x)$ 的渐近相对效率函数取得最大值，即

$$\text{ARE}(T) \leqslant \text{Var}_0\left(\frac{-s\nabla^v f(\boldsymbol{x})}{f(\boldsymbol{x})}\right) = E_0\left(\frac{-s\nabla^v f(\boldsymbol{x})}{f(\boldsymbol{x})}\right)^2 \tag{5-14}$$

因此，可以得到此时的检测统计量即局部最优检测统计量，表示为

$$T_{\text{LO}}(\boldsymbol{x}) = -s\frac{\dfrac{\partial^v}{\partial\theta^v}f(\boldsymbol{x}\,|\,\theta)|_{\theta=0}}{f(\boldsymbol{x}\,|\,0)} \tag{5-15}$$

式中，v 为概率密度函数在 $\theta = 0$ 时的首个非零导数项的阶数。

而在本假设检验问题下，由于噪声随机变量相互独立，则噪声的概率密度函数可以由观测量 $\boldsymbol{x} = (x_1, x_2, \cdots, x_N)$ 得到

$$f(\boldsymbol{x}) = \prod_{i=1}^{N} f_{S_\alpha(\beta,\gamma,\delta)}(x_i - \theta s_i) \tag{5-16}$$

对式（5-16）的概率密度函数取一阶导数为

$$\begin{cases} \dfrac{\mathrm{d}f(\boldsymbol{x}\,|\,\theta)}{\mathrm{d}\theta} = -\displaystyle\sum_{j=1}^{N} f'_{S_\alpha(\beta,\gamma,\delta)}(x_i - \theta s_i)\prod_{i=1,i\neq j}^{N} f_{S_\alpha(\beta,\gamma,\delta)}(x_j - \theta s_j) \\ f(\boldsymbol{x}\,|\,0) = \displaystyle\prod_{i=1}^{N} f_{S_\alpha(\beta,\gamma,\delta)}(x_i - \theta s_i) \end{cases} \tag{5-17}$$

将式（5-17）代入式（5-15）则可以得到局部最优检测器的统计量为

$$T_{\text{LO}}(\boldsymbol{x}) = -\sum_{i=1}^{N} s_i \cdot g_Z(x_i) = -\sum_{i=1}^{N} s_i \cdot \frac{f'_{S_\alpha(\beta,\gamma,\delta)}(x_i)}{f_{S_\alpha(\beta,\gamma,\delta)}(x_i)} \tag{5-18}$$

式中，$g_Z(x_i) = \dfrac{f'_{S_\alpha(\beta,\gamma,\delta)}(x_i)}{f_{S_\alpha(\beta,\gamma,\delta)}(x_i)}$ 为局部最优检测器的 ZMNL 函数。

在前面的分析中可以发现，局部最优检测的渐近相对效率函数能够在信噪比很低时取得最大值，即该检测器能够在低信噪比情形下拥有良好的检测性能。此外，局部最优检测器中的 ZMNL 函数能够实现对噪声信号的非线性处理，进而提高非高斯噪声环境下的信号检测性能。针对北极海域海洋环境噪声的脉冲性和非高斯性，本章主要的分析与讨论将从局部最优检测器展开。

但是，由于 α 稳定分布没有闭合的概率密度函数表达式，只能通过对其特征函数进行 FFT 变换或数值积分的方法获取，这使得检测器的计算复杂度异常高，在实际的工程应用中受到限制。基于此，实际应用中常采用柯西检测器来近似代替 LOD，并取得了不错的检测效果[4]；文献[5]~[7]则提出了一种双参数柯西-高斯分布模型（Bi-Parameter Cauchy-Gaussian Model，BCGM）来拟合 $1 \leqslant \alpha \leqslant 2$ 时的情况，当 $\delta = 0$ 时 BCGM 的概率密度函数为

$$f_{\text{BCGM}}(x) = \frac{1-\varepsilon}{2\sqrt{\pi}\sigma}\exp\left(-\frac{x^2}{4\sigma^2}\right) + \frac{\varepsilon\sigma}{\pi(x^2 + \sigma^2)} \tag{5-19}$$

式中，ε 为混合比，仅与 α 有关；$\sigma = \gamma^{1/\alpha}$ 为离差，含义类似于高斯分布中的方差。设 $f_C(x)$ 为柯西分布，$f_G(x)$ 为高斯分布，则式（5-19）可以简化为

$$f_{\mathrm{BCGM}}(x) = (1-\varepsilon)f_G(x) + \varepsilon f_C(x) \tag{5-20}$$

假设 x 为服从 SαS 稳定分布的随机变量，则有

$$E(|x|^p) = \int_{-\infty}^{\infty}(|x|^p)((1-\varepsilon)f_G(x) + \varepsilon f_C(x))\mathrm{d}x \tag{5-21}$$

式中，$p < \alpha$ 为分数矩阶。而对于柯西分布与高斯分布，有式（5-22）成立：

$$\begin{cases} m_C^p = \int_{-\infty}^{\infty}(|x|^p)f_C(x)\mathrm{d}x = C(p,1)\sigma^p \\ m_G^p = \int_{-\infty}^{\infty}(|x|^p)f_G(x)\mathrm{d}x = C(p,2)\sigma^p \end{cases} \tag{5-22}$$

则式（5-21）可以转化为

$$E(|x|^p) = (1-\varepsilon)m_G^p + \varepsilon m_C^p \tag{5-23}$$

从而可得

$$\varepsilon = \frac{E(|x|^p) - m_G^p}{m_C^p - m_G^p} \tag{5-24}$$

而根据 SαS 的性质，有

$$E(|x|^p) = C(p,\alpha)\sigma^p$$
$$= \frac{2^{p+1}\Gamma((p+1)/2)\Gamma(-p/\alpha)}{\alpha\sqrt{\pi}\Gamma(-p/2)} \tag{5-25}$$

将式（5-22）与式（5-25）代入式（5-24）中化简可得

$$\varepsilon = \frac{2\Gamma(-p/\alpha) - \alpha\Gamma(-p/2)}{2\alpha\Gamma(-p) - \alpha\Gamma(-p/2)} \tag{5-26}$$

将式（5-26）代入式（5-20），由此获得了 α 稳定分布的近似概率密度函数，结合式（5-18）可以实现 α 稳定分布噪声下的局部最优检测。

3. ZMNL 函数

ZMNL 函数是具有非线性变换功能的一类函数，在信号处理领域得到了广泛的研究与应用。对比式（5-18）与式（5-5）可以发现，局部最优检测器最大的特点就是对接收信号的观测量 x 进行非线性变换函数 $g_z(x)$ 的滤波处理，抑制了其中的较大脉冲干扰，进而降低了噪声的脉冲性。因此，在给定的非高斯噪声模型下，局部最优检测能够更好地检测到非高斯噪声中的信号，其结构框架如图 5-2 所示。

通过式（4-18）可知，对于 LOD 而言其最佳 ZMNL 函数为 $g_z(x) = -\dfrac{f'(x)}{f(x)}$，但是当噪声的概率密度函数 $f(x)$ 未知或无法显示表达时，需要寻求次优的 ZMNL

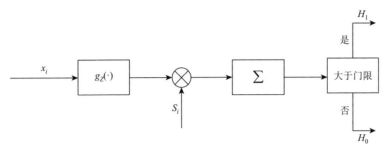

图 5-2　局部最优检测的结构框架

函数。在以往 α 稳定分布的研究与应用中，最常用的则是柯西分布（Cauchy Distribution，CHD）与高斯拖尾[8]零记忆非线性变换（Gaussian-Tailed ZMNL，GZMNL）函数，其表达式分别如下：

$$g_{\text{CHD}}(x) = \frac{2x}{x^2 + \sigma^2} \tag{5-27}$$

$$g_G(x) = \begin{cases} \text{sgn}(x)\delta \exp\left(-\frac{[x-\text{sgn}(x)\delta]^2}{2\sigma_r^2}\right), & |x| > \delta \\ x, & |x| \leqslant \delta \end{cases} \tag{5-28}$$

式中，$\delta = 3\sigma_r + \text{median}(x)$，且 $\sigma_r = \sigma/0.7$，σ 为 α 稳定分布的尺度参数。

此外，文献[9]通过 BCGM 模型导出的 $g_z(x)$ 虽然有更高的精度，可以认为其等价为 LOD，但是其结构十分复杂，运算量大，在实际应用中受到限制。文献[8]则通过分析 SαS 的代数拖尾给出了其有效的代数拖尾零记忆非线性变换（Algebraic-Tailed ZMNL，AZMNL）函数的表达式：

$$g_A(x) = \begin{cases} \dfrac{K(\alpha)}{x}, & |x| > \tau \\ \dfrac{\Gamma(3/\alpha)}{\Gamma(1/\alpha)}, & |x| \leqslant \tau \end{cases} \tag{5-29}$$

式中，$K(\alpha) = \alpha^2$ 且有

$$\tau = \sqrt{\frac{\Gamma(1/\alpha)K(\alpha)}{\Gamma(3/\alpha)}} \tag{5-30}$$

基于 BCGM 模型及 α 稳定分布拖尾特性得到的 ZMNL 函数只适用于 $1 \leqslant \alpha \leqslant 2$ 的情形，而当北极海域海洋环境噪声冲激信号强烈时（即 $\alpha < 1$），该检测器性能可能出现下降，本节考虑采用更具有普遍意义的 Sigmoid 函数作为局部次优检测器中的 ZMNL 函数来实现对 α 稳定分布噪声中的信号检测。

Sigmoid 函数表达式如下：

$$s(x) = \frac{2}{1+\text{e}^{-kx}} - 1 \tag{5-31}$$

式中，$k > 0$ 为可调的参数。不同的参数，Sigmoid 函数对输入噪声的抑制能力也会发生变化。

为了观察不同的 ZMNL 函数对 α 稳定分布噪声的抑制能力，下面将给出标准 SαS 噪声信号及经过各 ZMNL 函数变换后的信号波形，如图 5-3 所示。

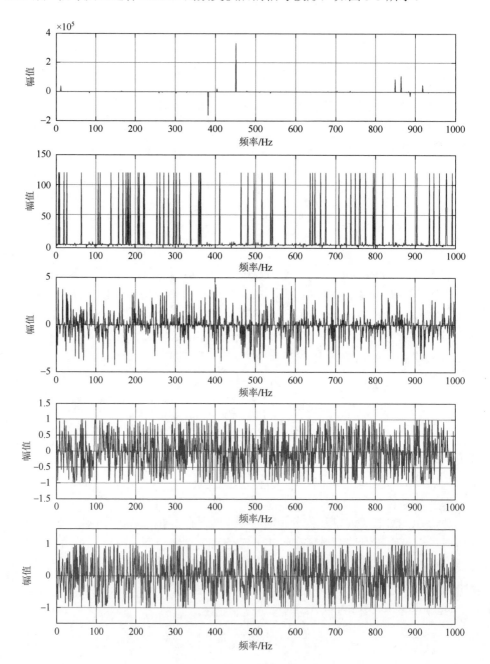

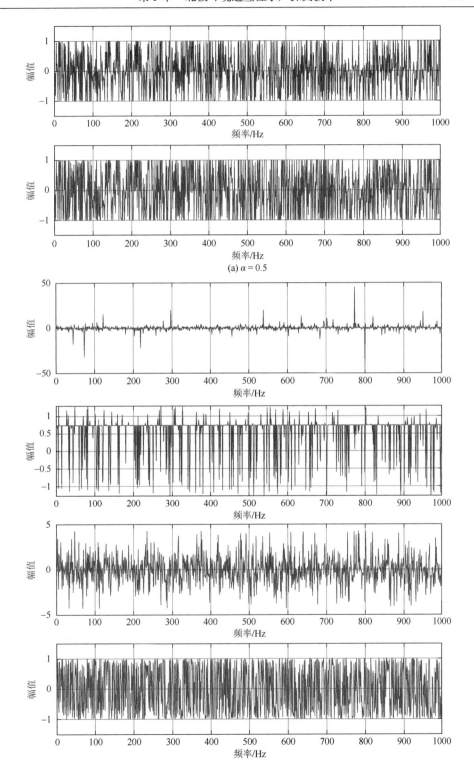

(a) α = 0.5

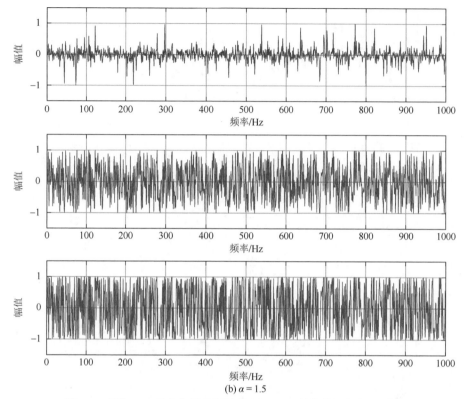

(b) $\alpha = 1.5$

图 5-3　标准 SαS 噪声信号及经过各 ZMNL 函数变换后的信号波形

每个分图从上至下依次为原始噪声；AZMNL 函数变换后信号；GZMNL 变换后信号；CHD 变换后信号；
Sigmoid1(k = 0.2)函数变换后信号；Sigmoid2(k = 1)函数变换后信号；Sigmoid3(k = 2)函数变换后信号

从图 5-3 中可以看出，各 ZMNL 函数对稳定分布噪声中的脉冲干扰均有抑制作用。但当脉冲干扰较强（$\alpha < 1$）时，AZMNL 函数的抑制作用下降最明显，说明了其在 α 稳定分布噪声检测中的适用性有所限制。基于 Sigmoid 函数的 ZMNL 函数在不同程度的脉冲干扰下均具有较好的干扰抑制能力，并且随着 k 值的增大，抑制能力有增强的趋势。

4. 性能仿真与分析

为了分析基于各 ZMNL 函数下的局部次优检测器在 α 稳定分布噪声中对信号的检测性能，进行蒙特卡罗（Monte Carlo）仿真试验。由于 k 值会影响 Sigmoid 函数对脉冲干扰的抑制能力，因此首先分析 k 值对基于 Sigmoid 函数的局部次优检测器（记为 k-Sigmoid 检测器）的检测性能的影响。

试验 5-1　k 值选取对 k-Sigmoid 检测器检测性能的影响。

假设待检测的信号为均值为零的高斯随机信号；不失一般性，背景噪声分别取特征指数 α 为 1.8、1.5、1.2、0.8 的标准 SαS 噪声，即 $W \sim S_\alpha(0,1,0)$；每次检测的样本点数为 1000 个，蒙特卡罗仿真次数为 10000 次，检测门限依据虚警概率 P_f 通过蒙特卡罗方法得到。由于 α 稳定分布的二阶统计量不收敛，因此利用广义信噪比（Generalized Signal Noise Ratio，GSNR）来衡量噪声和信号的比例，如式（5-32）所示。

$$GSNR = 10\lg(\sigma_s^2 / \gamma^\alpha)\qquad(5\text{-}32)$$

式中，σ_s^2 为待测信号的功率，且 GSNR 的单位为 dB。

图 5-4 为 GSNR = −15dB 时，各 α 值噪声背景下不同 k 值下的 k-Sigmoid 检测器的接收机工作特性曲线（Receiver Operating Characteristic Curve，ROC）。图 5-5

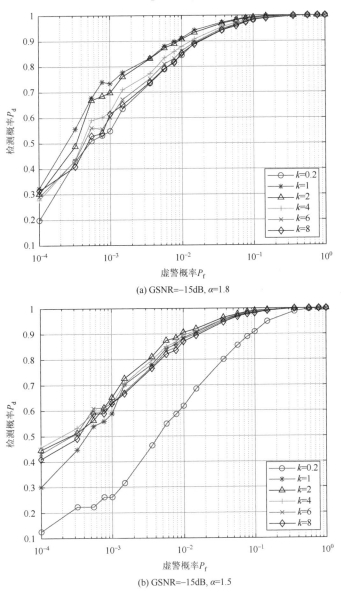

(a) GSNR=−15dB, α=1.8

(b) GSNR=−15dB, α=1.5

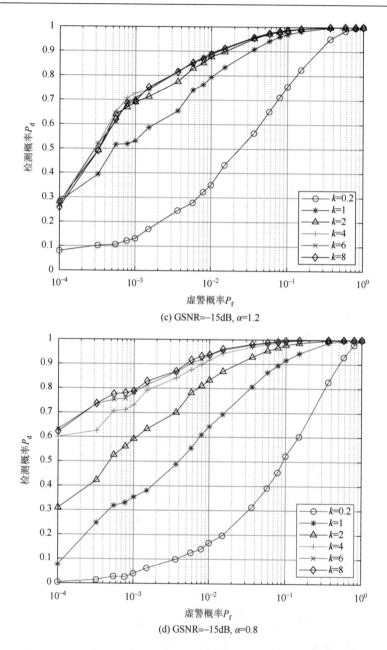

(c) GSNR=−15dB, α=1.2

(d) GSNR=−15dB, α=0.8

图 5-4　GSNR=−15dB 时，不同 k 值下的 k-Sigmoid 检测器的 ROC

为虚警概率 $P_f = 0.01$ 时，各 α 值噪声背景下不同 k 值下的 k-Sigmoid 检测器检测性能随 GSNR 的变化。

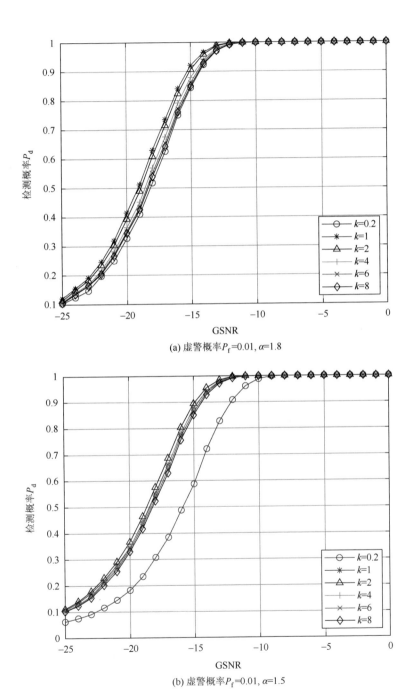

(a) 虚警概率P_f=0.01, α=1.8

(b) 虚警概率P_f=0.01, α=1.5

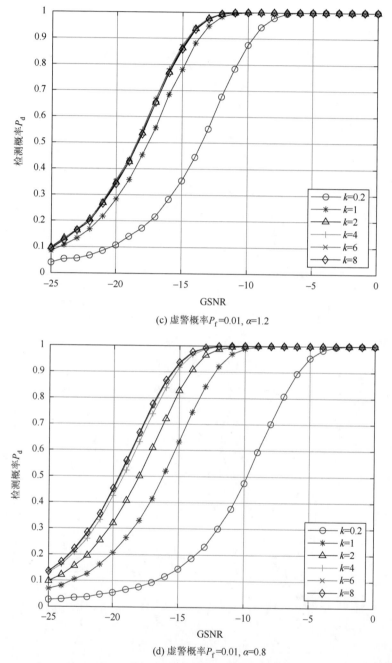

(c) 虚警概率P_f=0.01, α=1.2

(d) 虚警概率P_f=0.01, α=0.8

图 5-5　虚警概率 P_f=0.01 时，不同 k 值下的 k-Sigmoid 检测器检测性能随 GSNR 的变化

　　从图 5-4 与图 5-5 中可以看出，当背景噪声所满足的 α 稳定分布特征指数 α 变化时，不同 k 值下的 k-Sigmoid 检测器检测性能也发生较大的变化，并且在相同

的 GSNR 和虚警概率 P_f 条件下，α 值越小，k 值越大或 α 值越大，k 值越小时，k-Sigmoid 检测器性能越好。因此，为寻求最优的 k-Sigmoid 检测器，我们将 k 与 α 的乘积视为常数 C，即 $C = k \cdot \alpha$，并通过蒙特卡罗仿真试验寻求次优的常数 C，进而得到 k-Sigmoid 局部次优检测器。

仿真参数设置与前面相同，图 5-6 为当虚警概率 $P_f = 0.01$ 且 GSNR $= -15$dB 时，不同 α 值下的 k-Sigmoid 检测器的检测性能随常数 C 的变化。

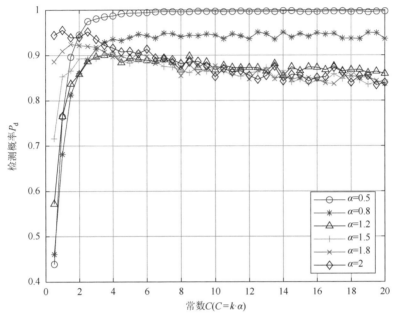

图 5-6　虚警概率 $P_f = 0.01$、GSNR $= -15$dB 时不同 α 值下的 k-Sigmoid 检测器的检测性能随常数 C 的变化

通过图 5-6 的仿真结果中可以得到，并非随着常数 C 的变大，检测性能不断提高，而是在某个最优值 C^* 时其检测性能达到最佳。当常数 $C < 4$ 时，随着常数 C 的增加 k-Sigmoid 检测器的检测性能提高；当常数 C 大于 4 时，随着常数 C 的增加，k-Sigmoid 检测器检测性能趋于稳定或稍有下降。通过仿真试验，我们可以将近似最优常数 C 值设定为 $C^* = 4$。

试验 5-2　不同 ZMNL 函数下的局部次优检测器检测性能对比。

为了验证算法的有效性，进行蒙特卡罗仿真试验，分析在不同 GSNR 与虚警概率 P_f 条件下各检测算法的性能。其中 k-Sigmoid 检测器中 k 值的选取依赖于背景噪声的特征指数 $\alpha(k = C^* / \alpha)$，线性检测器是加性高斯噪声条件下的局部最优检测器。仿真参数设置如下：待检测的确定信号为高斯随机信号；背景噪声为 SαS 噪声，且 α 取值为 2、1.5、1.2、1、0.8、0.5；每次检测的样本点数为 1000 个，仿真次数为 10000 次，各检测器的检测门限由蒙特卡罗仿真产生。

　　图 5-7 为 GSNR = −15dB 时，不同 α 值噪声背景下各检测算法的 ROC。图 5-8 为虚警概率 $P_\mathrm{f} = 0.01$ 的前提下，不同 α 值噪声背景下各检测算法的检测性能随 GSNR 的变化。

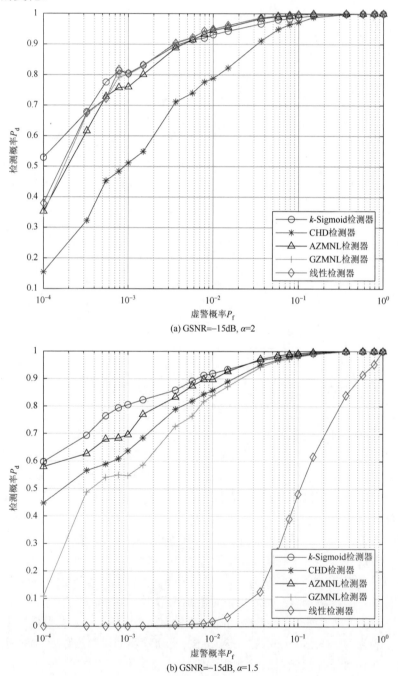

(a) GSNR=−15dB, α=2

(b) GSNR=−15dB, α=1.5

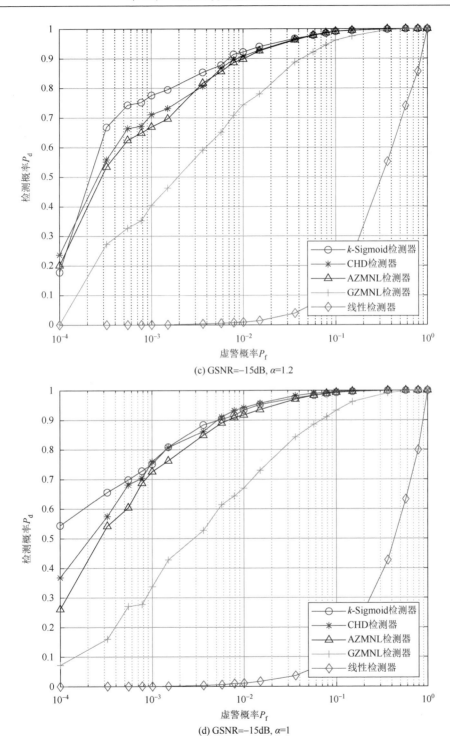

(c) GSNR=−15dB, α=1.2

(d) GSNR=−15dB, α=1

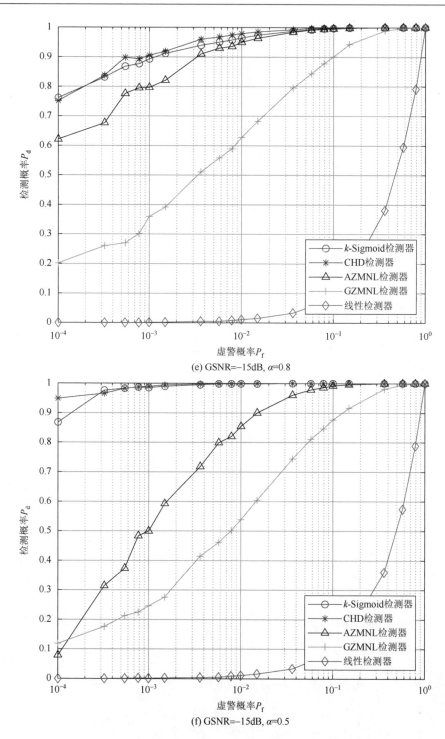

(e) GSNR=−15dB, α=0.8

(f) GSNR=−15dB, α=0.5

图 5-7　GSNR = −15dB 时，不同 α 值噪声背景下各检测算法的 ROC

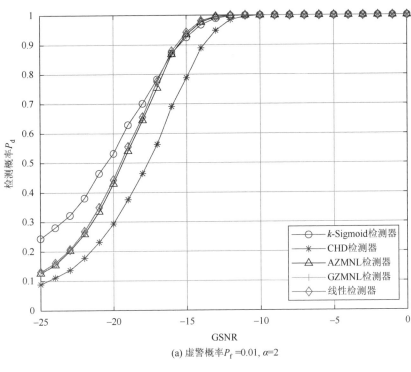

(a) 虚警概率 P_f =0.01, α=2

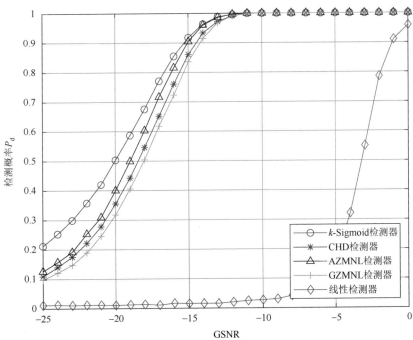

(b) 虚警概率 P_f =0.01, α=1.5

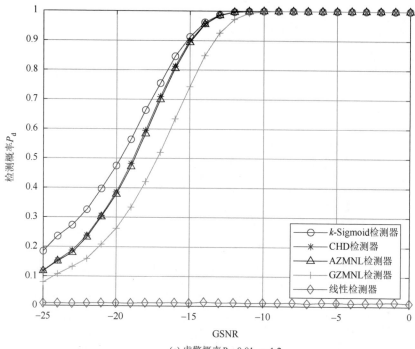

(c) 虚警概率P_f=0.01, α=1.2

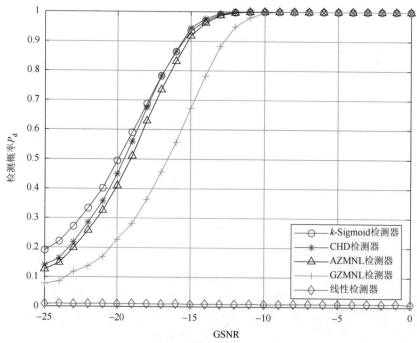

(d) 虚警概率P_f=0.01, α=1

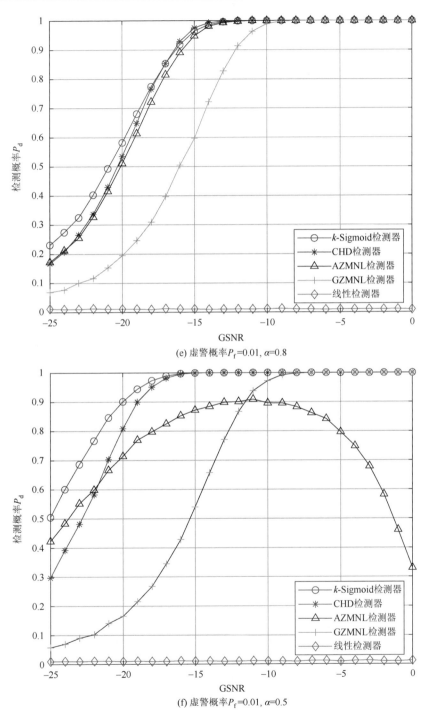

(e) 虚警概率 P_f=0.01, α=0.8

(f) 虚警概率 P_f=0.01, α=0.5

图 5-8　虚警概率 $P_f = 0.01$ 的前提下，不同 α 值噪声背景下各检测算法的检测性
能随 GSNR 的变化

通过图 5-7 与图 5-8 的仿真结果可以得出以下结论。

（1）在加性高斯噪声模型下得到的最优检测器为线性检测器，其在 $\alpha = 2$ 时具有近乎最优的检测性能。但是随着噪声脉冲性的增强，即当 α 值不断减小时，其检测性能迅速下降，甚至无效。

（2）CHD 检测器具有较强的稳健性，能够在不同程度脉冲干扰下的 α 稳定分布噪声环境中正常工作，尤其是在 $\alpha = 1$ 附近时其具有近乎最优的检测性能。但是，当 α 值逐渐变大时，其检测性能出现不同程度的下降。相比于 k-Sigmoid 检测器，其在虚警概率 $P_f = 0.01$、GSNR $= -15\text{dB}$ 时检测性能分别下降约 6%（$\alpha = 1.5$）和 14%（$\alpha = 2$）。

（3）基于 GZMNL 函数和 AZMNL 函数构成的局部次优检测器具有一定的稳健性。其中，GZMNL 检测器在 $\alpha = 2$ 附近时有近乎最优的检测性能，但随着脉冲特性逐渐加强即当 α 值不断减小时，其检测性能迅速下降；AZMNL 函数在 $1 \leqslant \alpha \leqslant 2$ 时有近乎最优的检测性能，但当 $\alpha < 1$ 时，随着 α 值的减小其检测性能也出现下降。相比于 k-Sigmoid 检测器，当虚警概率 $P_f = 0.01$、GSNR $= -15\text{dB}$ 时，AZMNL 检测器和 GZMNL 检测器的检测性能分别下降约 2%、37%（$\alpha = 0.8$）和 12%、46%（$\alpha = 0.5$）。

（4）k-Sigmoid 检测器具有稳健性强的特点，能够在不同脉冲强度的噪声环境下稳定工作，尤其是当信噪比较低时，其检测性能优势越明显。针对北极海域海洋环境噪声的脉冲特性，在极地水声学的研究与实际应用中，该检测器对北极水下目标信号的检测能发挥一定的作用。

此外当 $\alpha = 0.5$ 时，对比 GZMNL 检测器与 AZMNL 检测器对脉冲干扰的抑制能力及相应检测器的检测性能可以发现，GZMNL 检测器对噪声的抑制能力更强，但其检测性能并非更优，这说明 GZMNL 检测器对噪声的抑制能力和检测性能不存在必然的联系。

5.1.2　噪声参数未知的信号检测算法

在更普遍的情形下，北极海域海洋环境噪声具有时变性和非高斯性，其纯噪声条件下的概率密度函数较难获取且计算复杂度高，在实际的工程应用中也受到较大的限制。当环境噪声的参数未知时基于噪声参数分析得到的检测算法性能将出现衰退，甚至无效。因此有必要研究 α 稳定分布背景噪声条件下噪声参数未知的信号检测算法。基于相似性衡量的 K-S 检测器与 K-L 检测器[10, 11]通过对比估计所得的噪声与接收信号统计分布可以实现对信号的检测，但纯噪声的统计分布在其变化较大时很难获取，检测器性能也会下降。ED 是最简单的盲信号检测器，因为其不依赖噪声特性和信号的相关先验知识且结构简单而被广泛使用，并且其还是高斯白噪声背景下基于纽曼-皮尔逊准则下的最优检测器。但是，当背景噪声具有非高斯性时，该检测器的性能急剧下降甚至失效。此外还有学者利用相似性衡量的方法，借助核函数来实现非高斯噪声下的信号检测，但由于其复杂度高且检测性能受核长的影响，在实际的应用中有所限制[12]。本节的主要内容有以下四个部分：①相关熵检测器（Correntropy Detector，CD）与相关熵匹配滤波（Correntropy Matched Filter，CMF）检测器检测算法；②ED 与最大最小特征（Maximum-Minimum Eigenvalue，MME）联合检测算法；③改进的 ED-MME 联合检测算法；④性能仿真与分析。

1. CD 与 CMF 检测器检测算法

相关熵的概念最初是由美国佛罗里达大学 Liu 等[13]提出的，然后经信号处理领域多位学者的系统研究，建立了较为完善的基于相关熵的信号处理理论框架。

相关熵的概念与方法基于核方法（Kernel Method）和信息论理论学习（Information Theoretic Learning）[14]，其定义如下所示。

若存在两个随机过程 X 与 Y，则两者之间的相关熵为

$$
\begin{aligned}
V(X,Y) &= E(\kappa(X,Y)) \\
&= \iint \kappa(x,y) P_{XY}(x,y) \mathrm{d}x\mathrm{d}y
\end{aligned}
\tag{5-33}
$$

式中，$P_{XY}(x,y)$ 为 X 与 Y 的联合概率密度函数；$\kappa(X,Y)$ 为相关熵核函数，其中最常见的是高斯核函数，表达如下：

$$
\kappa(X,Y) = \frac{1}{\sqrt{2\pi}\sigma} \exp\left(-\frac{|X-Y|^2}{2\sigma^2}\right)
\tag{5-34}
$$

式中，σ 为高斯核函数的核长。如果未作特别说明，那么下面的分析与应用均基于高斯核函数。

将式（5-34）代入式（5-33）中，可以得到相关熵的物理含义：当核函数为高斯核函数时，相关熵的值代表着 $P_{XY}(x,y)$ 沿着 $x=y$ 方向上的积分值，即如果随机过程中有更多的值落在 $x=y$ 上，相关熵的值会增加，侧面说明相关熵具有衡量 X 与 Y 相似性的能力。

在实际的应用中，由于 X 与 Y 的概率密度函数未知，因此在遍历性和平稳性假设条件下，相关熵可以利用有限的样本数据 $\{(x_k, y_k)\}_{k=1}^{N}$ 进行估计：

$$
\hat{V}(X,Y) = \hat{V}_{XY}(m) = \frac{1}{N} \sum_{k=1}^{N} \kappa(x_{k-m}, y_k)
\tag{5-35}
$$

在信号检测中，若时间同步，则

$$\hat{V}_{XY}(0) = \frac{1}{N}\sum_{k=1}^{N}\kappa(x_k, y_k) \tag{5-36}$$

可见，相关熵通过映射将原象空间中的非线性问题转换到再生希尔伯特空间（Reproducing Kernel Hilbert Space，RKHS）[15]，使其成为线性问题，并进行相应的处理。其本质可以理解为两个随机过程经核函数变换后取数学期望，该过程与相关函数处理类似。但是相关熵因为经过了核函数变换，具有适用性更强的信号相似度衡量能力，尤其是在脉冲噪声环境下，具有比相关函数更强的抗脉冲性，主要基于其具有以下的性质。

性质 5-1 有界性：$V(X,Y)$ 有界且 $0 < V(X,Y) \leqslant \dfrac{1}{\sqrt{2\pi\sigma}}$，当且仅当 $X=Y$ 时 $V(X,Y)$ 取得最大值 $\dfrac{1}{\sqrt{2\pi\sigma}}$。

由性质 5-1 可知，无论是在高斯噪声环境下还是在具有脉冲特性的 α 稳定分布噪声环境下，相关熵均有界。这就解决了 α 稳定分布条件不存在二阶统计量的问题，使得相关熵具有更加广泛的适用性。

性质 5-2 对于随机过程 X 与 Y，定义新的随机过程 $Z = X - Y$，则相关熵包含了误差 Z 的所有偶阶矩，且可以从中提取其高阶矩信息，如下所示：

$$V(X,Y) = \frac{1}{\sqrt{2\pi\sigma}}\sum_{n=0}^{\infty}\frac{(-1)^n}{2^n n!\sigma^{2n}}E[(X-Y)^{2n}] \tag{5-37}$$

由性质 5-2 可知：

（1）误差 Z 越小，说明 X 与 Y 的相似性越高。当 $Z=0$ 时相关熵取得最大值，X 与 Y 的相似程度最高，表明可以利用相关熵对信号之间的相似度进行衡量[16]。

（2）相关熵包含了误差 Z 的所有偶阶矩信息，因此其信息量远高于作为二阶统计量的相关函数。

在统计学中，均方误差（Mean Square Error，MSE）也是衡量两个随机过程相似度的有效方式，因此有必要对 MSE 和相关熵进行对比分析：

$$\mathrm{MSE}(X,Y) = E(X-Y)^2 = \iint (x-y)^2 f_{XY}(x,y)\mathrm{d}x\mathrm{d}y = \int e^2 f_E(e)\mathrm{d}e \tag{5-38}$$

$$\begin{aligned}
V(X,Y) &= E(\kappa(X-Y)) \\
&= \iint \kappa(x,y)P_{XY}(x,y)\mathrm{d}x\mathrm{d}y \\
&= \iint \tilde{\kappa}(x,y)P_{XY}(x,y)\mathrm{d}x\mathrm{d}y
\end{aligned} \tag{5-39}$$

可以发现,两者的相同之处在于都可以对随机过程 X 和 Y 的相似程度进行衡量,最小 MSE 对应于最大相关熵;不同之处在于 MSE 在进行相似性衡量时采用全局的相似度,虽然在高斯分布下具有较好的效果,但当样本的野值点过大时,MSE 的值会被显著放大,导致其在非高斯噪声环境中的信号相似度衡量性能下降。相比之下,相关熵采用局部相似度进行衡量,只有受核约束的样本才会对结果产生明显的影响,从而抑制了样本野点对衡量性能的制约[17]。因此在 α 稳定分布噪声环境下的信号处理中,相关熵方法比 MSE 更适用。

相似度衡量的基本思想是通过衡量实际接收信号与两种假设下的各接收信号相似度大小来判定哪种假设成立,进而达到信号检测的目的。相关熵检测器也具有相似度衡量性质。此外,结合匹配滤波器思想,对相关熵检测器进行改进,得到相关熵匹配滤波检测器。两种检测器的检测统计量分别如下:

$$T_{CD} = \frac{1}{N}\left(\sum_{i=1}^{N}\kappa_\sigma(x_i, s_i)\right) \tag{5-40}$$

$$T_{CMF} = \frac{1}{N}\left(\sum_{i=1}^{N}\kappa_\sigma(x_i, s_i)\right) - \frac{1}{N}\left(\sum_{i=1}^{N}\kappa_\sigma(x_i, h_i)\right) \tag{5-41}$$

式中, s_i 为待测目标信号; x_i 为接收信号; κ_σ 为高斯核函数; h_i 为另一待测信号,通过 CMF 检测器可以判断待测信号更接近 h_i 还是 s_i 。在本节的信号模型中, $h_i = 0$ 。

为了验证 CD 与 CMF 检测器的检测性能,本节进行蒙特卡罗仿真试验,并与高斯噪声环境下的最佳匹配滤波(Matched Filter,MF)检测器进行性能比较。由于 CMF 检测器与 CD 中均利用了核函数,而不同的核长 σ 可能会影响信号检测的结果,因此首先通过仿真试验分析核长 σ 对两者性能的影响。

试验 5-3　核长 σ 对 CD 检测性能的影响。

假设待检测的信号为均值为零的高斯随机信号;不失一般性,背景噪声分别取特征指数 α 为 1.8、1.5、1.2、0.5 的标准 SαS 噪声,即 $W \sim S_\alpha(0,1,0)$;每次检测的样本点数为 1000 个,蒙特卡罗仿真次数为 10000 次。

图 5-9 为 GSNR = -15dB 时,各 α 值噪声背景下不同核长 σ 的 CD 的 ROC 曲线。图 5-10 为虚警概率 $P_f = 0.01$ 时,各 α 值噪声背景下不同核长 σ 的 CD 检测性能随 GSNR 的变化。

由图 5-9 与图 5-10 中可以看出,当 α 变化时,不同 σ 值下的 CD 检测性能发生较大的变化,因此,为了寻求 CD 的最优核长,我们将 σ/α 视为常数 D ,即 $D = \sigma/\alpha$,并通过蒙特卡罗仿真进行分析。

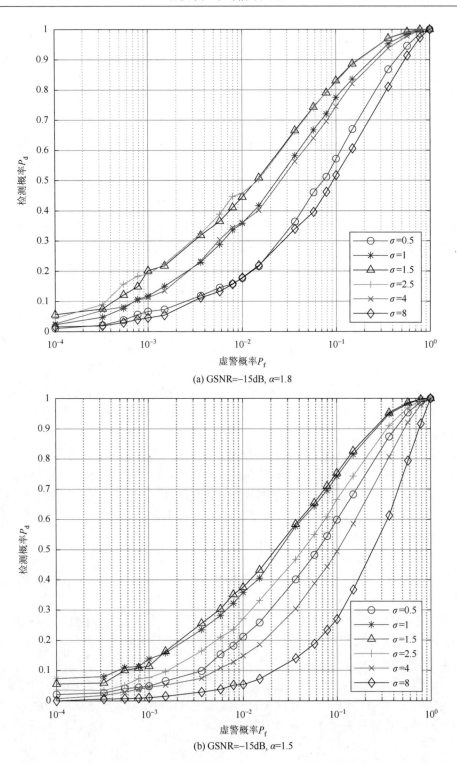

(a) GSNR=−15dB, α=1.8

(b) GSNR=−15dB, α=1.5

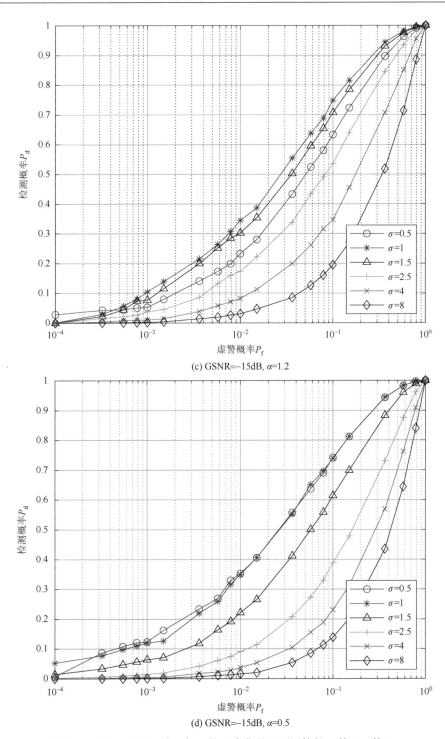

(c) GSNR=−15dB, α=1.2

(d) GSNR=−15dB, α=0.5

图 5-9　GSNR =−15dB 时，各 α 值噪声背景下不同核长 σ 的 CD 的 ROC

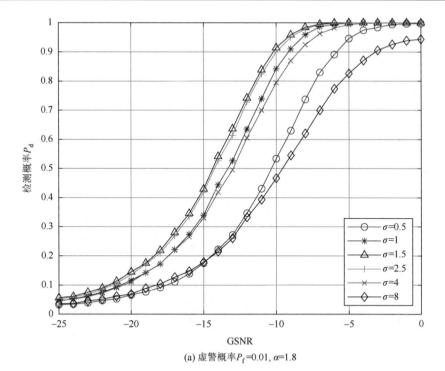

(a) 虚警概率P_f=0.01, α=1.8

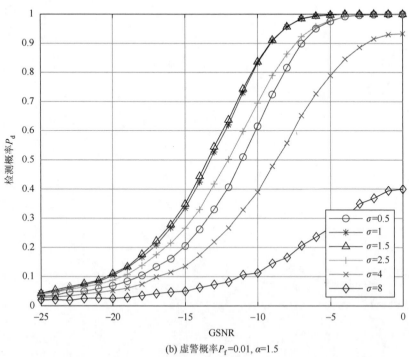

(b) 虚警概率P_f=0.01, α=1.5

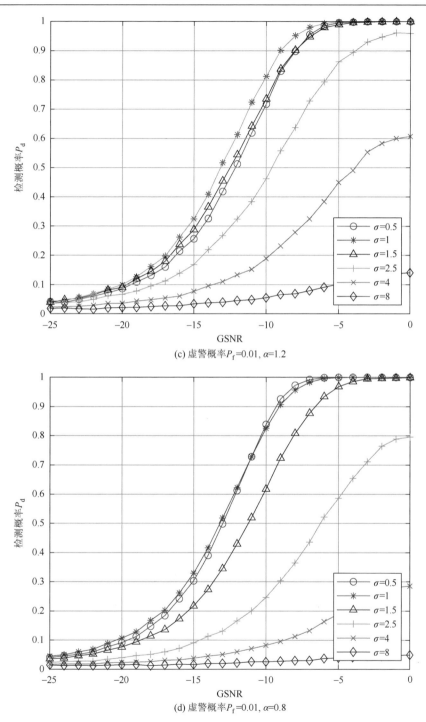

(c) 虚警概率P_f=0.01, α=1.2

(d) 虚警概率P_f=0.01, α=0.8

图 5-10　虚警概率 $P_f = 0.01$ 时，各 α 值噪声背景下不同核长 σ 的 CD
检测性能随 GSNR 的变化

　　仿真参数设置如下：待检测的确定信号为高斯随机信号；背景噪声为 SαS 噪声，且 α 取值为 2、1.8、1.5、1.2、0.8、0.5；每次检测的样本点数为 1000 个，仿真次数为 10000 次，GSNR = −15dB 且虚警概率 $P_f = 0.01$。图 5-11 为不同 α 值下，CD 的检测性能随常数 σ / α 的变化。

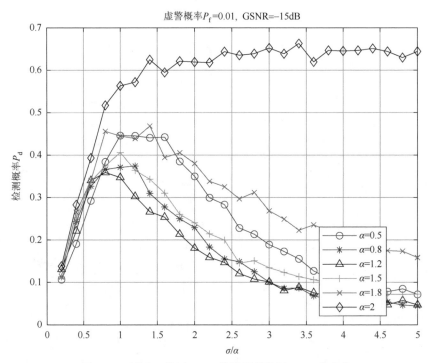

图 5-11　不同 α 值下，CD 的检测性能随 σ / α 的变化

　　通过图 5-11 的仿真结果可以得到，当 $D < 1$ 时，随着 D 的增大 CD 检测性能提高；当 $D > 1$ 时，随着 D 的增大 CD 检测性能迅速下降（ $\alpha = 2$ 除外）。因此，我们可将近似最优 D 值设定为 $D^* = 1$，即 $\sigma^* = \alpha$。

　　同样地，我们可以分析核长 σ 对 CMF 检测器的性能影响，图 5-12 为不同 α 值下，CMF 检测器的检测性能随核长 σ 的变化。

　　通过图 5-12 的仿真结果可知，当 $\sigma < 2$ 时 CMF 检测器性能随核长 σ 的增大而提高；当 $\sigma > 2$ 时 CMF 检测器性能随核长 σ 的增大而减小或趋于稳定。由此可见，当 $\sigma^* = 2$ 时该检测器可以获得最佳检测性能。可见，该检测器核长 σ 不受噪声分布的影响，因此能够在噪声参数未知的情形下实现对信号的检测。

　　试验 5-4　CD 和 CMF 检测性能分析。

　　为了验证 CD 和 CMF 检测方法的有效性，本节进行蒙特卡罗仿真试验，分析在不同 GSNR 与虚警概率 P_f 条件下 CD、MF 检测器及 CMF 检测器的性能。其中 CD

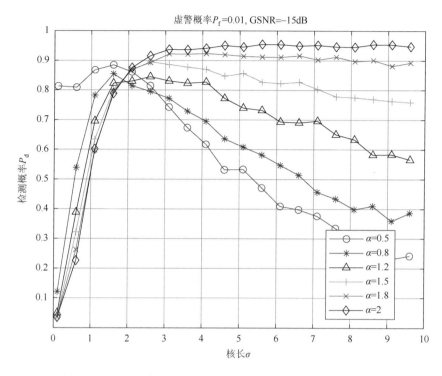

图 5-12 不同 α 值下，CMF 检测器的检测性能随核长 σ 的变化

的核长满足 $\sigma = \alpha$ ，CMF 检测器的核长为 2。仿真参数设置如下：待检测的确定信号为高斯随机信号；背景噪声为 SαS 噪声，且 α 取值为 0.5、1.5、2；每次检测的样本点数为 1000 个，仿真次数为 10000 次。

图 5-13 为 GSNR = –15dB 时，不同 α 值噪声背景下，各检测算法的 ROC 曲线；图 5-14 为虚警概率 $P_f = 0.01$ 的前提下，各检测算法的检测性能随 GSNR 的变化。

通过图 5-13 与图 5-14 的仿真结果可以得出，当 $\alpha = 2$ 时，即高斯噪声背景下，MF 检测器具有最优的检测性能，CMF 检测器与之相比十分接近，而 CD 则次之；当 $\alpha < 2$ 时，随着 α 的不断减小即噪声脉冲性逐渐增强，MF 检测器性能迅速下降，而 CD 与 CMF 检测器仍有较好的检测结果。当虚警概率 $P_f = 0.01$ 且 GSNR = –15dB 时，CD 与 CMF 检测器分别比 MF 检测器检测概率高 37%、84%（ $\alpha = 1.5$ ）和 43%、85%（ $\alpha = 0.5$ ）。可见 CD 和 CMF 检测器在稳定分布噪声环境下具有更高的抗脉冲能力和稳健性。尤其是 CMF 检测器，其最佳核长不受噪声的影响，具有更强的鲁棒性，在高斯与非高斯噪声环境中均具有较高的信号检测性能。

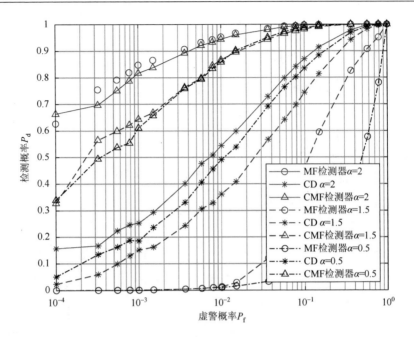

图 5-13　GSNR $=-15$dB 时，不同 α 值噪声背景下各检测算法的 ROC（彩图附书后）

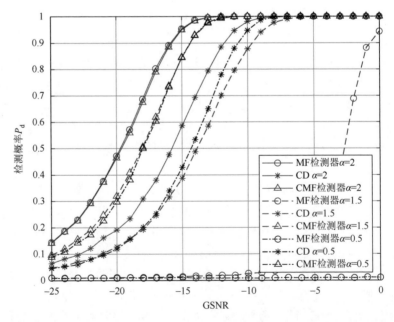

图 5-14　虚警概率 $P_f = 0.01$ 的前提下，各检测算法的检测性能随 GSNR 的变化（彩图附书后）

2. ED 与 MME 联合检测算法

1）多级检测结构

在信号检测时通常寻求计算复杂度低且结构尽量简单的检测器来实现对信号的检测，以便其能在工程应用中发挥作用。但当背景噪声复杂或是信噪比较低时，常规的简易检测器会出现性能下降甚至无效的现象，如 ED。而如果利用精度更高的检测器进行信号检测，虽然能获得更好的检测效果，但会因为计算复杂度高而影响工程应用中的实现。因此有必要在两者之间进行折中，而多级检测结构就是其中一个有效的解决方案。

多级检测结构分为并行与串行两种，本节主要基于串行多级检测结构进行研究与分析。图 5-15 为串行多级检测结构框图，将接收信号送入 M 级检测器中，输出得到检测结果。其中 $i=1,2,\cdots,M$ 代表第 i 级检测器，对应的检测概率与复杂度分别为 P_{d}^{i} 与 C^{i}，并且满足 $P_{\mathrm{d}}^{1}<P_{\mathrm{d}}^{2}<\cdots<P_{\mathrm{d}}^{M}, C^{1}<C^{2}<\cdots<C^{M}$。若在任意级检测器中检测到信号，则认为该信号存在，否则转入下一级继续进行检测，直到第 M 级检测器检测完毕[18]。

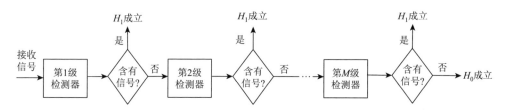

图 5-15　串行多级检测结构框图

由图 5-15 可知，随着检测器数量的不断增加，信号检测结果的精度能够不断提升，但牺牲的则是计算的复杂度与运行时间。通过分析量化可以得知，该检测结构的检测概率、虚警概率与复杂度分别如下：

$$P_{\mathrm{d}}=P_{\mathrm{d}}^{1}+\sum_{i=2}^{N}\left(P_{\mathrm{d}}^{i}\prod_{j=1}^{i-1}(1-P_{\mathrm{d}}^{i})\right) \tag{5-42}$$

$$P_{\mathrm{f}}=P_{\mathrm{f}}^{1}+\sum_{i=2}^{N}\left(P_{\mathrm{f}}^{i}\prod_{j=1}^{i-1}(1-P_{\mathrm{f}}^{i})\right) \tag{5-43}$$

$$C=C^{1}+P(H_{1})\sum_{i=2}^{M}\prod_{j=1}^{i-1}(C^{i}(1-P_{\mathrm{d}}^{j}))+P(H_{0})\sum_{i=2}^{M}\prod_{j=1}^{i-1}(C^{i}(1-P_{\mathrm{f}}^{j})) \tag{5-44}$$

式中，P_{d}^{i} 为第 i 级检测器的检测概率；P_{f}^{i} 为第 i 级检测器的虚警概率；$P(H_{0})$ 与 $P(H_{1})$ 分别为信号不存在及存在时的概率。

　　在学术研究中，若为了单纯地追求精度可以通过增加检测器的级数来达到目的，然而在工程实践中，这将导致其计算复杂度剧增，系统的运行时间过长且难以实现，不具备应用价值。因此通常采用二级联合检测器，其中，第一级检测器实现高信噪比和常规噪声下的信号检测，复杂度较低；而第二级检测器则实现低信噪比与非常规噪声下的信号检测，复杂度较高，从而达到检测精度与计算复杂度折中的目的。

　　2）ED 与 MME 检测器

　　在前面的信号检测算法设计中，无论是参数检测算法还是非参数检测算法都是基于待测信号已知的情形所进行的分析与研究，而在实际的应用中可能待测的目标信号并不可知，如水下目标的被动探测与定位等，因此有必要研究待测信号与背景噪声特性均未知的盲信号检测算法。可以设计二级联合检测器中第一级为ED，第二级为 MME 检测器。

　　ED 的基本思想是通过提前计算某一时间长度的纯背景噪声能量并将其作为检测门限 η，检测时截取同样时间长度的接收信号并计算其能量与 η 进行比较，进而做出判决并获得检测结果。ED 检测统计量为

$$T = \sum_{n=1}^{N} |x(n)|^2 \tag{5-45}$$

式中，$x(n)$ 为接收信号的离散采样；N 为采样点数。当纯背景噪声中存在脉冲干扰时，ED 性能下降，需要使用分数低阶矩 FLOM 检测器，其检测统计量为

$$T = \sum_{n=1}^{N} |x(n)|^p \tag{5-46}$$

式中，p 为分数低阶矩 FLOM 的阶数。

　　MME 检测算法是基于实际的背景噪声及信道与信号先验信息未知的情形下，利用随机矩阵理论（Random Matrix Theory，RMT）中协方差矩阵特征值来进行信号检测。文献[19]对接收信号协方差矩阵进行特征分解，利用最大和最小特征值之比构建检测统计量来进行信号检测，在低信噪比下具有比 ED 更优的检测性能。随后，MME 在谱分析方面得到了应用[20, 21]。

　　根据采样得到的接收信号矩阵，可以获得其样本协方差矩阵 $\hat{\boldsymbol{R}}_X$：

$$\hat{\boldsymbol{R}}_X = \frac{1}{N} \boldsymbol{X} \boldsymbol{X}^{\mathrm{H}} \tag{5-47}$$

$$\boldsymbol{X} = \begin{bmatrix} x_1(1) & x_1(2) & \cdots & x_1(N) \\ x_2(1) & x_2(2) & \cdots & x_2(N) \\ \vdots & \vdots & & \vdots \\ x_M(1) & x_M(2) & \cdots & x_M(N) \end{bmatrix} \tag{5-48}$$

式中，$(\cdot)^{\mathrm{H}}$ 为共轭转置；M 为接收信号个数；N 为时间采样点数；$x_k(i)$ 为接收的第 k 个接收信号的第 i 个样本值，$1 \leqslant k \leqslant M$，$1 \leqslant i \leqslant N$。令样本协方差矩阵 $\hat{\boldsymbol{R}}_X$ 的特征值为 $\lambda_1, \lambda_2, \cdots, \lambda_M$，其中，最大值为 $\lambda_{\max}$，最小值为 $\lambda_{\min}$，则 MME 检测算法的检测统计量为

$$T = \frac{\lambda_{\max}}{\lambda_{\min}} \qquad (5\text{-}49)$$

在高斯噪声背景下，接收信号中不存在待测信号且样本数 N 足够大时，样本协方差矩阵近似服从威沙特（Wishart）矩阵。此时可以获得 MME 检测算法的虚警概率与检测门限为

$$\begin{cases} P_{\mathrm{f}} = P(\lambda_{\max} > \eta \lambda_{\min}) = 1 - F_1\left(\dfrac{\eta(\sqrt{N} - \sqrt{M})^2 - u}{v} \right) \\[2mm] v = (\sqrt{N-1} - \sqrt{M})\left(\dfrac{1}{\sqrt{N-1}} + \dfrac{1}{\sqrt{M}} \right)^{1/3} \\[2mm] u = (\sqrt{N-1} - \sqrt{M})^2 \\[2mm] \eta = \dfrac{(\sqrt{N} + \sqrt{M})^2}{(\sqrt{N} - \sqrt{M})^2}\left(1 + \dfrac{(\sqrt{M} + \sqrt{N})^{-2/3}}{(MN)^{1/6}} F_1^{-1}(1 - P_{\mathrm{f}}) \right) \end{cases} \qquad (5\text{-}50)$$

式中，$F_1(x)$ 为一阶特雷西-维多姆（Tracy-Wisdom）分布。

3）ED-MME 联合检测器

研究表明，MME 检测器与 ED 在高斯背景噪声下的信号检测中具有良好的检测性能，尤其是 MME 检测算法。但是在北极海域海洋环境噪声条件下，受脉冲干扰的影响，ED 性能会出现下降，同时由于 α 稳定分布不存在二阶矩，基于随机矩阵理论 RMT 求取协方差的 MME 检测算法也将不再适用。基于此，文献[22]提出了非高斯背景下改进的 MME 检测器，采用分数低阶矩对采样得到的接收信号进行预处理，之后再结合传统的 MME 检测算法来实现信号检测。

MME 检测算法因为低阶幂运算，抑制了脉冲噪声，从而提高了信号检测的性能。但由于该方法需要进行矩阵运算及特征值求解，计算复杂度较 ED 高。当信噪比较高或背景噪声高斯性较强时，使用 ED 即可实现目标信号的检测，而分数低阶矩和 MME 检测器增加了不必要的计算量。基于此，本节提出 ED-MME 联合检测算法，当接收信号信噪比较高或背景噪声高斯性较强时，使用 ED 进行信号检测。若信噪比较低或背景噪声具有较强脉冲性，则使用分数低阶矩和 MME 检测器进行信号检测。ED-MME 联合检测器的检测结构如图 5-16 所示。

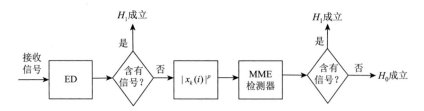

图 5-16　ED-MME 联合检测器的检测结构

3. 改进的 ED-MME 联合检测算法

在主观认知上，虽然联合检测器可以有效地将检测器的检测性能和计算复杂度进行折中，但仍然有必要进行分析。假设接收采样信号样本数量为 N，若只使用 ED 进行信号检测，则共需要 N 次乘法和 $N-1$ 次加法运算，计算复杂度为 $O(N)$。若只使用 MME 检测器进行信号检测，计算量主要由矩阵协方差求解和矩阵奇异值分解产生，因此其计算复杂度为 $O(N)+O(M^3)$。联合检测器的计算复杂度则与两个检测器各自的使用频率有关，而各检测器的使用频率又由能量检测器的虚警概率与检测概率决定，其具体分析如下所示。

假设 ED 的使用率为 u^E，分析可以发现无论何种情形，联合检测器均需要经过能量检测，因此 $u^E = 1$。若 ED 未检测到信号，则需要将该接收信号进行分数低阶矩预处理，再送入 MME 检测器进行检测。因此，MME 检测器的使用率 u^M 为

$$
\begin{aligned}
u^M &= P(H_0^E \mid H_0) + P(H_0^E \mid H_1) \\
&= (1 - P_f^E)P(H_0) + (1 - P_d^E)P(H_1)
\end{aligned}
\tag{5-51}
$$

式中，P_f^E、P_d^E 分别为 ED 的虚警概率与检测概率。因此，根据两级检测器的使用率可以得到联合检测器的计算复杂度为

$$
\begin{aligned}
C^C &= u^E \cdot C^E + u^M \cdot (C^M + C^p) \\
&= O((3 - 2P_f^E \cdot P(H_0) - 2P_d^E \cdot P(H_1))N) \\
&\quad + O((1 - P_f^E \cdot P(H_0) - P_d^E \cdot P(H_1))M^3)
\end{aligned}
\tag{5-52}
$$

式中，C^p 为低阶幂运算的复杂度，为 $O(N)$。

从式（5-20）中可以发现，联合检测器的复杂度与能量检测的虚警概率及检测概率有关。但在实际的检测问题中，我们只知道联合检测器的虚警概率 P_f^C，而不知道 ED 与 MME 检测器的虚警概率 P_f^E、P_f^M，它们的关系如下：

$$
P_f^C = P_f^E + (1 - P_f^E)P_f^M
\tag{5-53}
$$

可以发现，当给定虚警概率 P_f^C 时，P_f^E、P_f^M 的组合方式有无数种，无法进行判定。若 P_f^E 很大，则 P_f^M 会极小，意味着联合检测器中主要是 ED 发挥作用，而 MME 检测器可能检测不到低信噪比信号，导致性能下降。若 P_f^M 很大，则 P_f^E 会

极小，意味着联合检测器中 ED 检测不到信号，主要是 MME 检测器发挥作用，导致计算复杂度高。对上述情况进行折中，设定 $P_f^E = P_f^M$，则有

$$P_f^E = P_f^M = 1 - \sqrt{1 - P_f^C} \tag{5-54}$$

通过前面的分析我们知道，当 ED 使用率较高，即式（5-20）中的 P_d^E 较大时，联合检测器的计算复杂度 C^C 会比较低。但是在北极海域海洋环境噪声具有偶发脉冲性的条件下，ED 性能下降，无法检测到目标信号，此时会增大 MME 检测器的使用率，导致联合检测器的计算复杂度较高。基于此，本节对提出的 ED-MME 联合检测器进行改进，改进后的 ED-MME 联合检测器结构如图 5-17 所示。

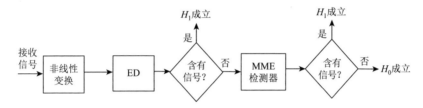

图 5-17　改进后的 ED-MME 联合检测器结构

改进后的 ED-MME 联合检测器先对接收的信号进行非线性变换，抑制其较大的脉冲样本点，提高了 ED 的检测性能，在能达到同样的检测效果下降低 MME 检测器的使用率，进而降低联合检测器的计算复杂度。其中非线性变换可以通过高斯化、限幅器或 Sigmoid 函数等实现，从 5.1.1 节的分析得知 Sigmoid 函数具有良好的脉冲噪声抑制能力，并且基于该函数设计的检测算法性能与 k 值有关，而 k 值的选取又由 α（即噪声特性）决定。但本节中研究的检测算法是基于噪声特性和信号均未知的盲信号检测，因此，为了保证 Sigmoid 函数脉冲抑制性能，选择 $k = 3$。

4. 性能仿真与分析

假设噪声服从稳定分布，我们对联合检测器的检测性能和计算复杂度进行蒙特卡罗仿真。

试验 5-5　联合检测器检测性能分析。

为了验证各检测器的有效性，进行仿真对比试验。仿真参数设置如下：待检测的确定信号为高斯随机信号；背景噪声为 SαS 噪声，且 α 取值为 2、1.5、1.2、1、0.8、0.5；每次检测的样本点数为 1000 个，仿真次数为 10000 次；各 MME 检测器中 $M = 10$，FLOM 检测器中 p 分别为 0.1、0.2、0.5，ED-MME 检测器中 $p = 0.25$。

　　图 5-18 为 GSNR = −10dB 时，不同 α 值噪声背景下，各检测器的 ROC。图 5-19 为虚警概率 $P_f = 0.01$ 的前提下，各检测器的检测性能随 GSNR 的变化。

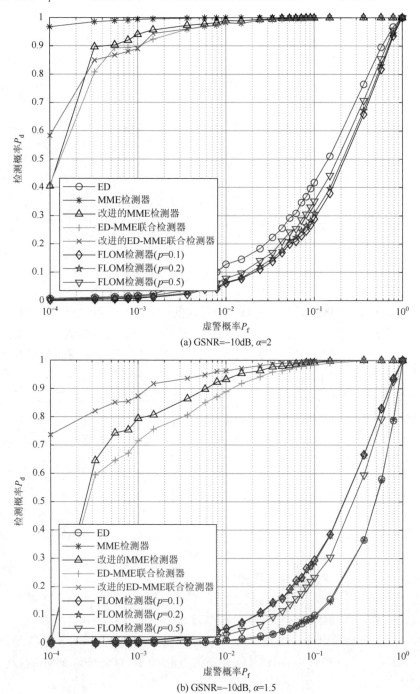

(a) GSNR=−10dB, α=2

(b) GSNR=−10dB, α=1.5

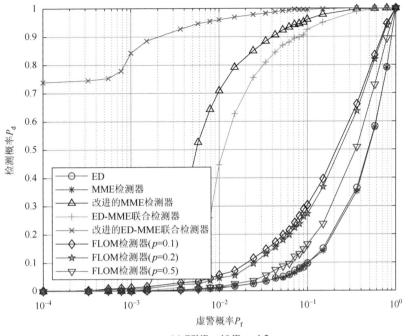

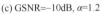

(c) GSNR=−10dB, α=1.2

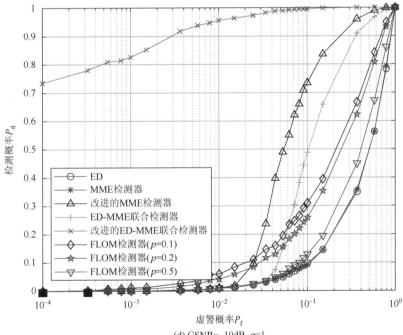

(d) GSNR=−10dB, α=1

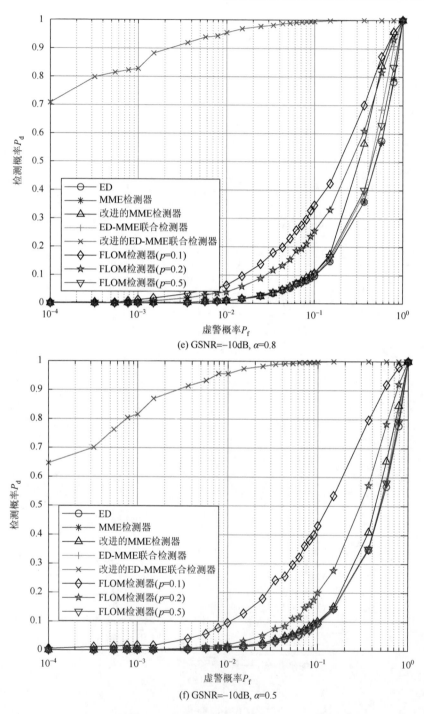

图 5-18　GSNR = −10dB 时，不同 α 值噪声背景下，各检测算法的 ROC

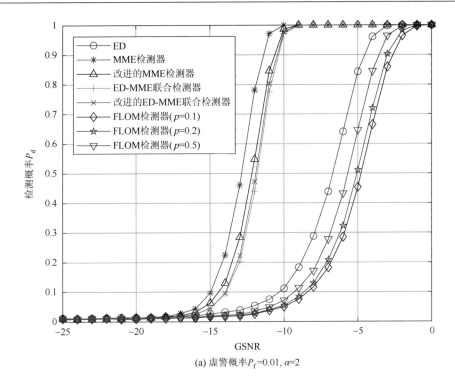

(a) 虚警概率P_f=0.01, α=2

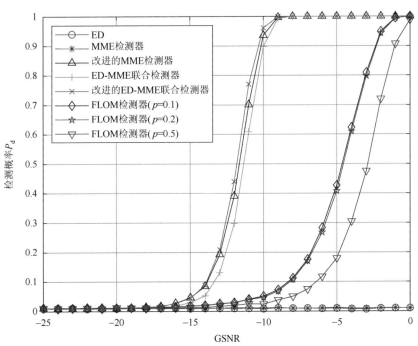

(b) 虚警概率P_f=0.01, α=1.5

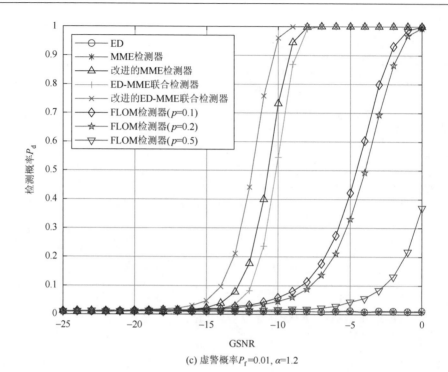

(c) 虚警概率P_f=0.01, α=1.2

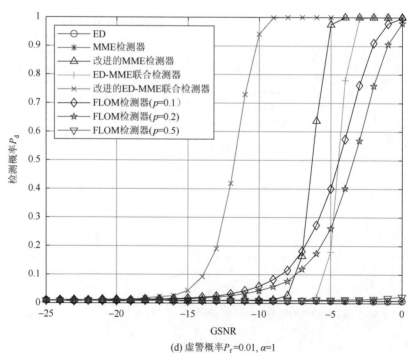

(d) 虚警概率P_f=0.01, α=1

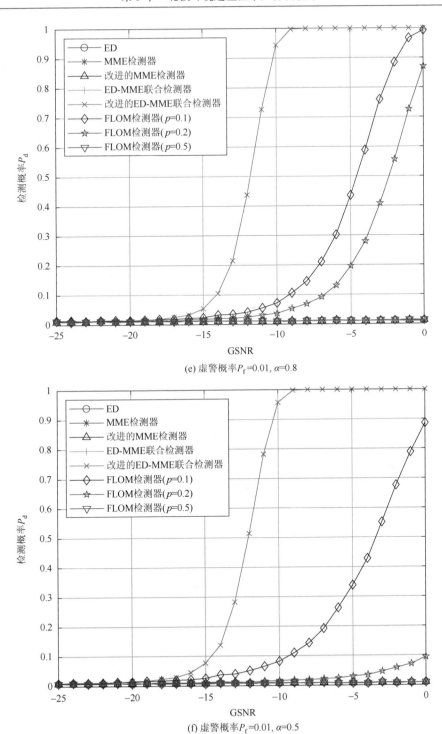

(e) 虚警概率P_f=0.01, α=0.8

(f) 虚警概率P_f=0.01, α=0.5

图 5-19　虚警概率 $P_\mathrm{f} = 0.01$ 的前提下，各检测算法的检测性能随 GSNR 的变化

通过图 5-18 与图 5-19 的仿真结果可以得出以下结论。

（1）当 $\alpha = 2$ 时，即高斯噪声背景下，MME 检测器具有最佳的检测性能，且提出的 ED-MME 联合检测器及其改进的 ED-MME 联合检测器检测性能也远优于 ED 的检测性能。当 $P_\mathrm{f} = 0.01$、GSNR $= -10$dB 时，上述检测器检测概率均比 ED 高约 85%。

（2）当 $\alpha < 2$ 时，即噪声具有脉冲性时，ED 与 MME 检测器性能迅速下降甚至无效，而 ED-MME 联合检测器及其改进的 ED-MME 联合检测器仍然具有良好的检测性能。当 $P_\mathrm{f} = 0.01$、GSNR $= -10$dB 时，两者分别比 ED 的检测概率高 95%、90%（ $\alpha = 1.5$ ）及 95%、54%（ $\alpha = 1.2$ ）。但随着 α 的继续减小，即当噪声脉冲性进一步增强时，ED-MME 联合检测器性能下降甚至无效，中间性能一度低于改进的 MME 检测器，原因是为了保证整个检测器的虚警率，将降低单个检测器的虚警率，而改进的 ED-MME 联合检测器始终具有良好的检测性能，稳健性强。

（3）针对 ED 在 α 稳定分布噪声下检测性能下降的问题，本节提出了 FLOM 检测器，虽然在 $\alpha < 2$ 时具有优于 ED 的性能，但其检测性能受低阶幂 p 的影响较大，并且在高斯噪声背景下其检测性能甚至低于 ED。因此，FLOM 检测器在实际 α 稳定分布背景噪声下的盲信号检测中受到一定的限制。

试验 5-6　各检测器计算复杂度分析。

虽然联合检测器具有更优异的检测性能，但若其计算复杂度很高，在实际的应用中也将受到限制。因此，通过仿真计算各检测器对每个接收信号的平均检测时长来分析其计算复杂度。其中，各仿真参数设置与试验 5-5 相同。图 5-20（a）～（c）分别为各检测算法平均检测时长随虚警概率、 α 值及 GSNR 的变化。

由图 5-20 的仿真结果可以得出，ED 具有最低的计算复杂度，改进的 MME 检测器与 ED-MME 联合检测器具有最高的计算复杂度，但随着虚警概率与 GSNR 的增大，ED-MME 联合检测器的计算复杂度逐渐下降，甚至当 $P_\mathrm{f} > 0.7$ 时，其计算复杂度与 ED 相同，原因在于此时 ED 在高信噪比与高虚警概率下能够检测到信号。改进的 ED-MME 联合检测器虽然其计算复杂度始终高于 ED 与 MME 检测器，但是比较恒定且在可接受的范围内，此外随着 GSNR 和虚警概率的增大，其计算复杂度出现下降，原因也是只需 ED 即可检测到信号，而不需要后续 MME 检测器的工作。

试验 5-7　实测北极海域噪声的检测算法性能验证。

北极海域实测海洋环境噪声具有非高斯性和时变性，为了验证上述各检测算法的检测性能，利用实测噪声数据进行分析。仿真时将不同信噪比的待测信号加入实测噪声中，分析各检测算法在虚警概率 $P_\mathrm{f} = 0.01$ 时检测性能随 GSNR 的变化。其中，每个噪声数据的样本长度为 1000，样本数 7600 个，待测信号为高斯随机信号，检测门限由样本噪声通过蒙特卡罗方法产生。

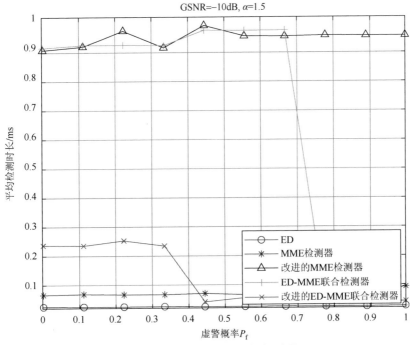

(a) 平均检测时长随虚警概率的变化

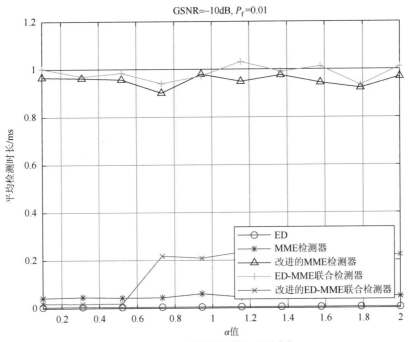

(b) 平均检测时长随α值的变化

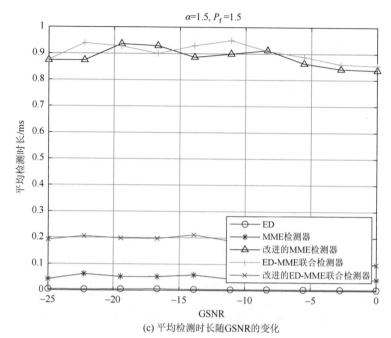

(c) 平均检测时长随GSNR的变化

图 5-20　各检测算法计算复杂度对比

由图 5-21 可知，在实际的海域环境噪声中由于脉冲噪声干扰的存在，ED 性能较差，而提出的各检测器性能均优于 ED。其中，CMF 检测器、CD 与 k-Sigmoid

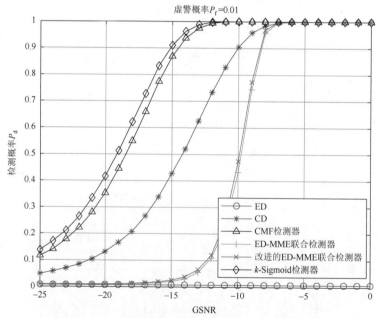

图 5-21　各检测算法在实测海洋环境噪声下的性能验证

检测器具有更高的检测性能，这是由于这三个检测器结合了匹配滤波思想，利用了待测信号的相关信息（即假设待测信号已知）。而 ED-MME 联合检测器及改进的 ED-MME 联合检测器是盲信号检测，不依赖噪声统计特性和待测信号的先验信息。

5.2　冰源噪声下线谱增强方法

水中运动目标所辐射噪声包括宽带连续谱噪声及线谱噪声[23]，线谱分量比连续谱分量更稳定，利用此类噪声特性进行目标检测有助于提高被动检测的正确率。如第 4 章所述，北极环境噪声具有非高斯、非平稳性，因此，需要解决北极冰源强冲击脉冲造成的低信噪比噪声下的线谱增强难题。本节首先介绍常规自适应线谱增强和稀疏约束线谱增强原理，针对北极特殊的噪声场背景，基于最小平均 p 范数误差（Least Mean p-Power，LMP），本节介绍两种适用于北极冰源噪声环境的线谱增强算法，最后进行仿真和试验验证。

5.2.1　自适应线谱增强原理

自适应线谱增强（Adaptive Line Enhancer，ALE）是提高目标检测能力的一种重要预处理手段[24, 25]，在水声、语音、生物医学信号处理等方面应用广泛[26-28]。ALE 针对被噪声污染的单频信号分量进行处理，可以提高处理后的输出信噪比，令目标特征更加明显可分辨，进而可以提高目标的检测概率。

在线谱增强与目标检测方法研究方面，Widrow 等[29]在研究自适应线性元素时提出最小均方（Least Mean Square，LMS）方法，并于 1975 年提出自适应噪声抑制的概念，使用输入信号的时延作为参考信号，基于 LMS 准则进行自适应滤波以实现噪声抑制。滤波器系数更新基于最小均方误差（Minimum Mean Square Error，MMSE）准则，根据输出的 MMSE 进行动态调整。滤波器利用噪声的不相关性与单频分量的相关性，使输出信号中的噪声得到抑制。常规 ALE 通过 LMS 实现，不同的 ALE 算法在滤波器系数更新方式上有所区别与改进[30-32]。考虑到单频分量在频域具有稀疏性，可知滤波器系数的幅频响应也是稀疏的，因此基于此频域稀疏先验信息的 ALE 算法被提出，以提高线谱增强性能[33, 34]。稀疏类 ALE 算法结合不同范数对代价函数进行稀疏约束，在信噪比增益、分辨率方面均优于常规 ALE 算法[35]。

1. 常规自适应线谱增强

线谱增强是一种通过自适应滤波实现有用信号增强的方法。时域的常规自适应线谱增强器（Conventional ALE，CALE）计算复杂度低，但结果分辨率不高。图 5-22 是自适应线谱增强工作原理图，主要基于 LMS 算法实现计算过程。输入信号是被噪声污染的单频信号，参考信号是输入信号的时延，参考信号经过滤波器处理后产生一个滤波器输出信号，将输出信号与输入信号之间误差的平方作为代价函数来调节滤波器系数，根据噪声之间不相关、信号之间相关的原理，最终得到噪声抑制后的输出信号。

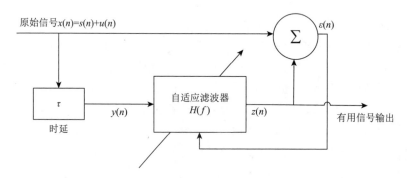

图 5-22　自适应线谱增强工作原理图

在离散时刻 n，假设原始信号为 $x(n)=s(n)+u(n)$，其中，$s(n)=\sum_{m=0}^{M}A_m\sin(2\pi f_m n+\varphi_m)$，表示 M 个单频信号的混合形式；$u(n)$ 是叠加的高斯白噪声；$x(n)$ 经过时延后的参考信号为 $y(n)=x(n-n_0)$，经过自适应滤波器处理后输出信号为 $z(n)$，与原始信号之间的误差为 $\varepsilon(n)$。输入输出的关系可以表示为

$$z(n)=w(n)^{\mathrm{T}}x(n-n_0) \tag{5-55}$$

$$\varepsilon(n)=z(n)-x(n) \tag{5-56}$$

因此可得代价函数为

$$J(n)=E(|\varepsilon(n)|^2) \tag{5-57}$$

利用最速下降法可以由代价函数求得滤波器的权系数为

$$w(n+1)=w(n)+2\mu\varepsilon(n)x(n-n_0) \tag{5-58}$$

式中，μ 为步长因子。由于 LMS 算法对均方误差进行了估计，因此滤波器权系数有一定的稳态误差。

2. 稀疏自适应线谱增强

考虑到线谱分量在频域是稀疏的，因此滤波器的权系数向量在频域也应具有稀疏性，据此可在频域对常规 ALE 算法进行权系数的优化，将频域加权向量的稀疏范数约束与 ALE 算法相结合，利用稀疏的先验信息提高 ALE 算法对线谱信号的增强效果，称为稀疏自适应线谱增强（Sparse ALE，SALE）。

图 5-23 是稀疏 SALE 算法的工作框图，基于 LMS 算法实现频域的线谱增强。假设滤波器的阶数为 M，则输入序为 $\boldsymbol{x}(n) = (x(n), x(n-1), \cdots, x(n-M+1))^{\mathrm{H}}$，$\boldsymbol{F}$ 为离散傅里叶算子，可以表示为

$$\boldsymbol{F} = \frac{1}{\sqrt{L}} \begin{bmatrix} 1 & 1 & \cdots & 1 \\ 1 & \mathrm{e}^{-\mathrm{j}\frac{2\pi}{L}} & \cdots & \mathrm{e}^{-\mathrm{j}\frac{2\pi(L-1)}{L}} \\ \vdots & \vdots & \ddots & \vdots \\ 1 & \mathrm{e}^{-\mathrm{j}\frac{2\pi(L-1)}{L}} & \cdots & \mathrm{e}^{-\mathrm{j}\frac{2\pi(L-1)^2}{L}} \end{bmatrix} \tag{5-59}$$

由于 $\boldsymbol{F}^{\mathrm{H}}\boldsymbol{F} = \boldsymbol{I}$，所以滤波器的输出可以表示为

$$\begin{aligned} \boldsymbol{y}(n) &= \boldsymbol{w}^{\mathrm{T}}(n)\boldsymbol{x}(n-n_0) \\ &= \boldsymbol{w}^{\mathrm{T}}(n)\boldsymbol{F}^{\mathrm{H}}\boldsymbol{F}\boldsymbol{x}(n-n_0) \\ &= \boldsymbol{w}_{\mathrm{F}}^{\mathrm{H}}\boldsymbol{x}_{\mathrm{F}} \end{aligned} \tag{5-60}$$

式中，$\boldsymbol{w}_{\mathrm{F}} = \boldsymbol{F}\boldsymbol{\omega}$ 为滤波器系数的频域形式，是待更新的频域滤波器系数；$\boldsymbol{x}_{\mathrm{F}} = \boldsymbol{F}\boldsymbol{x}(n-n_0)$ 为延迟序列的 FFT 结果。

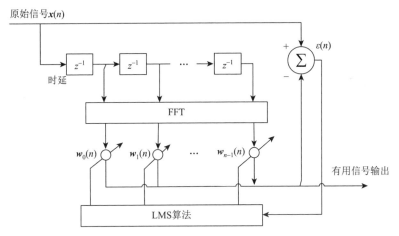

图 5-23　稀疏 SALE 算法的工作框图

关于代价函数的约束，广泛使用的范数有 l_0 范数和 l_1 范数，l_0 范数代表序列中非零元素的个数，l_1 范数代表序列各元素绝对值之和的平均值。由于 l_0 范数的求解是 N-P 难问题，l_1 范数是 l_0 范数的最优凸近似，因此 l_1 范数可以被用作 l_0 范数的近似求解。因此算法代价函数中稀疏范数约束部分可以表示为稀疏滤波器系数的 l_1 正则化 $k \| \boldsymbol{w}_{\mathrm{F}}(n) \|_1$，代价函数可以表示为

$$J(n) = \varepsilon^2(n) + k\| \boldsymbol{w}_{\mathrm{F}}(n)\|_1 \qquad (5\text{-}61)$$

代价函数 $J(n)$ 对 $\boldsymbol{w}_{\mathrm{F}}^*(n)$ 进行求导，可得

$$\nabla_{\boldsymbol{w}_{\mathrm{F}}^*(n)} J(n) = \nabla_{\boldsymbol{w}_{\mathrm{F}}^*(n)}\varepsilon^2(n) + k\nabla_{\boldsymbol{w}_{\mathrm{F}}^*(n)}\| \boldsymbol{w}_{\mathrm{F}}(n)\|_1 \qquad (5\text{-}62)$$

因此分别求解可得

$$\nabla_{\boldsymbol{w}_{\mathrm{F}}^*(n)}\varepsilon^2(n) = 2\mu\varepsilon(n)\boldsymbol{x}_{\mathrm{F}}(n) \qquad (5\text{-}63)$$

$$k\nabla_{\boldsymbol{w}_{\mathrm{F}}^*(n)}\| \boldsymbol{w}_{\mathrm{F}}(n)\|_1 = k\,\mathrm{sgn}(\boldsymbol{w}_{\mathrm{F}}(n)) \qquad (5\text{-}64)$$

得到滤波器系数的更新公式为

$$\boldsymbol{w}_{\mathrm{F}}(n+1) = \boldsymbol{w}_{\mathrm{F}}(n) + 2\mu\varepsilon(n)\boldsymbol{x}_{\mathrm{F}}(n) + k\,\mathrm{sgn}(\boldsymbol{w}_{\mathrm{F}}(n)) \qquad (5\text{-}65)$$

5.2.2　冰源噪声下自适应线谱增强

在冰层所产生的冲击噪声影响下，ALE 算法的性能下降，无法实现线谱增强的效果[36,37]。剧烈的短脉冲噪声使得噪声概率密度函数出现明显的拖尾效应，比起高斯分布，这类噪声与 α 稳定分布模型更为拟合，而服从 α 稳定分布的随机过程不具有二阶矩和高阶统计量，因此 ALE 算法无法通过 LMS 滤波器达到线谱增强的目的。幅值很高的噪声提高了估计信号与实际信号之间的误差，导致以平方误差进行计算的代价函数远离了正常标准，因此基于该代价函数得到的滤波器系数急剧变化，导致算法性能衰退。针对这一问题，文献[38]和[39]提出基于 LMP 的自适应滤波器，以抑制噪声影响，并将其应用于心电信号、语音信号等的降噪处理。为了提高线谱增强算法在冰裂噪声干扰下的信号增强性能，根据 LMP 准则重新构造代价函数，改进滤波器系数的更新方式，结合 SALE 算法提高分辨率，获得频域稀疏的滤波器系数，达到在非高斯噪声背景下进行线谱增强的目的。

1. p 范数自适应线谱增强

p 范数自适应线谱增强（p-Norm ALE，PALE）的流程图如图 5-24 所示。根据 LMP 准则，滤波器输出信号与原始输入信号之间的误差大小可以用 p 阶距来表示，代价函数可以表示为

$$J(n) = E(|\varepsilon(n)|^p \,\mathrm{sgn}(\varepsilon(n))) \qquad (5\text{-}66)$$

式中，p 是一个正数，表示为 FLOM 的阶数，满足 $0 < p < 1$。

同样令代价函数最小化，可以获得优化的滤波器系数：

$$\boldsymbol{w}(n+1)=\boldsymbol{w}(n)+\mu\,|\,\varepsilon(n)\,|^{p-1}\,\mathrm{sgn}(\varepsilon(n))\boldsymbol{x}(n-n_0) \tag{5-67}$$

式中，μ 为一个常数。

在非高斯环境下，PALE 对噪声抑制更有效。但是 PALE 没有考虑到信号的稀疏性，因此性能仍有待提高。

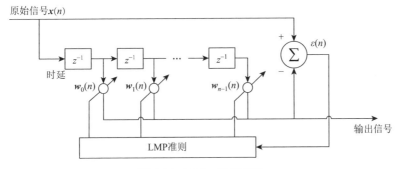

图 5-24　PALE 的流程图

2. p 范数稀疏自适应线谱增强

在 PALE 基础上，将稀疏的先验条件加入代价函数中，形成 p 范数稀疏自适应线谱增强（p-Norm Sparse ALE，PSALE），其工作框图如图 5-25 所示。代价函数可以重新表示为

$$J(n)=E(|\,\varepsilon(n)\,|^{p})+k\,\|\,\boldsymbol{w}_{\mathrm{F}}(n)\,\|_1 \tag{5-68}$$

求代价函数 $J(n)$ 关于 $\boldsymbol{w}_{\mathrm{F}}^{*}(n)$ 的梯度：

$$\nabla_{\boldsymbol{w}_{\mathrm{F}}^{*}(n)}J(n)=\nabla_{\boldsymbol{w}_{\mathrm{F}}^{*}(n)}E(|\,\varepsilon(n)\,|^{p})+k\nabla_{\boldsymbol{w}_{\mathrm{F}}^{*}(n)}\|\,\boldsymbol{w}_{\mathrm{F}}(n)\,\|_1 \tag{5-69}$$

因此分别求解可得

$$\nabla_{\boldsymbol{w}_{\mathrm{F}}^{*}(n)}E(|\,\varepsilon(n)\,|^{p})=p\,|\,\varepsilon(n)\,|^{p-1}\,\mathrm{sgn}(\varepsilon(n))(-\boldsymbol{x}_{\mathrm{F}}(n)) \tag{5-70}$$

$$k\nabla_{\boldsymbol{w}_{\mathrm{F}}^{*}(n)}\|\,\boldsymbol{w}_{\mathrm{F}}(n)\,\|_1=k\,\mathrm{sgn}(\boldsymbol{w}_{\mathrm{F}}(n)) \tag{5-71}$$

则滤波器系数的更新公式为

$$
\begin{aligned}
\boldsymbol{w}_{\mathrm{F}}(n+1)&=\boldsymbol{w}_{\mathrm{F}}(n)+p\,|\,\varepsilon(n)\,|^{p-1}\,\mathrm{sgn}(\varepsilon(n))(-\boldsymbol{x}_{\mathrm{F}}(n))+k\,\mathrm{sgn}(\boldsymbol{w}_{\mathrm{F}}(n))\\
&=\boldsymbol{w}_{\mathrm{F}}(n)+\mu\,|\,\varepsilon(n)\,|^{p-1}\,\mathrm{sgn}(\varepsilon(n))\boldsymbol{x}_{\mathrm{F}}(n)+k\,\mathrm{sgn}(\boldsymbol{w}_{\mathrm{F}}(n))
\end{aligned} \tag{5-72}
$$

式中，μ 为步长因子，用于调节算法的收敛速度。当 $p=2$ 时，LMP 算法退化为 LMS 算法；当 $p=1$ 时，LMP 算法退化为符号算法。由于 p 阶距可以有效地抑制脉冲噪声，因此 LMP 算法比 LMS 算法更适合处理非高斯噪声下的数据。

式（5-72）中最后一项为迫零项，滤波器系数中的噪声部分将被抑制掉，从而保留稀疏部分。k 的取值影响迫零项对非稀疏部分的抑制能力。太小的 k 无法使迫零项起作用，过大的 k 将会导致与线谱频率相关的稀疏成分被抑制，算法本身可能失效。因此，必须选择适合的 k 值才能达到有效的噪声抑制。

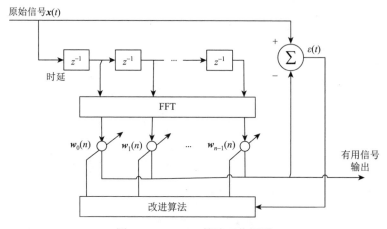

图 5-25　PSALE 算法工作框图

5.2.3　性能验证

1. 仿真验证

下面比较上面提到的几种 ALE 算法（CALE、PALE、SALE、PSALE）的线谱增强性能。在这里，使用 α 稳定分布来拟合并生成冰裂噪声。

首先比较在单条线谱情况下不同 ALE 算法的性能。原始输入信号为 192Hz 的单频信号与脉冲噪声的叠加，采样频率为 2000Hz，信号长度为 200s，GSNR 为–11dB。其中，GSNR 与高斯分布下的计算方式不同，假设噪声为 $n[k]$，未受噪声污染的信号为 $x[k]$，信号长度为 K，信号功率为 $P_x = \dfrac{1}{K}\sum\limits_{k=1}^{K} x[k]^2$，$n[k] \sim S_\alpha(\beta,\gamma,\delta)$，则 GSNR 可以表示为

$$\text{GSNR} = 10\lg\left(\frac{P_x}{\gamma^\alpha}\right) \tag{5-73}$$

不同 ALE 算法仿真结果比较如图 5-26 所示，其中，各个 ALE 算法的参数设置如表 5-1 所示。图 5-26（a）为原始信号的 LOFAR 图，可以明显地看出噪声中能量较强的脉冲对线谱信号的干扰现象，原始信号的 LOFAR 图几乎无法检测出线谱的存在。使用 CALE 算法及 SALE 算法对原始信号进行处理，结果如图 5-26（b）和（c）所示，处理后的信号信噪比有所提高，但每一个强脉冲噪声的出现都会使算法效果变得更差。可见，当在原始信号的 LOFAR 图看不到线谱存在时，CALE 算法也不能利用 LMS 算法通过自适应滤波处理出线谱，且 CALE 算法受到强脉

冲的影响导致性能衰退。使用 PALE 算法和 PSALE 算法进行处理，处理后的信号
LOFAR 图如图 5-26（d）和（e）所示，可以发现，在处理后的结果中，三个单频
信号均被检测到，但谱图中仍存在一些较强脉冲噪声的干扰并且无法被消除。

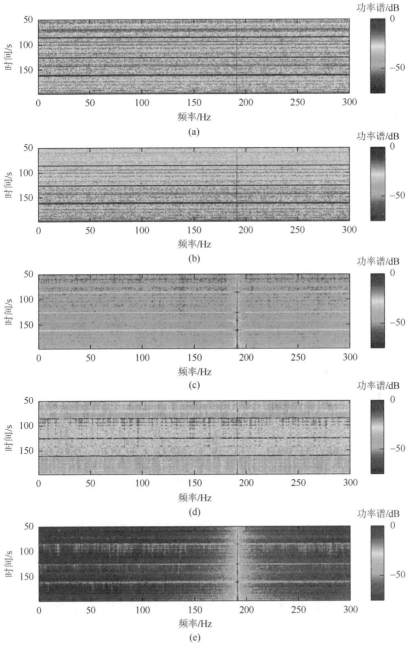

图 5-26　不同 ALE 算法仿真结果比较

表 5-1　各个 ALE 算法的参数设置

参数	ALE 算法			
	CALE 算法	PALE 算法	SALE 算法	PSALE 算法
μ	10^{-10}	10^{-10}	5×10^{-7}	2×10^{-9}
p	—	1.2	—	1.15
k	—	—	9×10^{-14}	2×10^{-10}

为了评估 PALE、SALE 与 PSALE 算法相较 CALE 算法的性能提升情况，表 5-2 给出了不同 ALE 的信噪比增益。其中，输入的 GSNR 分别为-12dB、-9dB、-6dB、-3dB 和 0dB。每个信噪比下进行了 10 次重复计算并取平均结果，信号长度为 200s。从结果可以看出，本节所提 PSALE 算法始终具有最高的信噪比增益。

表 5-2　不同 ALE 算法的信噪比增益

GSNR/dB	ALE 算法		
	PALE 算法	SALE 算法	PSALE 算法
-12	16.8	9.3	19.6
-9	15.9	10.6	16.7
-6	9.6	7.4	9.7
-3	7.4	4.7	4.2
0	3.9	3.4	4.0

对于原始信号中有三个窄带信号的情况，给定窄带信号频率分别为 86Hz、135Hz、192Hz，信号长度为 300s，信号采样频率为 2000Hz，给定的广义信噪比为-10dB。使用 CALE 算法、PALE 算法、SALE 算法、PSALE 算法对仿真信号进行处理，其参数设置如表 5-3 所示。

表 5-3　不同 ALE 算法的参数设置 1

参数	CALE 算法	PALE 算法	SALE 算法	PSALE 算法
μ	10^{-12}	10^{-6}	5×10^{-10}	2×10^{-17}
p	—	1.2	—	1.15
k	—	—	9×10^{-11}	2×10^{-18}

原始信号的 LOFAR 图及经过四种 ALE 算法处理的 LOFAR 图如图 5-27 所示。从上往下分别是原始 LOFAR 图及 CALE 算法、PALE 算法、SALE 算法、PSALE 算法的处理结果。在原始 LOFAR 图中几乎看不到三条线谱的存在。图 5-27（b）、

图 5-27（d）分别为 CALE 算法、SALE 算法的处理结果，线谱增强不明显。
图 5-27（c）、图 5-27（e）分别为 PALE 算法和 PSALE 算法的处理结果，线谱
增强明显，说明 LMP 算法比 LMS 算法具有更好的噪声抑制能力。PALE 算法、
SALE 算法、PSALE 算法的输出信噪比分别比 CALE 算法的输出信噪比提高
了 13.6dB、8.2dB、17.1dB，说明 PSALE 算法具有最好的处理结果。

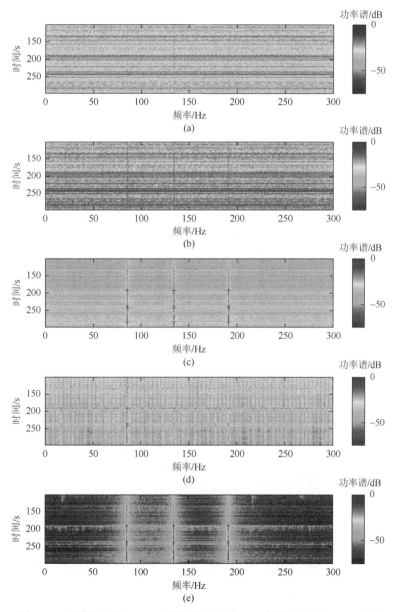

图 5-27　原始信号的 LOFAR 图及经过四种 ALE 算法处理的 LOFAR 图

2. 北极实测噪声数据验证

本节使用北极考察中所记录的环境噪声数据对 PSALE 算法、CALE 算法、PALE 算法、SALE 算法进行性能验证与比较。采用深度为 95m 的潜标所记录的北极环境噪声数据，采样频率为 4kHz。实测冰下噪声数据时域波形及其时频图如图 5-28 和图 5-29 所示。结果表明，强脉冲噪声部分并非分布在各个频段。因此，将噪声进行平均化处理后，分别对不同频段的噪声进行 α 稳定分布的参数拟合，以判断

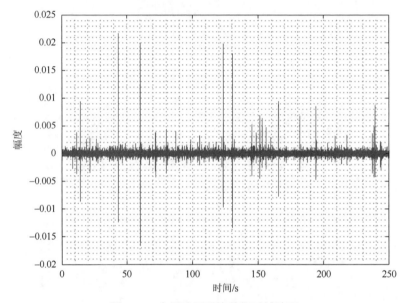

图 5-28　实测冰下噪声数据时域波形

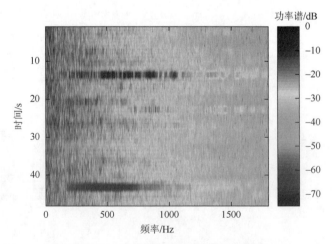

图 5-29　实测冰下噪声数据的时频图

不同频段内噪声的非高斯性及其强弱。频段宽度为 50Hz，α 稳定模型对不同频段噪声的拟合结果如图 5-30 所示，可见，当频率低于 500Hz 及频率大于 1000Hz 时决定拖尾厚度的 α 参数值较高，脉冲的冲激性较弱。当频率为 500～1000Hz 时 α 参数位于 1.7 附近，在此参数范围内的随机分布拖尾更厚重，非高斯性更强。

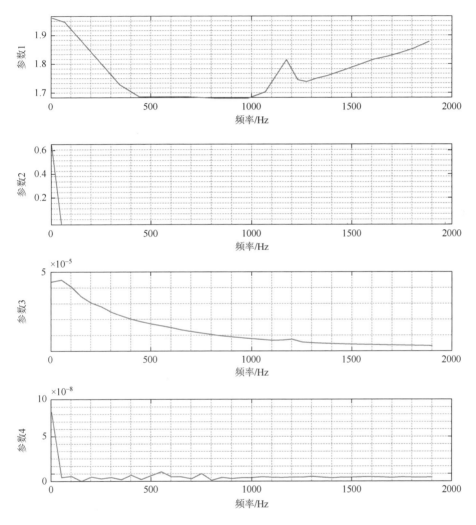

图 5-30　α 稳定模型对不同频段噪声的拟合结果

选择噪声频段为 650～850Hz，向该频段噪声中添加一定功率的窄带信号。首先讨论只有一个窄带信号的情况，频率为 750Hz，信号长度为 200s，采样频率为 4000Hz。不同 ALE 算法的参数设置如表 5-4 所示。

表 5-4　不同 ALE 算法的参数设置 2

参数	ALE 算法			
	CALE 算法	PALE 算法	SALE 算法	PSALE 算法
μ	5×10^{-12}	10^{-11}	3×10^{-11}	5×10^{-13}
p	—	1.05	—	1.1
k	—	—	5×10^{-22}	5×10^{-19}

　　图 5-31 为单个窄带信号的处理结果。从原始 LOFAR 图 [图 5-31（a）] 中可以发现窄带信号不是很明显，PSALE 算法和 SALE 算法的处理明显地抑制了背景噪声。PALE 算法、SALE 算法、PSALE 算法的输出信噪比分别比 CALE 算法的输出信噪比提高了 2.5dB、12.2dB、16.4dB，PSALE 算法具有最高的输出信噪比。

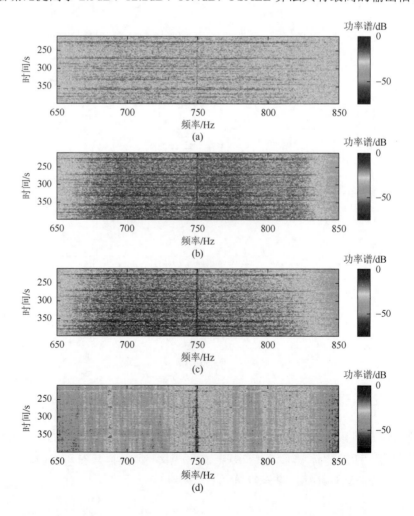

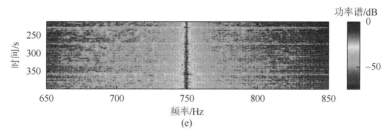

图 5-31　单个窄带信号的处理结果

最后，讨论了三个窄带信号的情况。向环境噪声中添加了三个窄带信号，频率分别是 690Hz、750Hz、810Hz，使用四种 ALE 算法来处理噪声信号，参数设置如表 5-5 所示。

表 5-5　不同 ALE 算法的参数设置 3

参数	ALE 算法			
	CALE 算法	PALE 算法	SALE 算法	PSALE 算法
μ	5×10^{-12}	10^{-11}	3×10^{-8}	5×10^{-13}
p	—	1.05	—	1.1
k	—	—	5×10^{-22}	5×10^{-19}

不同 ALE 算法的处理结果如图 5-32 所示，从上往下分别是原始 LOFAR 图及 CALE 算法、PALE 算法、SALE 算法、PSALE 算法的处理结果。PALE 算法、SALE 算法、PSALE 算法的输出信噪比分别比 CALE 算法的输出信噪比提高了 2.4dB、7.5dB、12.2dB。CALE 算法的处理结果并没有使三条线谱变得明显，PSALE 算法的处理结果最好。

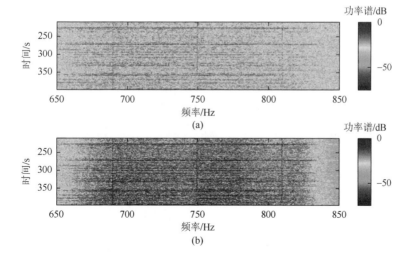

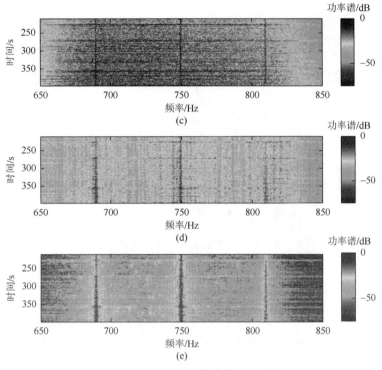

图 5-32　不同 ALE 算法的处理结果

5.3　冰下信道预测及匹配场定位方法

北极海域的半/双声道波导效应，为远程水声探测和声信息传输提供了有力的信道保障。但是，由于冰层复杂的散射特性和对声波的频率选择性，所以远程声场传播频散和多途结构异常复杂。冰下水声信道的时变、空变特性造成声信号幅度和相位起伏，最终导致远程水声探测增益下降。因此只有研究北极声信道的特性及与其特征相适配的信号处理理论与方法，才能解决北极及其毗邻海域远程探测问题。考虑到北极海域冰下特殊的声传播和噪声特性，本节首先介绍冰下环境适配的水声信道预测问题，其对应的声线多途结构是声源定位问题的前提条件。然后介绍北极海域冰下环境适配的匹配场定位问题。

5.3.1　冰下信道预测模型

由于北极海域典型的正梯度声速结构，声波在传播时与冰面频繁交互，导致冰下信道多途结构异常复杂。冰下信道特性的分析是冰下水声通信、导航与目标探测研究的前提和关键。本节利用第 3 章构建的基于 Kirchhoff 近似的海冰散射模型，建立了 OASR-Bellhop 耦合模型，对冰下信道多途结构进行预测。最后，本节使用中国第七次北极科学考察水声通信试验数据对北极冰下声信道多途结构进行分析，并与模型预测结果进行对比验证。

1. OASR-Bellhop 耦合模型

射线理论将水下声波的传播过程等效为一条条与波阵面垂直的声线。声线的传播方向就是声能的传播方向，声线的稀疏表示声能量的强弱。声源发出的声信号沿着不同的路径传播，接收点接收的信号是所有本征声线信号的叠加[40]。

通过计算从声源到接收点处本征声线的幅度、相位及时延等参数，可以确定多途信道的冲击响应函数为[41]

$$h(t) = \sum_{i=1}^{N} A_i \delta(t - \tau_i) \tag{5-74}$$

式中，N 为声源到接收点的多径数目；A_i 为每条多径的声压幅度；τ_i 为不同接收路径的时延。如果已知试验海域的声速剖面、声源和接收点的相对位置及海面、海底的形状起伏和声学特性，就可以根据式（5-74）得到信道响应。

Bellhop 模型是典型的射线模型，采用高频近似，在高频时计算速度比较快，非常适合高频传播。Bellhop 模型利用高斯波束追踪法来求解水平非均匀水声信道中的声场，其核心思想是将水下声场中的每一条声线和高斯强度的分布联系起来，声线即是高斯声束的中心声线。高斯声束可以较为准确地对焦散线和影区进行近似，得到关于水声信道模型的结论更加准确。在 Bellhop 模型下，声压幅度可以表示为[42]

$$A = \sqrt{\frac{I_0 \cos\theta \, d\theta_0}{r \sin\theta \, dr}} \prod_{i=1}^{N_s} V_{si}(\theta_{si}) \prod_{i=1}^{N_b} V_{bi}(\theta_{bi}) \cdot e^{-\beta s \times 10^{-3}} \tag{5-75}$$

式中，N_s 为海面的反射次数；V_{si} 为第 i 次海面反射系数；θ_{si} 为第 i 次海面反射时声线在海面处的掠射角；N_b 为海底的反射次数；V_{bi} 为第 i 次海底反射系数；θ_{bi} 为第 i 次海底反射时声线在海底处的掠射角；β 为海水介质的吸收系数；s 为声线到达接收点传播的声程。

OASR 模型是 OASES 模型库中的反射系数计算模块，基于 Kirchhoff 近似海冰散射理论，通过波数积分法计算弹性介质粗糙界面的反射系数。将 OASR 模型计算出的反射系数耦合到式（5-75）中，就建立了 OASR-Bellhop 模型。下面使用 OASR-Bellhop 模型计算北极冰下多途结构。在高频条件下，OASR-Bellhop 模型对频率不敏感，因此选择 3500Hz 中心频率来计算声信道多途结构。表 5-6 为中国第七次北极科学考察短期冰站声传播试验海区冰层参数。

表 5-6　中国第七次北极科学考察短期冰站声传播试验海区冰层参数

厚度/m	纵波声速/(m/s)	横波声速/(m/s)	密度/(g/cm³)	纵波衰减/(dB/λ)	横波衰减/(dB/λ)	冰层上粗糙度/m	冰层下粗糙度/m
2.8	2900	1598	0.95	1.0	2.5	0.2	0.8

声源频率为 3500Hz，OASR 模型输出的反射损失曲线如图 5-33 所示。在高频段，声波波长与冰层厚度在数值上处在相同的量级，所以冰层上表面、下表面都会对反射特性产生影响。当掠射角低于 20.46°时（横波临界角），声波在海冰-海水界面发生全反射，反射损失较小；当掠射角较大时，产生了若干的共振峰，反射损失较大。可见，接收端的声能主要由小掠射角的入射声波所贡献。

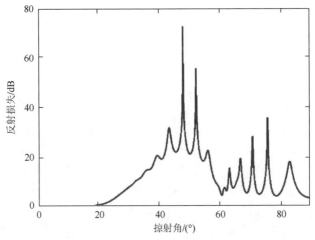

图 5-33　OASR 模型输出的反射损失曲线

图 5-34 为中国第七次北极科学考察试验海域获取的温度、盐度、密度和声速剖面信息。

结合图 5-33 所示的反射特性及图 5-34 所示的声速剖面，用 OASR-Bellhop 模型得到的 40m 深度处的本征声线轨迹和时间到达结构如图 5-35 所示。作为对比，同时给出了自由海面条件下的模型输出结果，如图 5-36 所示。本征声线轨迹图中，蓝色曲线表示仅海面反射的轨迹，绿色表示存在海底反射的轨迹。从图 5-35 中可以看出，本征声线主要有两簇，两簇之间的时延差约为 275ms，根据收发双方位置及海深信息，可以推断两簇分别对应海冰反射路径和海底反射路径。海冰反射路径的多途扩展限制在 14ms 内，强度大于海底反射路径。海冰反射路径可以分为一次海冰反射路径和多次海冰反射路径。由于声速剖面服从正梯度分布，远离冰面处的声线声速比较大，所以，最先到达的为冰面一次反射路径。由于靠近冰面处的声线速度相对较低，声程相对较长，本征声线的到达时间随着冰面反射次数的增加而增大。此外，由于海冰的吸收和散射，靠近冰面的声线遭受的传播损失比较大，但声线较为密集，因此，靠近冰面的声线对应的能量与一次反射路径对应的能量可比拟。海底反射路径同时遭受海底与海冰界面的影响，衰减相对较大、声程较长，多途结构强度较弱且时延扩展较宽。而在自由海面条件下，由于缺乏海冰界面的散射和吸收，多途结构中保留了较多的海面反射路径，导致多途结构比较复杂。

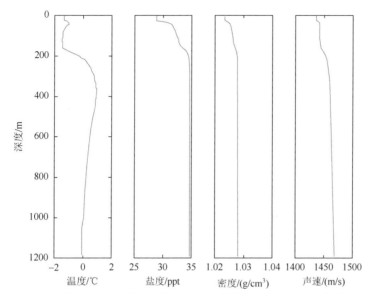

图 5-34　中国第七次北极科学考察试验海域获取的温度、盐度、密度和声速剖面信息

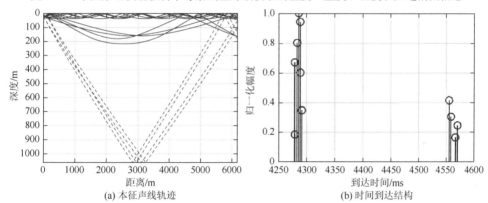

(a) 本征声线轨迹　　　　　　　　　　　(b) 时间到达结构

图 5-35　由 OASR-Bellhop 模型得到的 40m 深度处的本征声线轨迹和时间到达结构（彩图附书后）

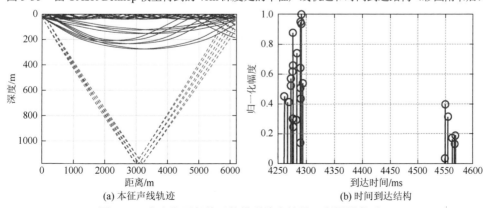

(a) 本征声线轨迹　　　　　　　　　　　(b) 时间到达结构

图 5-36　自由海面条件下的模型输出结果（彩图附书后）

2. 北极海试结果验证

2016 年 8 月 20 日,中国第七次北极科学考察第六次短期冰站作业期间,中国科学院声学研究所开展了北极冰下扩频通信试验。试验位于楚科奇海北纬 $76°15'57'' \sim 76°19'48''$、东经 $179°35'42'' \sim 179°36'18''$ 海域内,根据北极海域国际海底图集(International Bathymetric Chart of the Arctic Ocean,IBCAO)数据库提供的海底地势数据,可知试验收发两端区域的海底地形较为平坦,平均海深为 1152m。

扩频通信试验的收发两端布置如图 5-37 所示。其中,发送端位于雪龙船附近,使用中频通信浮标发送扩频序列,吊放深度为 25m。黄河艇负责接收端作业,采用 6 阵元 IcLisen HF 垂直水听器阵列实时采集声源和噪声数据,垂直阵固定于浮冰表面,阵元间隔为 2m,覆盖冰下 40～50m。声源与接收阵的距离为 6.15km。在试验期间雪龙船和黄河艇均停止了机械作业,避免辐射噪声对接收信号的干扰。

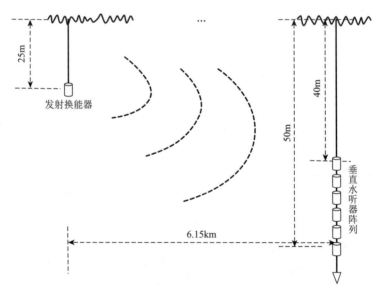

图 5-37　扩频通信试验的收发两端布置

试验位于中国第七次北极科学考察第六次短期冰站,海冰密集度为 7 成。试验期间,科考人员使用海冰探地雷达对海冰物理参数进行了实时测量,包括海冰厚度、密度和电导率等参数。经统计分析可知,试验海域海冰的平均厚度为 2.7m,海冰上表面、下表面的粗糙度分别为 0.2m 和 1.2m。发射换能器为中频通信浮标,选择长度为 512ms、频率为 3～4kHz 的 Chirp 信号,用来估计信道的多途参数及信道响应。

　　由于垂直阵的长度与海深相比较短，选取 40m 接收深度通道 1 的接收数据进行分析。接收信号波形和时频分布如图 5-38 所示。从接收信号时频图中可以看出 LFM 信号接收信噪比较高，且多径干扰比较明显。

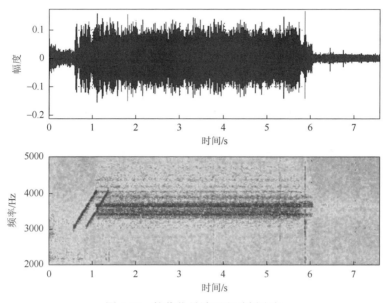

图 5-38　接收信号波形和时频分布

　　使用匹配滤波技术提取信道的多途结构。首先使用匹配滤波技术对 LFM 信号进行了提取，得到的通道 1 阵元接收数据的脉冲压缩结果如图 5-39 所示。从图 5-39 中可以看出，脉冲压缩后信道多途结构比较明显。

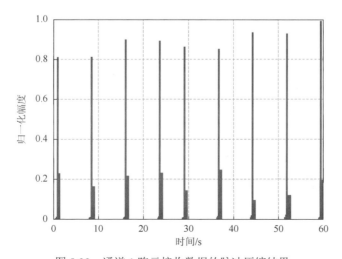

图 5-39　通道 1 阵元接收数据的脉冲压缩结果

为了表征多途结构短时间内的变化特性，选取长度为 500ms 的时延窗，对图 5-39 所示的连续 60s 脉冲压缩结果进行截取和对齐，得到的多途结构时间累积伪彩图如图 5-40 所示。图 5-40（a）为海冰反射路径，图 5-40（b）为海底反射路径。两簇路径之间相差 275ms 左右，根据试验海域海深和收发两端的距离，可以推断第二簇起伏为海底反射信号，这与模型预报结果相吻合。从图 5-40 中可以看出，在 60s 内，冰面反射路径的多途结构都比较稳定。海底路径强度相对较弱且稳定性较差。

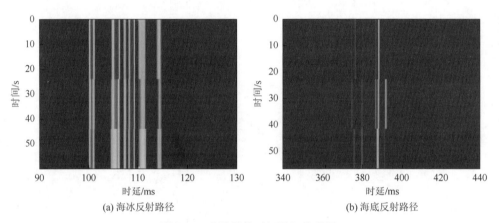

(a) 海冰反射路径　　　　　　　　　　(b) 海底反射路径

图 5-40　多途结构时间累积伪彩图

脉冲压缩 1min 的平均多途信道结构如图 5-41 所示，可以看出，试验区域海冰反射路径的多途结构比较强而且比较稳定，海冰反射路径的多途扩展在 14ms 内。海底反射路径大致有 4 条，与海冰反射路径相比，强度较弱、时延扩展较宽且稳定性差。

3. 预测与试验结果对比

为了验证模型的预报精度，以第一到达路径时间为基准，将图 5-35 所示的模型预测结果与图 5-41 所示的试验结果进行对比。仿真与试验结果对比如图 5-42 所示。结果表明，OASR-Bellhop 模型能够较为准确地对海冰反射路径时延和幅度进行预测。由于缺乏实测的海底底质参数，所以海底反射路径的时延和幅度结果存在预测误差。

5.3.2　冰下匹配场定位方法

匹配场处理是一种广义上的波束形成技术。与传统波束形成不同的是，导向向量或者拷贝场是从声场计算模型中获得的，导向向量充分地利用了声信道信息。与传统波束形成相比，匹配场的优势在于：大多数波束形成算法基于平面波假设，

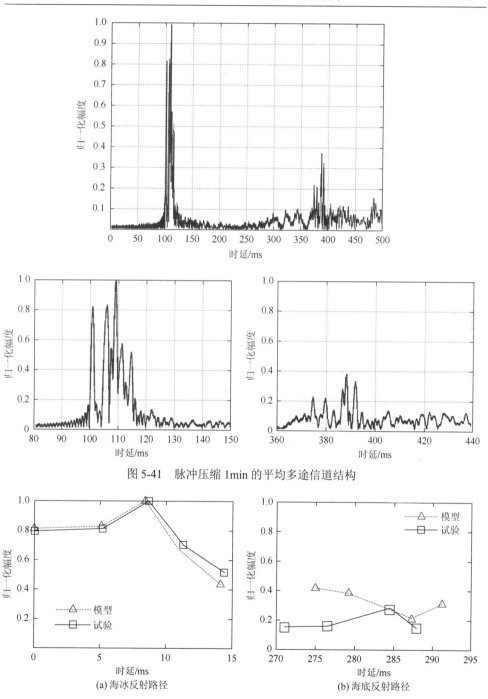

图 5-41　脉冲压缩 1min 的平均多途信道结构

(a) 海冰反射路径

(b) 海底反射路径

图 5-42　仿真与试验结果对比

声传播信道的声速均匀，但是这种假设在大多数海洋信道中得不到满足。特别是在低频条件下，多途信号或者模态之间是相关的，这将进一步降低波束形成的性能。当环境模型匹配时，匹配场处理利用了传播信道所有物理特性，能够达到非常好的性能[43-45]。在北极稳定的半声道/声道波导下，通过对冰下信道特性进行匹配，可以显著地提高信号的处理增益，本节对冰下匹配场定位的原理进行介绍，并利用北极实测数据进行验证。

1. 匹配场原理

如图 5-43 所示，匹配场处理的主要思想是将目标可能存在的海洋区域按距离和深度进行网格化，然后以网格点为假定的声源位置，依据实测海洋环境参数与声场理论模型计算接收阵获取的声场（拷贝场）。将基阵实际接收到的声场（测量场）与拷贝场进行匹配相关处理，构造相关模糊平面，寻找与测量场最佳匹配的拷贝场。模糊平面最大值对应的深度和距离就是声源的位置[46]。

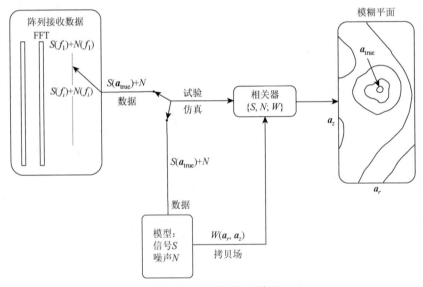

图 5-43 匹配场处理原理

1) 常规匹配场

在实际的阵元接收数据里面，阵元的快拍数目为 N_{sp}，时域的阵列协方差矩阵可以表示为[47]

$$\begin{cases} \boldsymbol{K} = \dfrac{1}{N_{sp}} \sum_{n=1}^{N_{sp}} \boldsymbol{x}(n)\boldsymbol{x}^{H}(n) \\ \boldsymbol{x}(n) = [s_1(n), s_2(n), \cdots, s_N(n)]^{H} \end{cases} \tag{5-76}$$

使用导向向量 $\boldsymbol{w}(\boldsymbol{a})$ 代表模型计算出的频域拷贝场，$\boldsymbol{a}$ 代表声源位置向量，常规匹配场相关器可以表示为

$$B_{\mathrm{CMFP}}(\boldsymbol{a}) = \boldsymbol{w}^{\mathrm{H}}(\boldsymbol{a})\boldsymbol{K}\boldsymbol{w}(\boldsymbol{a}) \tag{5-77}$$

2）最小方差法

最小方差（Minimum Variance，MV）法的原理是在保持感兴趣位置信号通过的前提下，抑制其他方向的信号，这样，最后的处理器输出的信噪比达到最优[48]。最终的处理器输出可以表示为

$$B_{\mathrm{MVMFP}}(\boldsymbol{a}) = \frac{1}{\boldsymbol{w}^{\mathrm{H}}(\boldsymbol{a})\boldsymbol{K}^{-1}\boldsymbol{w}(\boldsymbol{a})} \tag{5-78}$$

3）多重约束处理算法

多重约束处理（Multiple ConstrInts Matching，MCM）算法的推导过程与最小方差法非常相似，其不同点在于最小方差法考虑的是单点声源产生的声场，而 MCM 利用线性约束方法，通过在距离-深度平面内设置多个邻域点来确保在环境失配时，主瓣能够达到近似于 Bartlett 处理器，旁瓣能够达到近似于 MV 处理器的处理效果。在提高距离-深度分辨率的同时，又具有抵抗环境失配的效果。MCM 相关器可以表示为[49]

$$R_{\mathrm{MCM}}(\boldsymbol{a}) = \frac{\boldsymbol{c}^{\mathrm{H}}[\boldsymbol{W}^{\mathrm{H}}(\boldsymbol{a})\boldsymbol{K}^{-1}\boldsymbol{W}(\boldsymbol{a})]^{-1}\boldsymbol{c}}{\boldsymbol{c}^{\mathrm{H}}[\boldsymbol{W}^{\mathrm{H}}(\boldsymbol{a})\boldsymbol{W}(\boldsymbol{a})]^{-1}\boldsymbol{c}} \tag{5-79}$$

式中，$\boldsymbol{W}$ 为空间约束矩阵；$\boldsymbol{c} = \boldsymbol{W}^{\mathrm{H}}\boldsymbol{w}(\boldsymbol{a})$，为约束向量。

在实际的处理中，约束位置和约束值的选择是一个值得研究的问题。在匹配场处理算法的距离-深度搜索网格内，距离间隔一般约为几十个波长，当距离约束间隔选取得比较大时，可能会漏掉声源的真实位置。约束值的选取要满足搜索网格宽容性的原则。当约束值取 1 时，这样的约束太强，并且不适合水下声传播问题。因此，选择 Bartlett 处理器主瓣宽度内的点作为约束点，约束值保持 Bartlett 处理器的权值，而在 Bartlett 处理器主瓣宽度外的点，则被视为噪声进行抑制。当所有的约束点选在 Bartlett 波束主瓣的宽度内时，MCM 的主瓣形状与约束点的间隔无关，因此，为了降低计算量，常常选择以搜索位置为中心的四个邻域点为约束点，即点 $(r \pm \Delta r, z \pm \Delta z)$。

$$c_j = \boldsymbol{w}^{\mathrm{H}}(\boldsymbol{a}_1)\boldsymbol{w}(\boldsymbol{a}_j), \quad j = 1,2,\cdots,5 \tag{5-80}$$

4）子空间法

子空间法[50, 51]就是 MUSIC 方法，根据模态方程的表示形式，与 DOA 估计的信号模型进行类似对比，得到匹配场的子空间形式。格林函数的空间形式表示为

$$\boldsymbol{p}(\theta_T, \omega_k) = \boldsymbol{A}(\omega_k)\boldsymbol{x}(\theta_T, \omega_k) \tag{5-81}$$

式中，$\boldsymbol{A}(\omega_k)$ 表示的是简正波深度函数矩阵，维度为 $L \times M_k$，L 为阵元个数，M_k 为频率 ω_k 对应的模态个数；$\boldsymbol{x}(\theta_T, \omega_k)$ 为模态幅度向量，包含了声源模态函数及单个模态的衰减，可以表示为

$$x_m(\theta_T, \omega_k) = \frac{a_m(z_T, \omega_k)}{\sqrt{k_m(\omega_k)r_T}} \exp(-\partial_m(\omega_k)r_T + \mathrm{i}k_m(\omega_k)r_T) \tag{5-82}$$

假设阵元的接收信号长度为 T_r，分成 N 个 snapshot，每个 snapshot 包含 $2K$ 个点，则关系为 $T_r = 2NKT_s$，对每个 snapshot 进行傅里叶变换，则频域接收信号可以表示为

$$y_n(\theta_T, \omega_k) = b_n(\omega_k) \boldsymbol{A}(\omega_k) \boldsymbol{x}(\theta_T, \omega_k) + \boldsymbol{\varepsilon}(\omega_k) \qquad (5\text{-}83)$$

式中，$n = 1, 2, \cdots, N$，表示不同的 snapshot；$b_n(\omega_k)$ 表示 n 时刻发射信号的频域信息。

首先计算信号的协方差矩阵，$\hat{\boldsymbol{R}}_y = \dfrac{1}{N} \sum_{n=1}^{N} y_n y_n^{\mathrm{H}}$，做多个 snapshot 的时间平均。

对协方差矩阵做特征值分解：

$$\hat{\boldsymbol{R}}_y = \boldsymbol{E} \boldsymbol{\varLambda} \boldsymbol{E}^{\mathrm{H}} \qquad (5\text{-}84)$$

式中，$\boldsymbol{E}$ 为特征向量；$\boldsymbol{\varLambda}$ 为对应的特征值对角矩阵。

在 $\boldsymbol{\varLambda}$ 中寻找最大的 M_k 个特征值，其对应的特征向量 $\boldsymbol{E}_{M_k} = \{e_1, \cdots, e_{M_k}\}$，代表模态子空间，而 $\boldsymbol{E}_{L-M_k} = \{e_{M_k+1}, \cdots, e_L\}$ 代表噪声子空间。当拷贝场对应的位置为真实的声源位置时，拷贝场与噪声子空间是正交的。因此，构造深度-距离估计算子[51]：

$$RD(\theta, w_k) = \dfrac{1}{|\boldsymbol{E}_{L-M_k} \boldsymbol{E}_{L-M_k}^{\mathrm{H}} \boldsymbol{p}(\theta, \omega_k)|^2} \qquad (5\text{-}85)$$

5）宽带非相干处理算法

宽带匹配场处理器可以充分利用接收信号频带内的有用信息，通过各子带的处理，使得各子带模糊平面主瓣区域的能量得到累加，而旁瓣区域内的能量平滑衰减，进而整体提高匹配场定位精度。常使用的是宽带非相干（Broadband Incoherent）处理，其具有良好的抗环境失配的性能[52]：

$$B'_{\text{inc-MFP}}(\boldsymbol{a}) = \dfrac{1}{M} \sum_{l=1}^{L} B_{\text{MFP}}(f_l, \boldsymbol{a}) \qquad (5\text{-}86)$$

6）宽带相干处理算法

宽带非相干处理算法仅仅利用了接收信号频带内各子带自身（Auto-Frequency）的信息，而没有考虑各子带频率间（Cross-Frequency）的信息。为了进一步提高宽带匹配场处理性能，宽带相干（Broadband Coherent）处理方法应运而生。常用的宽带相干处理算法使用了超级矩阵[53]的概念。假设有 K 个频率，则 M 阵元垂直阵接收数据的频域可以表示为[54]

$$\begin{cases} \boldsymbol{y} = [\boldsymbol{y}^{\mathrm{T}}(f_1), \boldsymbol{y}^{\mathrm{T}}(f_2), \cdots, \boldsymbol{y}^{\mathrm{T}}(f_K)]^{\mathrm{T}} \\ \boldsymbol{y}(f_k) = [y_1(f_k), y_2(f_k), \cdots, y_M(f_k)]^{\mathrm{T}}, \quad k = 1, 2, \cdots, K \end{cases} \qquad (5\text{-}87)$$

假设声源位于 a_0 位置，定义复合矩阵 $\boldsymbol{H}(a_0)$，其对角线的元素为声源位置到接收位置的信道响应 $\boldsymbol{h}(f_k, a_0) = [h_1(f_k, a_0), h_2(f_k, a_0), \cdots, h_M(f_k, a_0)]^{\mathrm{T}}$。

$$H(a_0) = \begin{bmatrix} h(f_1, a_0) & 0 & \cdots & 0 \\ 0 & h(f_2, a_0) & \cdots & 0 \\ \vdots & \vdots & & \vdots \\ 0 & 0 & \cdots & h(f_K, a_0) \end{bmatrix} \quad (5\text{-}88)$$

因此，$H(a_0)$ 的维度为 $M \times K \times K$，接收端的数据可以表示为

$$\begin{cases} y = H(a_0)s \\ s = [s(f_1), s(f_2), \cdots, s(f_K)]^T \end{cases} \quad (5\text{-}89)$$

式中，s 为声源幅度。对应的数据协方差矩阵为

$$C = \begin{bmatrix} y(f_1)y^H(f_1) & y(f_1)y^H(f_2) & \cdots & y(f_1)y^H(f_M) \\ y(f_2)y^H(f_1) & y(f_2)y^H(f_2) & \cdots & y(f_2)y^H(f_M) \\ \vdots & \vdots & & \vdots \\ y(f_M)y^H(f_1) & y(f_M)y^H(f_2) & \cdots & y(f_M)y^H(f_M) \end{bmatrix} \quad (5\text{-}90)$$

从 C 的表达式可以看出，对角线上的元素为频率间的自相关矩阵，非对角线上的元素为频率间的相关矩阵。

$$C(i,j) = \begin{cases} |s(f_i)|^2\, h(f_i)h^H(f_i), & i = j \\ s(f_i)s^*(f_j)h(f_i)h^H(f_j), & i \neq j \end{cases} \quad (5\text{-}91)$$

宽带相干处理算法对应的 Bartlett 和 MV 处理方法的权向量如下：

$$\begin{cases} w_{\text{bart}} = [w^T_{\text{bart}}(f_1), w^T_{\text{bart}}(f_2), \cdots, w^T_{\text{bart}}(f_K)]^T \\ w_{\text{mv}} = [w^T_{\text{mv}}(f_1), w^T_{\text{mv}}(f_2), \cdots, w^T_{\text{mv}}(f_K)]^T \end{cases} \quad (5\text{-}92)$$

式中，$w_{\text{bart}}(f_K)$ 和 $w_{\text{mv}}(f_K)$ 分别代表 Bartlett 和 MV 处理方法在频率为 f_K 时的权向量。

2. 冰下匹配场的应用

1）北极典型信道下的仿真

首先，使用中国第七次北极科学考察短期冰站期间获得的声速结构进行北极冰下匹配场定位仿真分析。声速剖面如图 5-44（a）所示，可见存在微弱的双轴声道现象。假设声源频率为 100Hz，深度为 100m，使用 OASR-Krakenc 计算出的传播损失伪彩图如图 5-44（b）所示，可以看出，在 200m 深度内半声道和双声道效应较为明显。

假设垂直阵由 17 个水听器组成，等间隔覆盖 10～810m 深度，海洋环境噪声为高斯白噪声，信噪比为−10dB，分别使用 Bartlett 方法和 MV 方法进行匹配场定位研究。得到的匹配场模糊表面如图 5-45 所示。从图 5-45 中可以看出，在低信噪比条件下，Bartlett 方法和 MV 方法都能获得正确的位置估计，此外，在精确表征传播环境的条件下，MV 方法的定位性能优于 Bartlett 方法。

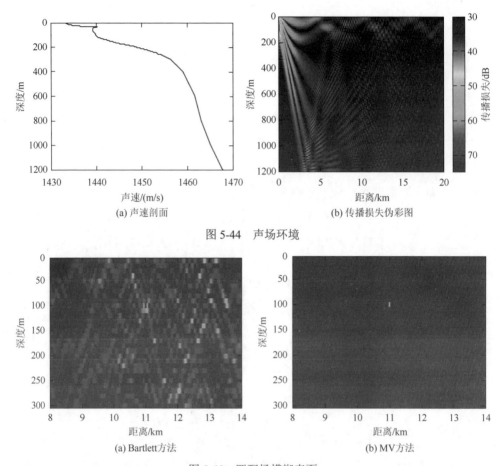

(a) 声速剖面　　　　　　　　　　(b) 传播损失伪彩图

图 5-44　声场环境

(a) Bartlett方法　　　　　　　　　　(b) MV方法

图 5-45　匹配场模糊表面

2）北极海试数据处理

使用 2018 年中国第九次北极科学考察短期冰站获得的声传播数据进行验证。试验位于 79°10′24″N、166°44′55″W 附近，门捷列夫海盆南侧海域，海冰密集度为九成。根据 IBCAO 提供的海底深度信息，可知接收端所处的海域深度约为 3078m，雪龙船所在深度约为 3104m。根据雪龙船获取的 CTD 数据，可以计算得到试验位置的声速结构。从图 5-46 中可以看出，试验位置是双轴声道。

接收端位于黄河艇，在冰站上进行垂直接收阵列的布放。接收期间，黄河艇关闭主辅机，避免辐射噪声对接收信号的干扰。垂直阵水听器间距为 30m，共计 10 个阵元，覆盖水下 18~288m 的深度。接收端场景如图 5-47 所示。

海冰参数设定如表 5-7 所示，使用 OASR-Krakenc 模型计算声场的传播损失，如图 5-48 所示。传播损失与距离变化的关系如图 5-49 所示，其中，声源频率为 720Hz，声源深度为 85m。

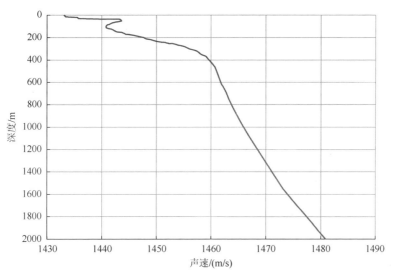

图 5-46 声速剖面情况

图 5-47 接收端场景

表 5-7 海冰参数设定

厚度/m	纵波声速 /(m/s)	横波声速 /(m/s)	密度/(g/cm³)	纵波衰减 /(dB/λ)	横波衰减 /(dB/λ)	冰层上 粗糙度/m	冰层下 粗糙度/m
1.7	3000	1400	0.90	0.3	1	0.1/0	0.3/0

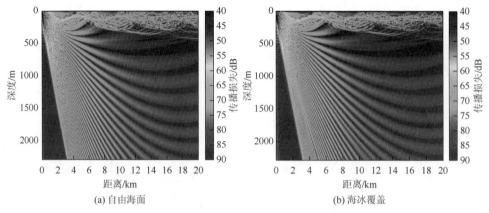

(a) 自由海面　　　　　　　　　　　(b) 海冰覆盖

图 5-48　传播损失对比（声源频率为 720Hz）

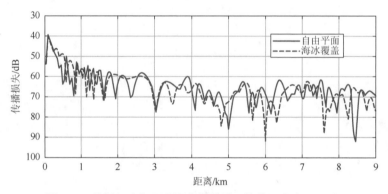

图 5-49　传播损失与距离变化的关系（接收深度为 130m）

从图 5-48 和图 5-49 可以看出，在当前海冰参数的设定下，海冰的存在对传播损失影响较弱。在 4km 距离附近，两种情况下的传播损失在 0.5dB 内。一个潜在的解释：深海声道（双轴声道的第二个声道）使得声能聚焦，较多的模态被限制在深海声道内，导致声波与海冰的交互相对较少，因此，冰层覆盖条件与自由海面条件的结果相差不大。

考虑单频信号的匹配场定位情况。选择 125s 的接收信号，首先使用脉冲压缩对 720Hz 单频信号进行搜索，确定每一帧信号的时间起点。对每一帧信号选择 4s 的时间窗进行截取。通道 1 的脉冲压缩结果及截取的接收信号和第 7 通道、第 10 通道的时频如图 5-50 和图 5-51 所示。从图 5-50 和图 5-51 中可以看出，单频信号的接收情况较为良好。

对脉冲压缩提取到的四帧脉冲信号进行垂向相关性分析，以深度最深的阵元（288m）为参考，得到的垂向相关系数如图 5-52 所示。从图 5-52 中可以看出，接收信号整体的相关性比较高，相关半径达到 90m。深度最浅的 3 个阵元由于靠近冰层，受到黄河艇辐射噪声的干扰，相关性迅速衰退。

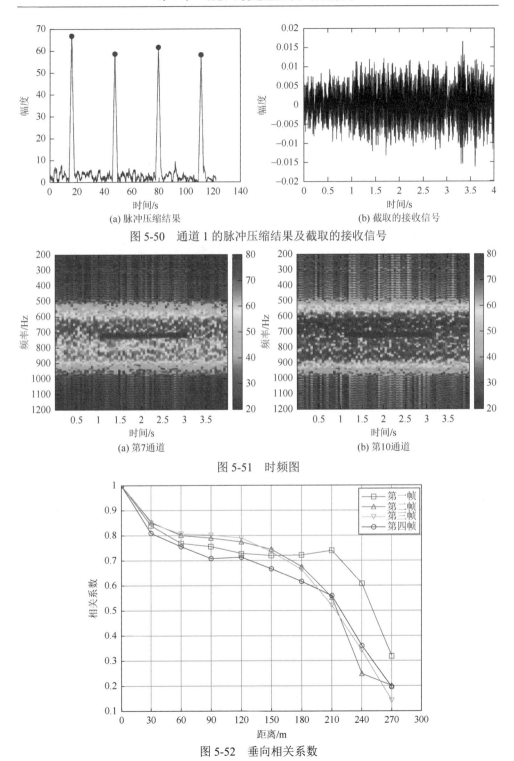

(a) 脉冲压缩结果

(b) 截取的接收信号

图 5-50　通道 1 的脉冲压缩结果及截取的接收信号

(a) 第7通道

(b) 第10通道

图 5-51　时频图

图 5-52　垂向相关系数

对 10 通道声源频率为 720Hz 的接收信号进行匹配场定位，分别使用 Bartlett 方法与 MV 方法，得到的模糊平面如图 5-53 所示。从图 5-53 中可以看出，声源深度位于（65m，4420m），与试验期间收发两端 GPS 记录结果计算出的距离与声源深度较为吻合。

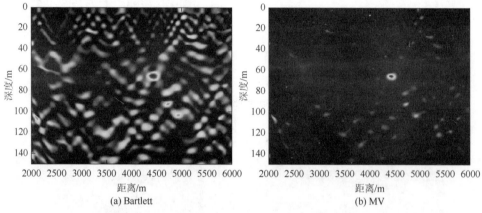

图 5-53　　10 通道声源频率为 720Hz 时声源定位结果

3）黄海冬季试验处理

2018 年 1 月底，中国科学院声学研究所在我国丹东市黄海北部海域进行了冬季冰下声传播试验。黄海海试试验布设如图 5-54 所示。接收船抛锚固定，在冰面

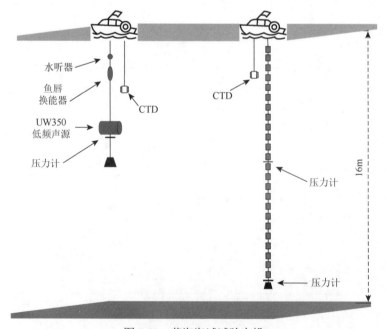

图 5-54　　黄海海试试验布设

下方布置接收垂直阵。其中，接收垂直阵由 20 个阵元组成，阵元间隔为 1m，为了纠正阵型畸变，在垂直阵中部和底部分别布置了深度传感器。发射船沿固定航向行进，发射装置配备了 UW350 低频声源和中心频率为 750Hz 的鱼唇换能器，试验期间进行了多个距离站位的声传播试验。

鱼唇换能器位于冰面下方 5m 深度处，其发射信号形式如表 5-8 所示。鱼唇发射信号波形如图 5-55 所示。鱼唇发射的中频信号覆盖 500~850Hz 的频段，信号形式包含长度为 10s 的单频信号、线性调频信号、双曲调频信号，其中信号的占空比为 3∶7。为了探求冰下声信道的信道结构，本节设计了时长较短的组合信号。

表 5-8　鱼唇换能器发射信号形式

信号形式	频率/Hz	时长/s
降 LFM	850~750	3
LFM1	650~750	3
HFM	650~850	3
单频	750	3
组合	—	10
LFM2	500~850	3

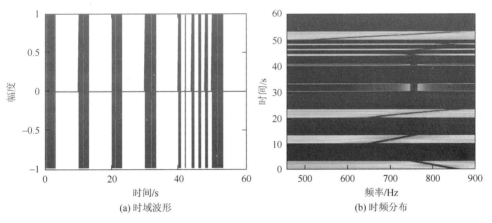

(a) 时域波形　　(b) 时频分布

图 5-55　鱼唇发射信号波形

试验海域收发两端的声速剖面如图 5-56 所示，其中图 5-56（a）和（b）分别为发射端和接收端的声速结构，测量时间在 14 点，海水得到太阳充分的照射。从图 5-56 可以看出，声速结构存在 6m 深度的跃层，这是因为从海面到 6m 深度，海水温度逐渐降低，导致声速为负梯度；6m 深度到海底，海水温度基本恒定，形成微弱的正梯度。此外，收发两端的声速结构相一致，试验期间冰下的声速结构可被视为与距离无关。从图 5-56 中的声速剖面上还可以看出，试验海域的平均海深为 16.3m。

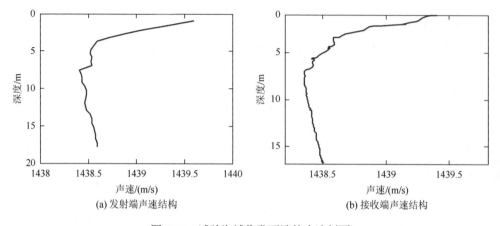

(a) 发射端声速结构　　　　　　　(b) 接收端声速结构

图 5-56　试验海域收发两端的声速剖面

垂直阵上 TD 深度测量数据如图 5-57 所示。由图 5-57 可以确定垂直阵覆盖水深 12m，选择 1～12 通道（2～13m）的接收数据进行分析，构造测量场协方差矩阵。

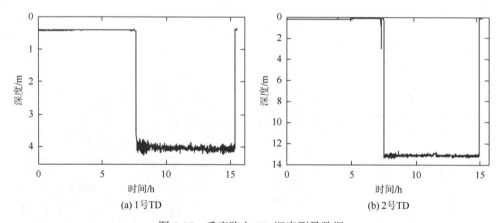

(a) 1号TD　　　　　　　　　　　(b) 2号TD

图 5-57　垂直阵上 TD 深度测量数据

本节以垂直阵接收的鱼唇中频信号为例，分析高纬度浅海覆冰海域冰下匹配场定位方法的性能。拷贝场使用 OASR-Krakenc 模型进行计算，信号选择 650～750Hz 的线性调频脉冲信号，首先对接收数据进行匹配滤波，将 650～750Hz 线性调频脉冲提取出来。以第 1 通道接收信号为例，1.5km 站位接收信号的匹配滤波结果及第 1 帧接收信号的时频分布结果如图 5-58 所示。

由图 5-58 中可以看出，总共接收到 8 帧信号。非相干宽带匹配场可以描述为式（5-93），$l=1,\cdots,L$ 表示感兴趣的频率，$n=1,\cdots,N$ 表示不同的时域快拍。在 1.5km 站位，频率分辨率选择 1Hz，$L=101$，$N=8$，使用 OASR-Krakenc 模型计算拷贝场，最终的 Bartlett 与 MV 输出结果分别如图 5-59 和图 5-60 所示。

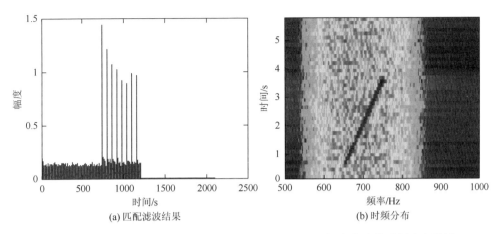

(a) 匹配滤波结果　　　　　　　　　(b) 时频分布

图 5-58　1.5km 站位接收信号的匹配滤波结果及第 1 帧接收信号的时频分布结果

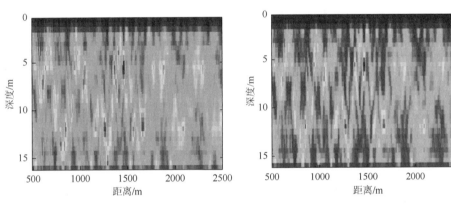

图 5-59　Bartlett 匹配场定位结果　　　　　　图 5-60　MV 匹配场定位结果
（1.5km 站位）　　　　　　　　　　　　（1.5km 站位）

$$B'_{\text{inc-MFP}}(a) = \frac{1}{L} \sum_{l=1}^{L} \sum_{n=1}^{N} B_{\text{MFP}}(f_{l,n}, a) \qquad （5-93）$$

由图 5-59 和图 5-60 可以看出，Bartlett 方法和 MV 方法都可以得出声源深度为 5.5m，距离为 1480m，根据收发两船配备的 GPS 信息，在此拉据点收发两端的真实距离为 1490m。可知，定位结果距离误差小于 10m，深度误差小于 0.5m。

同样，3km 站位拉据点接收信号的匹配滤波结果和某个周期信号的时频分布如图 5-61 所示。与 1.5km 站位接收信号相比，3km 站位有色干扰较强，信噪比显著降低。此外，选择 $N = 6$ 的周期接收信号进行匹配场定位，结果如图 5-62 和图 5-63 所示。

由图 5-62 和图 5-63 中可以看出，在 3km 站位，由于信噪比降低，模糊平面旁瓣较高，干扰较重。Bartlett 方法和 MV 方法得出的声源位置一致，深度为 5.5m，距离为 2730m，收发两端的精确距离为 2755m。因此，定位结果的距离分辨误差为 25m，深度分辨误差为 0.5m。

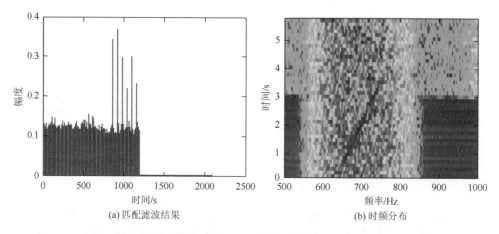

(a) 匹配滤波结果　　　　　　　　　　　　　(b) 时频分布

图 5-61　3km 站位拉据点接收信号的匹配滤波结果和某个周期信号的时频分布结果

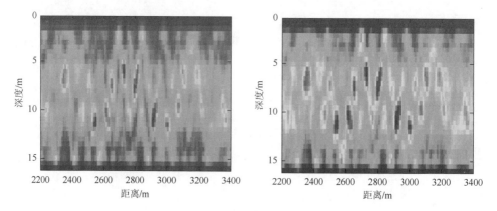

图 5-62　Bartlett 匹配场定位结果（3km 站位）　　图 5-63　MV 匹配场定位结果（3km 站位）

参 考 文 献

[1]　沈峰，姜利，单志明. 非高斯噪声环境下的信号检测与自适应滤波方法[M]. 北京：国防工业出版社，2014.

[2]　赵树杰，赵建勋. 信号检测与估计理论[M]. 2 版. 北京：电子工业出版社，2013.

[3]　Park K Y. Performance evaluation of energy detectors[J]. IEEE Transactions on Aerospace and Electronic Systems，1978，14（2）：237-241.

[4]　Tsihrintzis G A，Nikias C L. Performance of optimum and suboptimum receivers in the presence of impulsive noise modeled as an alpha-stable process[J]. IEEE Transactions on Communications，1993，43（2）：904-914.

[5]　Li X T，Sun J，Jin L W，et al. Bi-parameter CGM model for approximation of α-stable PDF[J]. IET Electronic Letter，2008，44（18）：1096-1097.

[6] Li X T，Wang S Y. BCGM based Rao detection in α-stable noise[J]. Acta Electronica Sinica，2011，39（9）：2014-2018.

[7] Li X T，Sun J，Wang S Y，et al. Near-optimal detection with constant false alarm ratio in varying impulsive interference[J]. IET Signal Processing，2013，7（9）：824-832.

[8] Swami A，Bm S. On some detection and estimation problems in heavy-tailed noise[J]. Signal Processing，2002，82（12）：1829-1846.

[9] Li X，Jiang Y，Liu M. A near optimum detection in alpha-stable impulsive noise[C]. 2009 IEEE International Conference on Acoustics，Speech and Signal Processing，Taipei，2009：3305-3308.

[10] Zhang G W，Wang X D，Liang Y C，et al. Fast and robust spectrum sensing via Kolmogorov-Smirnov test[J]. IEEE Transactions on Communications，2010，58（12）：3410-3416.

[11] 骆俊杉. 基于多特征关联的微弱水声信号检测[D]. 长沙：国防科学技术大学，2016.

[12] Pokharel P P，Liu W，Principe J C. A low complexity robust detector in impulsive noise[J]. Signal Processing，2009，89（10）：1902-1909.

[13] Liu W F，Pokharel P P，Principe J C. Correntropy：A localized similarity measure[C]. International Joint Conference on Neural Network Proceedings，Vancouver，2006：4919-4924.

[14] Santamaria I，Pokharel P P，Principe J C. Generalized correlation function：Definition，properties，and application to blind equalization[J]. IEEE Transactions on Signal Processing，2006，54（6）：2187-2197.

[15] Wahba G. An introduction to reproducing kernel hilbert spaces and why they are so useful[C]. International Federation of Automatic Control，Madison，2003.

[16] 于玲. Alpha 稳定分布噪声环境下韧性时延估计新算法研究[D]. 大连：大连理工大学，2017.

[17] 邱天爽. 相关熵与循环相关熵信号处理研究进展[J]. 电子与信息学报，2020，42（1）：105-118.

[18] 滑伟. 基于能量检测的自适应频谱检测算法研究[D]. 西安：西安电子科技大学，2015.

[19] Tulino A M，Verdú S. Random matrix theory and wireless communications[J]. Foundations and Trends® in Communications and Information Theory，2004，1（1）：1-182.

[20] Penna F，Garello R，Spirito M A. Cooperative spectrum sensing based on the limiting eigenvalue ratio distribution in Wishart matrices[J]. IEEE Communications Letters，2012，13（7）：507-509.

[21] Zeng Y，Liang Y C. Eigenvalue-based spectrum sensing algorithms for cognitive radio[J]. IEEE Transactions on Communications，2009，57（6）：1784-1793.

[22] 宋永健，朱晓梅，包亚萍，等. 非高斯噪声中基于分数低阶矩协方差 MME 检测的频谱感知算法[J]. 信号处理，2018，34（2）：235-241.

[23] Wang Y L，Ma S L，Zhan F，et al. Robust DFT-based generalised likelihood ratio test for underwater tone detection[J]. IET Radar Sonar and Navigation，2017，11（12）：1845-1853.

[24] Yan Z，Cattafesta L N，Niezrecki C，et al. Background noise cancellation of manatee vocalizations using an adaptive line enhancer[J]. The Journal of the Acoustical Society of America，2006，120（1）：145-152.

[25] Guo Y C，Zhao J W，Chen H W. A novel algorithm for underwater moving-target dynamic line enhancement[J]. Applied Acoustics，2003，64（12）：1159-1169.

[26] Sanei S，Lee T K M，Abolghasemi V. A new adaptive line enhancer based on singular spectrum analysis[J]. IEEE Transactions on Biomedical Engineering，2011，59（2）：428-434.

[27] Alipoor G. Utilizing kernel adaptive filters for speech enhancement within the ALE framework[J]. Iranian Journal of Electrical and Electronic Engineering，2017，13（4）：303-309.

[28] Koford J，Groner G. The use of an adaptive threshold element to design a linear optimal pattern classifier[J]. IEEE

Transactions on Information Theory，1966，12（1）：42-50.

[29]　Widrow B，Glover J R，Mccool J M，et al. Adaptive noise cancelling：Principles and applications[J]. Proceedings of the IEEE，1975，63（12）：1692-1716.

[30]　Gharieb R R，Horita Y，Murai T，et al. Unity-gain cumulant-based adaptive line enhancer[C]. Proceedings of the Tenth IEEE Workshop on Statistical Signal and Array Processing，Pocono Manor，2000：626-630.

[31]　Ibrahim H M，Gharieb R R. A higher-order statistics-based adaptive algorithm for line enhancement[J]. IEEE Transactions on Signal Processing，1999，47（2）：527-532.

[32]　Ibrahim H M，Gharieb R R. Two-dimensional cumulant-based adaptive enhancer[J]. IEEE Transactions on Signal Processing，1999，47（2）：593-596.

[33]　Hao Y，Chi C，Qiu L，et al. Sparsity-based adaptive line enhancer for passive sonars[J]. IET Radar，Sonar and Navigation，2019，13（10）：1796-1804.

[34]　Hao Y，Chi C，Liang G. Sparsity-driven adaptive enhancement of underwater acoustic tonals for passive sonars[J]. The Journal of the Acoustical Society of America，2020，147（4）：2192-2204.

[35]　Tibshirani R. Regression shrinkage and selection via the lasso[J]. Journal of the Royal Statistical Society：Series B（Methodological），1996，58（1）：267-288.

[36]　Shao M，Nikias C L. Signal processing with fractional lower order moments：Stable processes and their applications[J]. Proceedings of the IEEE，1993，81（7）：986-1010.

[37]　Veitch J G，Wilks A R，Schwartz S C. A characterization of Arctic undersea noise[J]. The Journal of the Acoustical Society of America，1985，77（3）：989-999.

[38]　Chitre M A，Potter J R，Ong S H. Optimal and near-optimal signal detection in snapping shrimp dominated ambient noise[J]. IEEE Journal of Oceanic Engineering，2006，31：497-503.

[39]　Pei S C，Tseng C C. Least mean p-power error criterion for adaptive FIR filter[J]. IEEE Journal on Selected Areas in Communications，1994，12（9）：1540-1547.

[40]　陆思宇. 水声信道的建模和估计方法的研究[D]. 南京：南京邮电大学，2015.

[41]　Jensen F B，Kuperman W A，Porter M B，et al. Computational Ocean Acoustics[M]. New York：Springer，2011.

[42]　黄海宁，刘崇磊，李启虎，等. 典型北极冰下声信道多途结构分析及试验研究[J]. 声学学报，2018，43（3）：273-282.

[43]　Jesus S M，Porter M B，Stephan Y，et al. Single hydrophone source localization[J]. IEEE Journal of Oceanic Engineering，2002，25（3）：337-346.

[44]　Westwood E K，Knobles D P. Source track localization via multipath correlation matching[J]. The Journal of the Acoustical Society of America，2015，102（5）：2645-2654.

[45]　Liu C L，Zhang J L，Li T Y，et al. Matched-field localization in under-ice shallow water environment[C]. Proceedings of OCEANS 2019，Marseille，2019.

[46]　Bucker H P. Use of calculated sound fields and matched-field detection to locate sound sources in shallow water[J]. The Journal of the Acoustical Society of America，1976，59（2）：368-373.

[47]　Baggeroer A B，Kuperman W A. An overview of matched field methods in ocean acoustics[J]. IEEE Journal of Oceanic Engineering，1993，18（4）：401-424.

[48]　Baggeroer A B，Kuperman W A，Schmidt H. Matched field processing：Source localization in correlated noise as an optimum parameter estimation problem[J]. The Journal of the Acoustical Society of America，1988，83（2）：571-587.

[49]　Schmidt H，Kuperman W A，Schmidt H. Environmentally tolerant beamforming for high-resolution matched field

processing：Deterministic mismatch[J]. Acoustical Society of America Journal，1990，88（4）：1851-1862.

[50]　Harrison B F，Vaccaro R J，Tufts D W. Robust matched-field localization in uncertain ocean environments[J]. The Journal of the Acoustical Society of America，1998，103（6）：3721-3724.

[51]　Jesus S M. Broadband matched-field processing of transient signals in shallow water[J]. The Journal of the Acoustical Society of America，1993，93（4）：1841-1850.

[52]　Czenszak S P，Krolik J L. Robust wideband matched-field processing with a short vertical array[J]. The Journal of the Acoustical Society of America，1997，101（2）：749-759.

[53]　Michalopoulou Z H，Porter M B. Matched-field processing for broad-band source localization[J]. IEEE Journal of Oceanic Engineering，1996，21（4）：384-392.

[54]　Soares C，Jesus S M. Broadband matched-field processing：Coherent and incoherent approaches[J]. The Journal of the Acoustical Society of America，2003，113（5）：2587-2598.

第6章　北极环境适应性水声通信技术

6.1　北极冰区通信信道特点

6.1.1　冰盖区水声通信信道特点

由于海水表面的冰盖消除了海风和浪涌的影响，为冰下水声信号传播提供了较为稳定的环境[1]，不存在海浪界面随机起伏造成的随机反射声信号，因此冰下信道结构稳定。众多研究和信道实测数据证实了冰下水声信号具有稳定的多途结构特性。文献[2]重点关注了典型的北极冰下声信道多途结构，试验观测数据表明，冰下水声信道具有较稳定的多途结构，如图 6-1（a）所示。文献[3]的冰下信道实

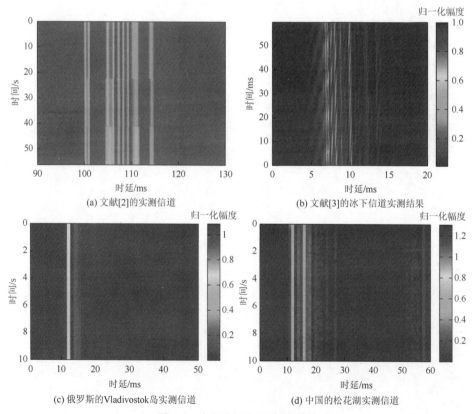

(a) 文献[2]的实测信道　　　　　　　　(b) 文献[3]的冰下信道实测结果

(c) 俄罗斯的Vladivostok岛实测信道　　　(d) 中国的松花湖实测信道

图 6-1　实测冰下信道冲激响应

测结果如图 6-1（b）所示，同样表明了冰层所产生的上边界十分稳定，使得冰下水声信道也相对稳定。Tian 等[4]在俄罗斯的 Vladivostok 岛及中国的松花湖等地方多次展开了冰下水声通信试验，其所获得的冰下水声信道实测图如图 6-1（c）与（d）所示。文献[5]同样给出了冰下水声信道具有稳定的多途结构的结论。

相比较于有冰环境，在无冰环境下，海面不稳定及容易受到风浪的影响，这导致多径结构相对变化较大。同时，冰下水声信道具有稀疏特性。如何利用冰下水声信道的特点，准确地估计信道是提升通信系统性能的关键。

6.1.2 浮冰水域下的信道特点

随着全球变暖，北极部分区域的海冰逐渐融化形成浮冰水域。而浮冰运动是北极海冰的一个重要特点。研究表明，北极的海风是影响浮冰运动的因素[6, 7]。实测数据显示，冰区的强风速率高于 15m/s。在强风和洋流等作用下，海冰漂移速度最大可达 0.5m/s。李志军等[8]研究了夏季北冰洋海冰动力学特性，图 6-2 给出了长期浮冰站浮冰运动速度的东方向分量和北方向分量。研究表明，浮冰的最大运动速度可达 1200m/h，并且伴随着振荡型旋转运动，最大旋转角可达 37.4°。

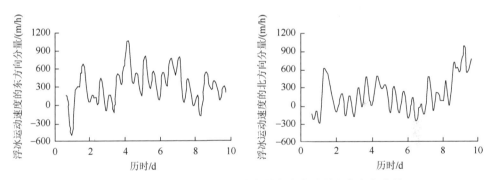

图 6-2 长期浮冰站浮冰运动速度的东方向分量和北方向分量

因此，在浮冰水域进行水声通信需要考虑浮冰快速移动的影响。通常多普勒扩展是由接收端相对移动，或者是信道路径中物体的运动引起的。而浮冰快速运动伴随着振荡旋转会造成复杂且多变的多普勒扩展，所以在浮冰水域通信需要考虑复杂的多普勒估计与补偿问题。

6.2 冰下水声信道估计方法

国内外众多学者对稀疏水声信道估计进行了大量的研究[9-14]。文献[9]利用了匹配追踪（Matching Pursuit，MP）算法获得信道冲激响应，与传统的最小二乘法

（Least Square，LS）信道估计方法相比，该方法估计精度更高。文献[10]提出了基于正交匹配追踪（Orthogonal Matching Pursuit，OMP）的信道估计方法，有效地解决了 MP 算法的原子重选择问题，收敛速度更快，同时提高了信道估计的准确度。上述算法需要事先知道信道稀疏度的先验知识，然而在实际通信过程难以获得信道的稀疏度。近些年，贝叶斯学习算法被越来越多地用于稀疏信号重建[15, 16]。文献[17]将信道冲激响应和脉冲噪声联合视为一个稀疏向量，利用稀疏贝叶斯学习（Sparse Bayesian Learning，SBL）方法对其进行联合估计，改善了在脉冲噪声环境下的信道估计性能。文献[11]提出了一种变分贝叶斯信道估计算法，并将该算法应用于信道估计，可以提供瞬时协方差，具有较好的估计精度。文献[12]采用了 SBL 算法进行信道估计并提出了低复杂度的递推联合贝叶斯学习方法，用于数据检测和信道估计。上述算法能够充分地利用冰下信道的稀疏特性，但是不能很好地利用冰下水声信道多途结构相对稳定的特点，适合于处理冰下稀疏信道估计的问题。文献[13]提出了一种时序多重稀疏贝叶斯学习（Temporal Multiple Sparse Bayesian Learning，TMSBL）信号重建方法，在测量矢量缓慢变化的条件下，利用信号在不同测量时序下信号的空间结构相对稳定的特点进行信号重建。该方法能够显著地提高信号重建概率。文献[18]将 TMSBL技术应用于缓慢变化的水声信道中，取得良好的信道重建效果。但是在低信噪比条件下，容易将噪声误认为是信道抽头系数，导致信道估计精度有所下降及计算复杂度增加。

　　针对上述问题，同时结合北极冰下水声信道多途结构稳定性和稀疏性，本节提出一种改进的时序多重稀疏贝叶斯学习正交频分复用（Orthogonal Frequency Division Multiplexing，OFDM）冰下水声信道估计方法。首先采用奇异值分解（Singular Value Decomposition，SVD）方法[19]对接收矩阵进行去噪，从而提高信道估计的精度；然后结合 LS 估计方法获得 TMSBL 的初始化超参数矩阵、感知矩阵等先验知识，从而弥补 TMSBL 方法将噪声误判为信道抽头系数的缺点，提高在低信噪比下的信道估计精度；最后采用 TMSBL 方法对冰下不同符号水声信道进行联合重建。研究结果表明，结合冰下水声信道的特点，本节所提方法可以实现高精度冰下水声信道估计，并且有效地降低系统计算复杂度。

6.2.1　系统描述与信号模型

　　图 6-3 给出了基于 TMSBL 信道估计方法的接收机框图。接收机对每个 OFDM符号进行 FFT 变换获得频域信号，将不同符号的频域信号按列排布构建多测量矢量矩阵。随后对多测量矢量矩阵进行导频提取，获得接收导频矩阵，结合 TMSBL信号重建方法对水声信道进行联合重建，最后进行信道均衡与信号解码。

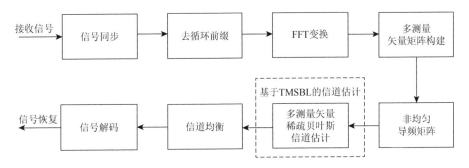

图 6-3　基于 TMSBL 信道估计方法的接收机框图

考虑载波个数为 N、导频个数为 P 的循环前缀正交多载波系统，接收端的接收信号为 y，假设 OFDM 的循环前缀大于信道的最大多径时延，系统模型的数学表达式为

$$y_p = X_p F_p h + v \qquad (6\text{-}1)$$

式中，$y_p \in \mathbb{C}^{P \times 1}$ 为接收导频值；$X_p \in \mathbb{C}^{P \times P}$ 为对角化矩阵，其对角元素值为已知的导频；$F_p \in \mathbb{C}^{P \times M}$ 为导频位置处所对应的 DFT 矩阵；$h \in \mathbb{C}^{M \times 1}$ 为时域信道冲激响应；v 为服从 $\mathcal{CN}(0, \lambda I_N)$ 的高斯白噪声。上述模型称为单测量矢量模型。通过观测冰下水声信道冲激响应特性，我们发现其冲激响应在观测过程中稀疏结构相对保持不变，因此可以通过多个不同 OFDM 符号对系统进行建模。为了表述简洁，下面的公式省略下标 p。

$$Y = XFH + V = \Phi H + V \qquad (6\text{-}2)$$

式中，$Y = [y_{p,1}, y_{p,2}, \cdots, y_{p,L}] \in \mathbb{C}^{P \times L}$ 为 L 个 OFDM 符号构成的接收导频矩阵；$\Phi = XF \in \mathbb{C}^{P \times M}$ 为感知矩阵；$H = [h_1, h_2, \cdots, h_L] \in \mathbb{C}^{M \times L}$ 为 L 个信道冲激响应构成的矩阵；$V = [v_1, v_2, \cdots, v_L] \in \mathbb{C}^{P \times L}$ 为 L 组 OFDM 符号对应的高斯白噪声矩阵。

6.2.2　基于 TMSBL 的信道估计方法

采用 TMSBL 信号重构方法[13]对式（6-2）的信道冲激响应矩阵 H 进行重建。令 $H_{i\cdot}$ 表示矩阵 H 的第 i 行，假设 $H_{i\cdot}(\forall i)$ 相互独立，并且其先验概率满足高斯分布：

$$p(H_{i\cdot}; \gamma_i, B_i) \sim \mathcal{CN}(0, \gamma_i B_i), \quad i = 1, 2, \cdots, M \qquad (6\text{-}3)$$

式中，非负超参数 γ_i 控制矩阵 H 中每行的稀疏性。当 $\gamma_i = 0$ 时，H 中的第 i 行 $H_{i\cdot} = 0$。正定矩阵 B_i 用于对 $H_{i\cdot}$ 内的元素之间的相关结构进行建模。在有限测量条件下，若每个正定矩阵 B_i 的取值都不相同，则算法所需估计的参数过多，容易导致过拟合，因此考虑将所有 B_i 固定为同一个正定矩阵 B。

考虑将式（6-2）的多测量矢量模型写为单测量矢量模型，可得

$$y = Dx + v \tag{6-4}$$

定义 vec(·) 表示将矩阵按列堆叠成一个向量，⊗ 表示克罗内克（Kronecker）积。其中 $y = \text{vec}(\boldsymbol{Y}^{\mathrm{T}}) \in \mathbb{C}^{PL \times 1}$；$\boldsymbol{D} = \boldsymbol{\Phi} \otimes \boldsymbol{I}_L \in \mathbb{C}^{PL \times ML}$，$\boldsymbol{I}_L$ 表示 $L \times L$ 的单位矩阵；$\boldsymbol{x} = \text{vec}(\boldsymbol{H}^{\mathrm{T}}) \in \mathbb{C}^{ML \times 1}$；$\boldsymbol{v} = \text{vec}(\boldsymbol{V}^{\mathrm{T}})$，同样假设 $\boldsymbol{v}$ 是服从 $\mathcal{CN}(0, \lambda \boldsymbol{I}_{\mathrm{ML}})$ 的高斯白噪声。

对于式（6-4），$\boldsymbol{x}$ 的先验概率函数满足：

$$p(\boldsymbol{x}; \gamma_i, \boldsymbol{B}, \forall i) \sim \mathcal{CN}(0, \boldsymbol{\Sigma}_0), \quad i = 1, 2, \cdots, M \tag{6-5}$$

式中，协方差矩阵 $\boldsymbol{\Sigma}_0 = \boldsymbol{\Gamma} \otimes \boldsymbol{B}$；超参数矩阵 $\boldsymbol{\Gamma} = \text{diag}(\gamma_1, \gamma_2, \cdots, \gamma_M)$。

通过贝叶斯公式，可以获得 $\boldsymbol{x}$ 的后验概率，其同样满足高斯概率分布：

$$p(\boldsymbol{x} \mid \boldsymbol{y}; \lambda, \gamma_i, \boldsymbol{B}, \forall i) \sim \mathcal{CN}(\boldsymbol{\mu}_x, \boldsymbol{\Sigma}_x) \tag{6-6}$$

根据文献[13]可得其均值 $\boldsymbol{\mu}_x$ 和协方差矩阵 $\boldsymbol{\Sigma}_x$：

$$\boldsymbol{\mu}_x \approx \text{vec}(\boldsymbol{\mathcal{M}}^{\mathrm{T}}) \tag{6-7}$$

$$\boldsymbol{\Sigma}_x \approx \boldsymbol{\Xi}_x \otimes \boldsymbol{B} \tag{6-8}$$

式中，$\boldsymbol{\Xi}_x = \left(\boldsymbol{\Gamma}^{-1} + \dfrac{1}{\lambda} \boldsymbol{\Phi}^{\mathrm{T}} \boldsymbol{\Phi} \right)^{-1}$；$\boldsymbol{\mathcal{M}} = \boldsymbol{\Gamma} \boldsymbol{\Phi}^{\mathrm{T}} (\lambda \boldsymbol{I} + \boldsymbol{\Phi} \boldsymbol{\Gamma} \boldsymbol{\Phi}^{\mathrm{T}})^{-1} \boldsymbol{Y}$。

对于超参数的更新，可以采用期望最大（Expectation-Maximization，EM）算法。EM 算法的 E-step 实际上是计算式（6-7）和式（6-8）。

M-step 则是通过如下的更新公式实现的：

$$\gamma_i \leftarrow \frac{1}{L} \boldsymbol{H}_{i \cdot} \boldsymbol{B}^{-1} \boldsymbol{H}_{i \cdot}^{\mathrm{T}} + (\boldsymbol{\Xi}_x)_{ii}, \quad \forall i \tag{6-9}$$

$$\boldsymbol{B} \leftarrow \left(\frac{1}{M} \sum_{i=1}^{M} \frac{(\boldsymbol{\Xi}_x)_{ii}}{\gamma_i} \right) \boldsymbol{B} + \frac{1}{M} \sum_{i=1}^{M} \frac{\boldsymbol{H}_{i \cdot}^{\mathrm{T}} \boldsymbol{H}_{i \cdot}}{\gamma_i} \tag{6-10}$$

$$\lambda \leftarrow \frac{1}{PL} \| \boldsymbol{Y} - \boldsymbol{\Phi} \boldsymbol{H} \|_{\mathrm{F}}^2 + \frac{\lambda}{P} \text{Tr}(\boldsymbol{\Phi} \boldsymbol{\Gamma} \boldsymbol{\Phi}^{\mathrm{T}} (\lambda \boldsymbol{I} + \boldsymbol{\Phi} \boldsymbol{\Gamma} \boldsymbol{\Phi}^{\mathrm{T}})^{-1}) \tag{6-11}$$

式中，$(\cdot)_{ii}$ 表示矩阵的第 i 行第 i 列元素；$\text{Tr}(\cdot)$ 表示矩阵的迹。

在 EM 算法迭代完成后，通过式（6-12）得到联合信道估计 $\hat{\boldsymbol{H}}$：

$$\hat{\boldsymbol{H}} = \boldsymbol{\mathcal{M}} \tag{6-12}$$

6.2.3　改进的 TMSBL 信道估计方法

在低信噪比条件下，基于 TMSBL 的信道估计方法容易将噪声误认为是信道抽头系数[20]，导致信道估计精度下降。与此同时，算法需要估计的信道抽头数量增加导致计算复杂度增加。另外，TMSBL 信道估计方法并没有利用水声信道的特性来选择 EM 算法[21]的初始参数，导致 EM 迭代次数过多，收敛速度慢。

图 6-4 是改进方法的系统框图。本节所提方法改进之处主要体现在：在发射端，在不同的 OFDM 符号中调制相同的导频信息，一方面保证了在接收端可以构

造统一的感知矩阵 $\boldsymbol{\Phi}$，从而可以利用 TMSBL 信道估计方法；另一方面保证了接收端的接收导频矩阵 $\boldsymbol{Y}$ 的不同列之间具有高度的相关性。在接收端，利用 SVD 方法对接收导频 $\boldsymbol{Y}$ 进行去噪与重构，得到接收导频重构矩阵 $\boldsymbol{Y}'$，降低了噪声对信道估计精度的影响。随后 LS 信道估计利用矩阵 $\boldsymbol{Y}'$ 和已知导频获得稀疏贝叶斯的先验知识，从而剔除无效的字典原子与较小的超参数。最后将获得的先验知识结合 TMSBL 方法对不同 OFDM 符号进行联合信道估计。

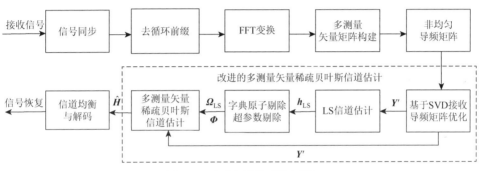

图 6-4 改进方法的系统框图

1. 基于奇异值分解的接收导频矩阵去噪

对接收导频矩阵 $\boldsymbol{Y}$ 进行奇异值分解：

$$\boldsymbol{Y} = \boldsymbol{U}\boldsymbol{W}\boldsymbol{V}^{\mathrm{T}} \tag{6-13}$$

式中，$\boldsymbol{U} \in \mathbb{C}^{P \times L}$ 为酉矩阵；$\boldsymbol{W} \in \mathbb{C}^{L \times L}$ 为半正定对角矩阵；$\boldsymbol{V}^{\mathrm{T}} \in \mathbb{C}^{L \times L}$ 为 $\boldsymbol{V}$ 的共轭转置，同样是酉矩阵。$\boldsymbol{W} = \mathrm{diag}(\delta_1, \delta_2, \cdots, \delta_L)$ 是由奇异值构成的对角阵，其中 $\delta_1 \geqslant \delta_2 \geqslant \cdots \geqslant \delta_L > 0$。求出 $\boldsymbol{W}$ 元素的均值 δ_{ave}，保留所有大于均值的奇异值即可得到 $\boldsymbol{W}' = \begin{bmatrix} W'' & 0 \\ 0 & 0 \end{bmatrix}$，再重构接收矩阵 $\boldsymbol{Y}'$。

$$\boldsymbol{Y}' = \boldsymbol{U}\boldsymbol{W}'\boldsymbol{V}^{\mathrm{T}} \tag{6-14}$$

通过多测量矢量模型可以充分地利用接收矩阵的相关性。由于其信号的能量集中在较少的奇异值上，可以通过奇异值分解对接收导频矩阵进行去噪处理。

2. 基于 LS 信道估计的先验知识获取

采用 LS 信道估计获取稀疏贝叶斯学习的先验知识能够有效地减少算法的迭代次数，从而降低系统的计算复杂度。众所周知，LS 信道估计方法对噪声比较敏感，因此利用了 SVD 算法对接收导频矩阵进行去噪，利用去噪后的接收导频矩阵进行 LS 信道估计，降低了噪声的影响。

利用 LS 信道估计算法获得时域水声信道冲激响应 $\boldsymbol{h}_{\mathrm{LS}}$：

$$h_{LS} = \mathrm{IFFT}(\boldsymbol{H}_{LS}) \tag{6-15}$$

式中，$\mathrm{IFFT}(\cdot)$ 表示傅里叶逆变换；$\boldsymbol{H}_{LS} = (\boldsymbol{X}^{\mathrm{T}}\boldsymbol{X})^{-1}\boldsymbol{X}^{\mathrm{T}}\boldsymbol{Y}'$。

设置信道平均能量叠加函数 $\boldsymbol{Q}$：

$$\boldsymbol{Q} = \frac{1}{L}\sum_{i=1}^{L}\boldsymbol{h}_{LS}^{\cdot i} \tag{6-16}$$

式中，$\boldsymbol{h}_{LS}^{\cdot i}$ 表示 $\boldsymbol{h}_{LS}$ 的第 i 列，即第 i 次测量的时域信道冲激响应。

设置阈值 T。比较信道平均能量叠加函数 $\boldsymbol{Q}$ 和阈值 $T = \alpha\max\boldsymbol{Q}$ 的大小，其中 α 是能量系数。可得

$$\boldsymbol{\Omega}_{LS}(i) = \begin{cases} 1, & \boldsymbol{Q}(i) \geqslant T \\ 0, & \boldsymbol{Q}(i) < T \end{cases}, \quad i = 1, 2, \cdots, M \tag{6-17}$$

此时，令初始超参数矩阵 $\boldsymbol{\Gamma} = \mathrm{diag}(\boldsymbol{\Omega}_{LS})$，其对角元素为 $\boldsymbol{\Omega}_{LS}$。记 s 为 $\boldsymbol{\Omega}_{LS} = 0$ 的位置索引集合，剔除字典矩阵 $\boldsymbol{\Phi}$ 中与索引集合 s 相对应的原子获得初始化字典矩阵 $\tilde{\boldsymbol{\Phi}}$，通过删除无关原子以减少计算量和迭代次数。能量阈值的确定需要在计算量和计算复杂度之间取折中。

最后将去噪后的接收导频矩阵 $\boldsymbol{Y}'$，以及初始超参数矩阵 $\boldsymbol{\Gamma}$ 和初始化字典矩阵 $\tilde{\boldsymbol{\Phi}}$ 代入 TMSBL 信道估计方法进行联合信道估计。表 6-1 为改进方法的流程。

表 6-1　改进方法的流程

改进的时序多重稀疏贝叶斯学习冰下水声信道估计方法

输入：接收导频矩阵 $\boldsymbol{Y}$，字典矩阵 $\boldsymbol{\Phi}$，最大迭代次数 $r_{\max}$，噪声方差 λ，停止阈值 e。

步骤 1：对接收导频矩阵 $\boldsymbol{Y}$ 进行奇异值分解获得去噪后的导频矩阵 $\boldsymbol{Y}' = \boldsymbol{U}\boldsymbol{W}\boldsymbol{V}^{\mathrm{T}}$。

步骤 2：计算 $\boldsymbol{h}_{LS} = \mathrm{IFFT}((\boldsymbol{X}^{\mathrm{T}}\boldsymbol{X})^{-1}\boldsymbol{X}^{\mathrm{T}}\boldsymbol{Y}')$，计算 $\boldsymbol{Q}$ 函数和能量阈值 T，从而获得超参数初始化矩阵 $\boldsymbol{\Gamma} = \mathrm{diag}(\boldsymbol{\Omega}_{LS})$，初始化字典矩阵 $\tilde{\boldsymbol{\Phi}}$，初始块间相关矩阵 $\boldsymbol{B} = \boldsymbol{I}_{L}$，$\lambda = 10^{-3}$。

步骤 3：第 k 次迭代，计算期望（E-step）

$$\boldsymbol{\mu}_{x}^{(k)} \approx \mathrm{vec}(\boldsymbol{\mathcal{M}}^{\mathrm{T}}), \quad \boldsymbol{\Sigma}_{x} \approx \boldsymbol{\Xi}_{x} \otimes \boldsymbol{B}$$

步骤 4：更新参数（M-step）

$$\gamma_{i} \leftarrow \frac{1}{L}\boldsymbol{H}_{i\cdot}\boldsymbol{B}^{-1}\boldsymbol{H}_{i\cdot}^{\mathrm{T}} + (\boldsymbol{\Xi}_{x})_{ii}, \quad \forall i$$

$$\boldsymbol{B} \leftarrow \left(\frac{1}{M}\sum_{i=1}^{M}\frac{(\boldsymbol{\Xi}_{x})_{ii}}{\gamma_{i}}\right)\boldsymbol{B} + \frac{1}{M}\sum_{i=1}^{M}\frac{\boldsymbol{H}_{i\cdot}^{\mathrm{T}}\boldsymbol{H}_{i\cdot}}{\gamma_{i}}$$

$$\lambda \leftarrow \frac{1}{PL}\|\boldsymbol{Y}' - \tilde{\boldsymbol{\Phi}}\boldsymbol{H}\|_{\mathrm{F}}^{2} + \frac{\lambda}{P}\mathrm{Tr}(\tilde{\boldsymbol{\Phi}}\boldsymbol{\Gamma}\tilde{\boldsymbol{\Phi}}^{\mathrm{T}}(\lambda\boldsymbol{I} + \tilde{\boldsymbol{\Phi}}\boldsymbol{\Gamma}\tilde{\boldsymbol{\Phi}}^{\mathrm{T}})^{-1})$$

步骤 5：计算迭代误差 $d = \max(\mathrm{abs}(\boldsymbol{\mu}_{x}^{(k)} - \boldsymbol{\mu}_{x}^{(k-1)}))$，其中 $\mathrm{abs}(\cdot)$ 表示向量各个元素的绝对值。

步骤 6：循环执行步骤 3~4，直到迭代次数大于 $r_{\max}$ 或者迭代误差 d 小于停止阈值 e。

输出：均值 $\boldsymbol{\mathcal{M}}$ 即所需要得到的信道抽头系数。

6.2.4　仿真结果分析

为了验证本章所提算法在冰下环境的可行性和可靠性，利用仿真软件对该算法进行了蒙特卡罗仿真。仿真信道由 Bellhop 仿真软件产生。图 6-5（a）给出了 2019 年 1 月于松花湖冰下环境实测的声速剖面数据，其中测试时冰层厚度约为 45cm。将该声速剖面数据导入 Bellhop 中，设置发射换能器和接收换能器深度为 15m，通信距离为 4km，从而产生图 6-5（b）所示的仿真信道。

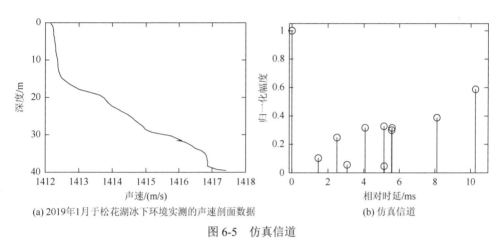

(a) 2019年1月于松花湖冰下环境实测的声速剖面数据　　　　(b) 仿真信道

图 6-5　仿真信道

系统采用表 6-2 所示的 OFDM 系统仿真参数。其中，每帧信号包含 4 个 OFDM 符号。映射方式采用正交相移键控（Quadrature Phase Shift Keying，QPSK）方式。为了更加直观地比较不同信道估计方法对通信系统性能的影响，仿真过程中未添加信道编码。

表 6-2　OFDM 系统仿真参数

参数	数值	参数	数值
FFT 长度	8192	梳状导频占用率	0.25
采样频率/kHz	32	符号时长/ms	256
通信频带 B/kHz	3～4	循环前缀/ms	64
有效子载波数	257	映射方式	QPSK

信道估计 MSE 通过式（6-18）计算：

$$\text{MSE} = \left(\sum_{i=0}^{L-1} \| \hat{\boldsymbol{h}}_i - \boldsymbol{h} \|^2 / \| \boldsymbol{h} \|^2 \right) / L \tag{6-18}$$

式中，$\|\bullet\|$ 为向量 2-范数；$\hat{\boldsymbol{h}}_i$ 为第 i 个 OFDM 符号的信道估计，共有 L 个 OFDM 符号；$\boldsymbol{h}$ 为真实信道冲激响应。

仿真主要分为两部分：所给的不同参数的改进方法与 TMSBL 及先验 TMSBL 方法的仿真对比；所给方法和其他信道估计方法的对比。

图 6-6 给出了改进方法的信道估计 MSE。改进方法为采用 SVD 降噪及 LS 获得信道先验知识的降噪先验 TMSBL 方法。从图 6-6 中可以看出，相较于 TMSBL 方法，先验 TMSBL 方法在低信噪比下选择适当的 α，信道估计精度较高；在高信噪比下，信道估计精度则较低。由于降噪先验 TMSBL 方法结合 SVD 对接收导频矩阵进行降噪，所以能够有效地提高信道估计的精度。当 $\alpha = 0.03$、信噪比为 30dB 时，改进方法信道估计 MSE 为 3.94×10^{-5}，而 TMSBL 方法的 MSE 为 6.81×10^{-5}。相较于 TMSBL 方法，改进方法信道估计 MSE 降低了 2.87×10^{-5}，约为 42%。当 $\alpha = 0.03$、信噪比为 1dB 时，本节所提方法信道估计误差相较于 TMSBL 方法降低了约 1.66×10^{-1}。

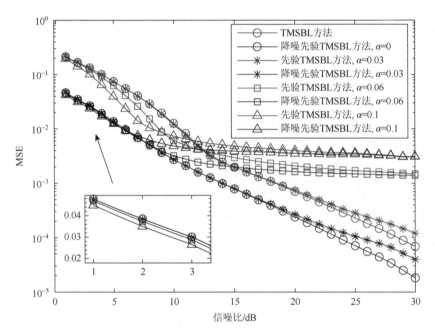

图 6-6　改进方法的信道估计 MSE（彩图附书后）

图 6-7 给出了先验 TMSBL 方法和降噪先验 TMSBL 方法的信道估计运行时间随信噪比的变化。仿真结果表明，利用 LS 信道估计获得 TMSBL 的先验知识和 SVD 去噪都可以有效地降低方法的计算复杂度。

图 6-8 给出了不同信道估计方法的 MSE 随信噪比的变化。图 6-9 给出不同信道估计方法的运行时间。从图 6-9 中可以看出，TMSBL 方法的运行时间最高，而本节所提改进方法的运行时间相较于 TMSBL 方法有显著的下降。

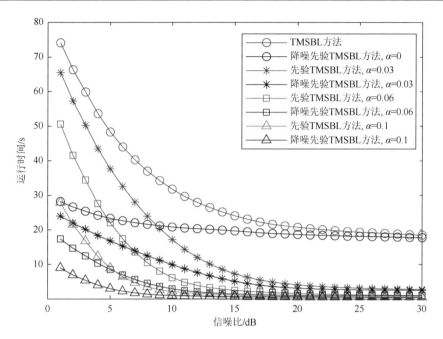

图 6-7　改进方法的运行时间对比（彩图附书后）

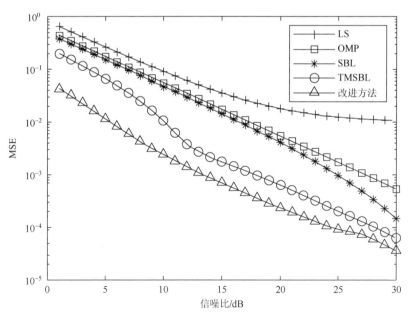

图 6-8　信道估计误差

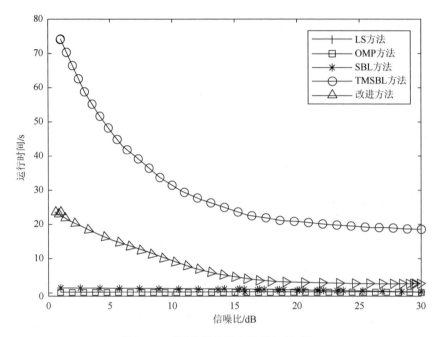

图 6-9　不同信道估计方法的运行时间

6.2.5　海试数据处理

为了进一步验证本节提出方法的可行性和可靠性，2020 年 8 月 11 日于第十一次北极科考中开展了冰下试验。试验水域位于加拿大海盆西北部地区，海水表面被厚冰层覆盖。试验时发射换能器布放深度为水下 80m 处，接收换能器所处深度为水下 142m。发射船和接收船相距 9.8km。通信系统采用的编码方式为 Turbo 码[22]，其中码率 $\eta_{\text{Turbo}} = 0.5$，生成多项式为 $[G_1, G_2] = [5, 7]$。OFDM 系统仿真参数与表 6-2 一致。

图 6-10 是通信时段北极冰下信道冲激响应历程图。由图 6-10 中可以看出，北极冰下信道结构较为稳定，并且水声信道能量集中在少数路径，具有稀疏特性。图中用方框标出了最大多径时延，可以看出最大多径时延约为 45ms。

图 6-11 为试验冰区的声速剖面图。由图 6-11 可以看出，试验冰区具有典型的双声道波导特性。

图 6-12 给出利用不同方法获得的不同接收帧误码率。从图 6-12 中可以看出，LS 方法的原始误码率最高。OMP 方法误码率低于 LS 方法。由于在实际过程中不知道信道的稀疏度先验知识，OMP 方法的原始误码率仍然是较高的。而 SBL 方法的原始误码率低于 OMP 方法。相比较于上述信道估计方法，本节所提改进方法和 TMSBL 方法的原始误码率较低。

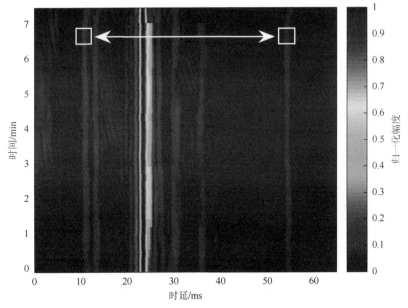

图 6-10　通信时段北极冰下信道冲激响应历程图

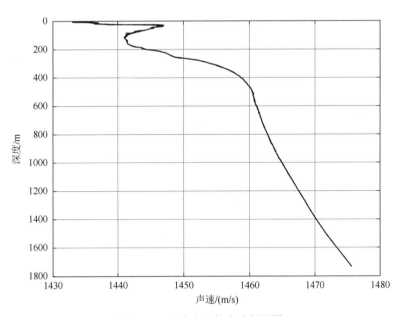

图 6-11　试验冰区的声速剖面图

表 6-3 给出了不同信道估计方法的平均误码率对比。由于 Turbo 码具有编码增益，因此不同信道估计方法解码后误码率都较低。所以下面主要分析平均原始误码率。从表 6-3 中可以看出，本节所给的方法平均原始误码率略优于原始 TMSBL

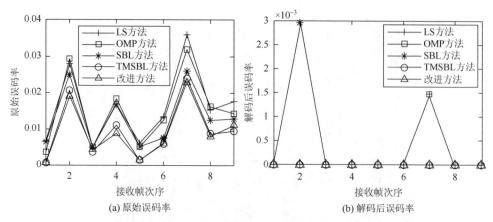

图 6-12 利用不同方法获得的不同接收帧误码率

方法，同时运行时间降低约为 25s，下降了约 75%。而相比较于 LS 方法、OMP 方法和 SBL 方法，尽管本节所提改进方法的计算量较高，但是平均原始误码率较低，达到 10^{-3} 数量级。

表 6-3 不同信道估计方法的平均误码率对比

信道估计方法	平均原始误码率	平均解码误码率	平均运行时间/s
LS 方法	1.56×10^{-2}	1.63×10^{-4}	0.0019
OMP 方法	1.52×10^{-2}	1.63×10^{-4}	0.3382
SBL 方法	1.31×10^{-2}	3.287×10^{-4}	1.1941
原始 TMSBL 方法	9.50×10^{-3}	0	33.7943
本节所提改进方法	9.20×10^{-3}	0	8.6099

上述的试验结果是奇异值矩阵保留奇异值大于均值 δ_{ave} 所获得的，通过筛选后只保留了 1 个奇异值。表 6-4 给出了保留不同的奇异值所获得海上试验数据的平均误码率。由于每帧信号包含 4 个 OFDM 符号，因此能够保留的最多奇异值个数为 4。从表 6-4 中可以看出，保留奇异值数量为 1，即通过均值 δ_{ave} 筛选的原始误码率较低，并且平均运行时间较短。随着保留奇异值数量的增多，由于去噪效果逐渐降低，从而导致平均原始误码率和平均运行时间上升。

表 6-4 保留不同的奇异值所获得海上试验数据的平均误码率

保留奇异值数量	平均原始误码率	平均解码误码率	平均运行时间/s
1	9.20×10^{-3}	0	8.6099
2	9.25×10^{-3}	0	8.8972
3	9.41×10^{-2}	0	9.2651
4	9.44×10^{-3}	0	9.8596

6.3　冰下多普勒估计方法

下面给出基于信道稀疏度检测的 OFDM 水声通信多普勒估计与补偿方法,该方法的核心思想是对多普勒畸变后接收信号中的导频子载波进行多普勒因子匹配,估计出接收信号在不同多普勒补偿条件下的信道时域响应,利用冰下水声信道的稀疏特性,选择稀疏度最大的信道所对应的多普勒因子作为多普勒估计,再对信号进行多普勒补偿。当前符号的多普勒估计再作为下一符号的初始化多普勒,对多普勒进行逐符号估计。图 6-13 给出了多普勒估计系统框图,主要由多普勒补偿技术和多普勒自主识别技术构成。

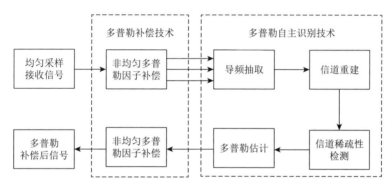

图 6-13　多普勒估计系统框图

1. 信道与系统模型

考虑在冰水混合浅水海域条件下进行远程通信,各条多径入射角接近,且浮冰随水流漂移,各条多径多普勒近似相等,此时水声信道时域冲激响应可以表示为

$$h(\tau,t) = \sum_{p=0}^{L-1} h_p \delta(\tau - (\tau_p - at)) \tag{6-19}$$

式中, a 与 τ_p 分别为时变多普勒因子及第 p 条路径上的固定时延。发射的 OFDM 信号为

$$s(t) = \sum_{k=0}^{N-1} d(k) e^{i2\pi(k/T)t} \tag{6-20}$$

式中, T 为一个 OFDM 的符号持续时间; N 为子载波个数; $d(k)$ 为第 k 个信息数据。

OFDM 信号通过水声信道后,接收信号可以表示为

$$r(t) = \sum_{p=0}^{L-1} h_p s((1+a)t - \tau_p) + w(t) \tag{6-21}$$

式中，$w(t)$ 为高斯加性白噪声。

在实际应用中，接收信号 $r(t)$ 以 $t = nT/N$，$n = 0,1,\cdots,N-1$ 进行采样，获得时域均匀分布离散信号 $r(n)$。在多普勒补偿因子为 λ 的条件下，第 m 个解调子载波频率为 $m(1+\lambda)/T$，对接收信号进行解调，第 m 个子载波多普勒补偿后输出 $z(m)$ 为

$$z(m) = \frac{1}{N}\sum_{n=0}^{N-1} r(n)\mathrm{e}^{-\mathrm{i}2\pi\frac{m(1+\lambda)}{N}n} \qquad (6\text{-}22)$$

2. 多普勒自主识别技术

结合式（6-20）和式（6-21），进一步推导式（6-22）可得

$$z(m) = \sum_{k=0}^{N-1} H(k,m)d(m) + \tilde{w}(m) \qquad (6\text{-}23)$$

式中

$$H(k,m) = H(k)\frac{1}{N}\sum_{n=0}^{N-1}\mathrm{e}^{\mathrm{i}\frac{2\pi n}{N}[(1+a)k-(1+\lambda)m]} \qquad (6\text{-}24)$$

$$H(k) = \sum_{p=0}^{L-1} h_p \mathrm{e}^{-\mathrm{i}2\pi k\tau_p/T} \qquad (6\text{-}25)$$

式中，$H(k,m)$ 为载波间干扰系数；$H(k)$ 为信道多普勒补偿后的傅里叶变换。

考虑将载波间干扰视为噪声的信号模型，可以得到

$$z(m) = H(m,m)d(m) + \eta(m) \qquad (6\text{-}26)$$

式中，$\eta(m) = \displaystyle\sum_{k=0,k\neq m}^{N-1} H(k,m)d(m) + \tilde{w}(m)$ 为等效噪声。

利用式（6-26）通过信道估计算法可以获得信道估计 $\hat{H}(m)$：

$$\hat{H}(m) = H(m)\frac{1}{N}\sum_{n=0}^{N-1}\mathrm{e}^{\mathrm{i}\frac{2\pi n}{N}[(1+a)m-(1+\lambda)m]} \qquad (6\text{-}27)$$

当多普勒因子 $\lambda = a$ 时，此时信道估计 $\hat{H}(m)$ 等于信道真实的频域响应 $H(m)$。由水声信道的稀疏特性可知，此时 $\hat{H}(m)$ 的时域响应是稀疏的；当 $\lambda \neq a$ 时，此时信道估计 $\hat{H}(m)$ 等于信道的频域响应 $H(m)$ 乘以不恒为常数的函数，所以 $\hat{H}(m)$ 的时域响应可以看作 $H(m)$ 的时域响应的时延叠加，因此 $\hat{H}(m)$ 的时域响应是非稀疏的[12]。因此，利用浅海水声信道的稀疏特性先验知识，可以有效地实现多普勒识别。

6.3.1　基于信道稀疏度检测的多普勒估计方法

根据式（6-22）对接收信号直接进行多普勒搜索补偿的计算量较大，文献[23]

结合频域变采样算法对接收信号进行快速搜索补偿，但是其多普勒估计精度受限于 FFT 算法的计算分辨率，在中高纬度冰水混合区复杂信道环境下应用效果不佳，若采用高分辨率 FFT 进行多普勒估计和补偿需要消耗大量的存储空间并且计算复杂度高。针对上述问题，下面给出改进的利用时域重采样对接收信号进行多普勒搜索补偿的多普勒估计方法。

　　图 6-14 为改进的 OFDM 水声通信多普勒估计算法框图。算法通过时域重采样技术替代频域变采样技术得到多普勒搜索因子补偿后的解调导频向量 $z_{i,\gamma}$，利用解调导频向量和压缩感知技术对信道进行重建 $\hat{\xi}_{i,\gamma}$，选择信道稀疏度最大的信道所对应的多普勒因子作为多普勒估计 $\hat{\lambda}_{opt}$，同时获得的稀疏信道估计用于对接收信号做信道均衡。当前符号的多普勒估计值作为下一符号多普勒的初始值。

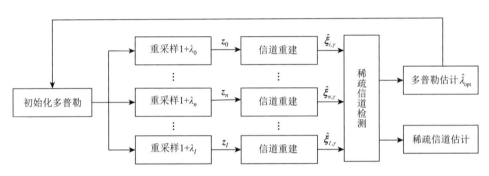

图 6-14　改进的 OFDM 水声通信多普勒估计算法框图

1. 多普勒重采样技术

在接收端以多普勒因子 λ_i 对接收信号进行重采样，第 m 个子载波的 FFT 输出：

$$z_i[m] = \int_0^T r\left(\frac{t}{1+\lambda_i}\right) \mathrm{e}^{-\mathrm{i}\frac{2\pi m}{T}t} \mathrm{d}t \tag{6-28}$$

将式（6-21）代入式（6-28），可以得到

$$
\begin{aligned}
z_i[m] &= \int_0^T \sum_{p=0}^{L-1} A_p \sum_{k=0}^{N-1} d[k] \mathrm{e}^{\mathrm{i}\frac{2\pi k}{T}\left(\frac{1+a}{1+\lambda_i}t-\tau_p\right)} g\left(\frac{1+a}{1+\lambda_i}t-\tau_p\right) \mathrm{e}^{-\mathrm{i}\frac{2\pi m}{T}t} \mathrm{d}t + \tilde{w}(m) \\
&= \frac{1+\lambda_i}{1+a} \sum_{k=0}^{N-1} d[k] \sum_{p=0}^{L-1} A_p \mathrm{e}^{-\mathrm{i}2\pi\frac{m(1+\lambda_i)}{T(1+a)}\tau_p} \int_{-\tau_p}^{\frac{(1+a)}{1+\lambda_i}T-\tau_p} g(t) \mathrm{e}^{\mathrm{i}2\pi\left(\frac{k}{T}-\frac{m(1+\lambda_i)}{T(1+a)}\right)t} \mathrm{d}t + \tilde{w}(m) \\
&= \sum_{k=0}^{N-1} H(k,m) d[k] + \tilde{w}(m)
\end{aligned}
\tag{6-29}
$$

式中

$$H(k,m) = Q''(m)G''(k,m)$$

$$Q''(m) = \frac{1+\lambda_i}{1+a} \sum_{p=0}^{L-1} A_p \mathrm{e}^{-\mathrm{i}2\pi \frac{m(1+\lambda_i)}{T(1+a)}\tau_p} \qquad (6\text{-}30)$$

$$G''(k,m) = \int_{-\tau_p}^{\frac{1+a}{1+\lambda_i}T-\tau_p} g(t)\mathrm{e}^{\mathrm{i}2\pi\left(\frac{k}{T} - \frac{m(1+\lambda_i)}{T(1+a)}\right)t}\mathrm{d}t$$

当 $\lambda_i = a$ 时，此时的信道估计为

$$\hat{H}[m] = \sum_{p=0}^{L-1} A_p \mathrm{e}^{\mathrm{i}\frac{2\pi m}{T}\tau_p} \qquad (6\text{-}31)$$

2. 时变多普勒估计技术

假设 OFDM 符号里面导频位置 $\boldsymbol{\gamma} = [\gamma_1, \gamma_2, \cdots, \gamma_k]^{\mathrm{T}}$，则将式（6-26）写为矩阵形式：

$$\boldsymbol{z}_{\gamma,i} = \boldsymbol{d}_\gamma \boldsymbol{H}_{\gamma,i} + \boldsymbol{\eta} \qquad (6\text{-}32)$$

式中，$\boldsymbol{z}_{\gamma,i} = [z(v_{\gamma_1,i}), z(v_{\gamma_2,i}), \cdots, z(v_{\gamma_k,i})]^{\mathrm{T}}$ 为第 i 个多普勒搜索因子补偿下的导频向量；$\boldsymbol{d}_\gamma$ 为导频对角矩阵；$\boldsymbol{\eta}$ 为等效噪声向量；$\boldsymbol{H}_{\gamma,i}$ 为信道频域向量。利用贝叶斯稀疏水声信道估计算法，可以获得此时的时域信道响应 $\boldsymbol{h}_i$ [24]。当多普勒搜索因子 $\lambda_i = a$ 时，此时信道的稀疏性质最为显著，归一化稀疏能量最小。因此，可以通过式（6-33）进行多普勒识别：

$$\hat{\lambda}_{\mathrm{opt}} = \arg\min_{i \in I}((f_{\mathrm{norm}}(\boldsymbol{h}_i))^{\mathrm{H}} f_{\mathrm{norm}}(\boldsymbol{h}_i)) \qquad (6\text{-}33)$$

式中，I 为最大多普勒搜索次数；$f_{\mathrm{norm}}(\cdot)$ 为能量归一化函数。通过式（6-33）即可获得多普勒估计 $\hat{\lambda}_{\mathrm{opt}}$。

6.3.2 仿真结果分析

为了验证本节所提的改进算法在中高纬度海域冰水混合区环境下的可行性和可靠性，本节利用 MATLAB 软件对算法进行了蒙特卡罗仿真。仿真信道采用 2016 年中国第七次北极科考实测的冰下信道响应数据，通信距离为 6500m，平均海深为 150m，北极信道冲激响应实测图如图 6-15 所示。

图 6-15（b）是图 6-15（a）观测历程图中 1500s 时的信道冲激响应，可以看到受极地海域表面浮冰的影响，信道多径分布密集且能量强，同时受北冰洋海底反射的影响，最大多径时延达 250ms。

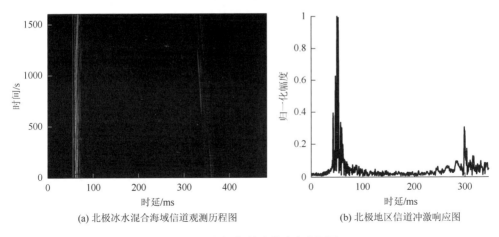

(a) 北极冰水混合海域信道观测历程图　　　　　　(b) 北极地区信道冲激响应图

图 6-15　北极信道冲激响应实测图

系统采用表 6-5 所示的 OFDM 系统仿真参数，利用码率 $\eta_{\text{Turbo}} = 0.5$、多项式为 $[G_1, G_2] = [5,7]$ 的 Turbo 码进行编码，系统的频域分集数 Div = 2，采用最大后验概率（Maximum A Posteriori，MAP）解码。

表 6-5　OFDM 系统仿真参数

参数	数值	参数	数值
FFT 长度	8192	梳状导频占用率 η_{Pilot}	0.25
采样率/kHz	48	符号时长 T_{OFDM} /ms	171
通信频带 B/kHz	4~8	循环前缀 T_{CP} /ms	43
有效子载波数	681	映射方式	QPSK

根据表 6-5 的仿真参数，可得 OFDM 的频带利用率 $\eta_B = 2$，进而可以计算出此时的通信速率 R：

$$R = \frac{T_{\text{OFDM}}}{T_{\text{OFDM}} + T_{\text{CP}}} \times B \times \eta_B \times \eta_{\text{Turbo}} \times (1 - \eta_{\text{Pilot}}) \times \frac{1}{\text{Div}} = 1200(\text{bit/s}) \qquad (6\text{-}34)$$

图 6-16 为仿真发射数据的帧结构，每一帧信号的首部包含持续时间为 0.0427s 的 LFM 信号，用于实现帧同步。在 LFM 信号后紧接着长为 0.0853s、频率为 6kHz 的 CW 信号，用于多普勒因子的粗估计。单频信号后面为 4 个 OFDM 符号。

仿真时，设定仿真信道为图 6-15（b），两种算法的多普勒搜索步长为 1.0×10^{-4}，多普勒搜索范围 $K = 11$，信号收发端相对运动速度为 -0.6m/s，信噪比为 13dB，原始算法的高阶 FFT 长度分别为 64K（65536）和 128K（131072）。图 6-17 是两种多普勒估计算法（原始算法 FFT 长度为 64K，原始算法 FFT 长度为 128K）在不同多普勒压缩因子补偿后的信道稀疏度和多普勒的关系图。从图 6-17 中可以看出，在此仿真条件下，两种算法均可以实现对信号多普勒畸变的有效估计。原始算法的稀疏度估计曲线随着高阶 FFT 长度的增加而趋于平滑，但是受频域分辨率固定的影响，在信道稀疏度曲线的平滑度方面原始算法明显差于改进算法。

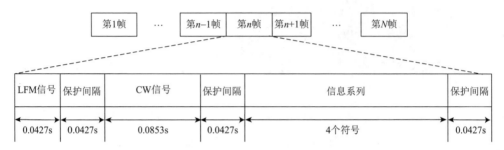

图 6-16　仿真发射数据的帧结构

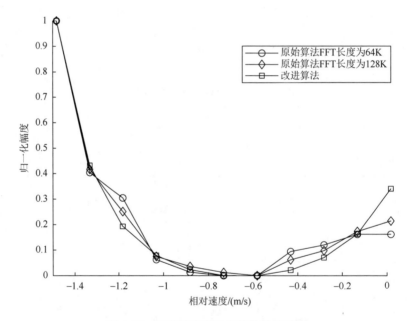

图 6-17　信道稀疏度和多普勒的关系图

在[−2, 2]m/s 区间内随机改变信号收发端的相对运动速度，改变仿真所添加的信噪比，保持其他仿真条件不变，图 6-18 给出了单频测频算法、原始算法 FFT 长度为 64K、原始算法 FFT 长度为 128K、空载波多普勒估计算法和改进算法的平均测速误差绝对值的仿真结果。其中空载波多普勒估计算法中所添加的空载波为 64 个，约占有效数据子载波的 14.10%。从图 6-18 中可以看出，上述算法均能实现对信号收发端相对运动速度的有效估计，并且对运动速度的平均估计误差随着信噪比提升而降低。单频测频算法由于信号长度和频域分辨率有限，在信道多径的影响下多普勒估计误差最大。而原始算法的多普勒估计误差随着 FFT 长度的增加，即原始算法的频域计算分辨率的提高，多普勒估计误差也逐渐减小，但是其计算量也显著增加。空载波多普勒估计算法的平均测速误差随着信噪比的增加而迅速减小。由于空载波多普勒估计算法对于噪声比较敏感，所以在低信噪比下，多普勒估计误差较大；而在信噪比较高时，其多普勒估计误差与改进算法相当。另外，改进算法的平均测速误差始终低于单频测频算法和原始算法，稳定在0.02m/s。相较于空载波多普勒估计算法，改进算法的多普勒测速误差整体低于空载波多普勒估计算法，并且改进算法不需要添加空子载波，可以节省约 14.10%的有效数据子载波，从而避免额外的频带开销。相比较于原始算法，改进算法在计算量减少的同时，多普勒估计误差也相对较小。

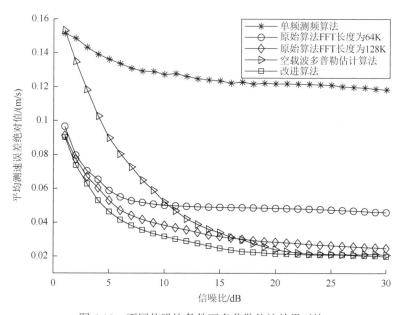

图 6-18 不同信噪比条件下多普勒估计效果对比

6.3.3 海试数据处理

为进一步验证所给方法的可行性和可靠性，2018 年 1 月 30 日于丹东外海进行了海试验证。试验所处水域位于丹东港以南 22n mile 处。试验所处水域开阔，平均海水深度为 18m，海水表面有大量浮冰。试验时信号接收船锚定在海上，接收换能器吊放在水下 10m 处。信号发送船位于接收船以北 1.5km 处，船体随海流缓慢漂移，发送换能器吊放在水下 8m 处。通信过程中，系统采用编码方式与仿真一致，OFDM 系统仿真参数与表 6-4 一致，系统的频域分集数为 1，此时通信速率为 2.40Kbit/s。试验时共收到 9 帧信号。

　　图 6-19 给出了接收船附近水域声速梯度剖面图，水面 5m 以下声速呈现弱正梯度分布。

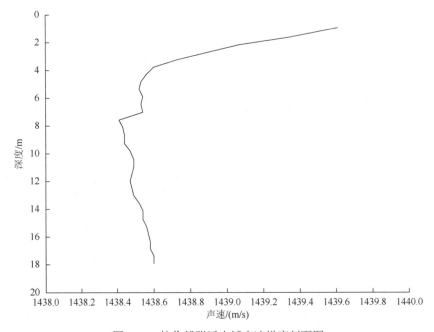

图 6-19　接收船附近水域声速梯度剖面图

　　图 6-20（a）给出了试验时记录的冰水混合水域信道观测历程图，图 6-20（b）给出了第一帧接收信号利用匹配追踪算法对稀疏信道重建所得到的信道冲激响应。可以看到，受海面浮冰和海底反射影响，通信信道多径能量较强，最大多径时延可达 0.03s。接收信号能量主要集中在少数的传播路径中，信道具备显著的稀疏特性。

　　在实际数据处理中，两种算法的多普勒搜索步长为 1.0×10^{-4}，多普勒搜索范围 $K = 11$。图 6-21 给出了单频测频算法、FFT 长度为 128K 的原始算法和改进算法对两船间相对速度的估计结果。由图 6-21 可以看出，三种算法对两船间相对速度测算并不一致。改进算法与 FFT 长度为 128K 的原始算法之间约有 0.06m/s 的测速偏差。

　　图 6-22 给出了利用三种算法估计的多普勒因子对信号多普勒畸变补偿后的误码率。由图 6-22 中可以看出，三种算法均可以实现对接收信号多普勒畸变的估计和补偿。利用单频测频算法对信号多普勒畸变补偿后，原始误码率为 9.1%。利用

原始算法估计结果对信号多普勒畸变补偿后，通信系统原始误码率为 8.6%，而通过改进算法估计结果对信号多普勒畸变补偿后，原始误码率仅为 4.9%。经过 MAP 解码后，利用原始算法解调后，受第 6 帧接收信号原始误码率较高导致的误码遗传问题影响，平均误码率达 3.9%。利用单频测频算法解码后的平均误码率达 4.6%，而改进算法 9 帧接收信号均无误码，远优于原始算法，可以实现可靠冰下水声移动通信。

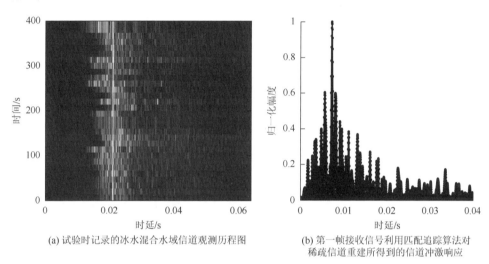

(a) 试验时记录的冰水混合水域信道观测历程图　　(b) 第一帧接收信号利用匹配追踪算法对稀疏信道重建所得到的信道冲激响应

图 6-20　通信时段信道响应

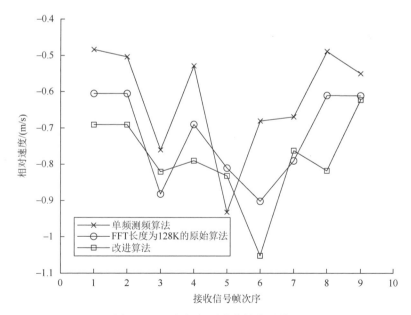

图 6-21　两船间相对速度的估计结果

　　图 6-23 给出了分别采用原始算法和改进算法对第 1 帧接收信号进行多普勒估计、补偿及均衡后得到的星座图。系统的输出信噪比为 7～13dB。可以看到，采用原始算法得到的星座图收敛度明显不如改进算法，说明了改进算法的多普勒估计性能优于原始算法。

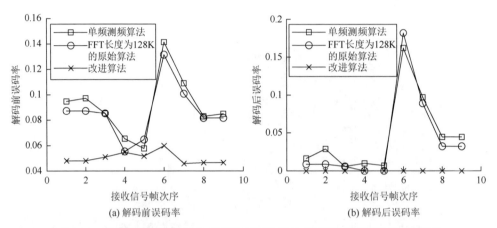

(a) 解码前误码率　　　　　　　　(b) 解码后误码率

图 6-22　利用三种算法估计的多普勒因子对信号多普勒畸变补偿后的误码率

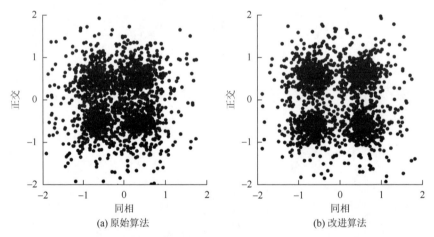

(a) 原始算法　　　　　　　　(b) 改进算法

图 6-23　采用原始算法和改进算法对第 1 帧接收信号进行多普勒估计、
补偿及均衡后得到的星座图

参 考 文 献

[1]　李启虎，黄海宁，尹力，等. 北极水声学研究的新进展和新动向[J]. 声学学报，2018，43（4）：420-431.

[2]　黄海宁，刘崇磊，李启虎，等. 典型北极冰下声信道多途结构分析及试验研究[J]. 声学学报，2018，43（3）：273-282.

[3]　殷敬伟，杜鹏宇，朱广平，等. 松花江冰下声学试验技术研究[J]. 应用声学，2016，35（1）：58-68.

[4]　Tian Y，Han X，Yin J，et al. Adaption penalized complex LMS for sparse under-ice acoustic channel estimations[J]. IEEE Access，2018，6：63214-63222.

[5]　韩笑. 浅海环境下单载波时域均衡水声通信关键技术研究[D]. 哈尔滨：哈尔滨工程大学，2016.

[6]　Leppäranta M，Zhang Z H，Haapala J，et al. Sea-ice kinematics measured with GPS drifters[J]. Annals of Glaciology，2001，33：151-156.

[7]　Spreen G，Kwok R，Menemenlis D. Trends in Arctic sea ice drift and role of wind forcing：1992-2009[J]. Geophysical Research Letters，2011，38（19）：1-14.

[8]　李志军，张占海，卢鹏，等. 2003 年夏季北冰洋海冰动力学特征参数[J]. 水科学进展，2007（2）：193-197.

[9]　Cotter S F，Rao B D. Sparse channel estimation via matching pursuit with application to equalization[J]. IEEE Transactions on Communications，2002，50（3）：374-377.

[10]　Karabulut G Z，Yongacoglu A. Sparse channel estimation using orthogonal matching pursuit algorithm[C]. IEEE 60th Vehicular Technology Conference，Los Angeles，2004：3880-3884.

[11]　Kurisummoottil C T，Slock D. Variational Bayesian learning for channel estimation and transceiver determination[C]. 2018 Information Theory and Applications Workshop，San Diego，2018：1-9.

[12]　Prasad R，Murthy C R，Rao B D. Joint approximately sparse channel estimation and data detection in OFDM systems using sparse Bayesian learning[J]. IEEE Transactions on Signal Processing，2014，62（14）：3591-3603.

[13]　Zhang Z，Rao B D. Sparse signal recovery with temporally correlated source vectors using sparse Bayesian learning[J]. IEEE Journal of Selected Topics in Signal Processing，2011，5（5）：912-926.

[14]　Qiao G，Song Q，Ma L，et al. Sparse Bayesian learning for channel estimation in time-varying underwater acoustic OFDM communication[J]. IEEE Access，2018，6：56675-56684.

[15]　Tipping M E. Sparse Bayesian learning and the relevance vector machine[J]. Journal of Machine Learning Research，2001，1（3）：211-244.

[16]　Wipf D P，Rao B D. Sparse Bayesian learning for basis selection[J]. IEEE Transactions on Signal Processing，2004，52（8）：2153-2164.

[17]　吕新荣，李有明，余明宸. OFDM 系统的信道与脉冲噪声的联合估计方法[J]. 通信学报，2018，39（3）：191-198.

[18]　Qiao G，Song Q，Ma L，et al. Channel prediction based temporal multiple sparse Bayesian learning for channel estimation in fast time-varying underwater acoustic OFDM communications[J]. Signal Processing，2020，175：1-9.

[19]　胡谋法，董文娟，王书宏，等. 奇异值分解带通滤波背景抑制和去噪[J]. 电子学报，2008，36（1）：111-116.

[20]　Wipf D P，Rao B D. An empirical Bayesian strategy for solving the simultaneous sparse approximation problem[J]. IEEE Transactions on Signal Processing，2007，55（7）：3704-3716.

[21]　Wu C F. On the convergence properties of the EM algorithm[J]. The Annals of Statistics，Institute of Mathematical Statistics，1983，11（1）：95-103.

[22]　吴伟陵. 通向信道编码定理的 Turbo 码及其性能分析[J]. 电子学报，1998，26（7）：35-40.

[23]　普湛清，王巍，张扬帆，等. UUV 平台 OFDM 水声通信时变多普勒跟踪与补偿算法[J]. 仪器仪表学报，2017，38（7）：1634-1644.

[24]　Lin J，Nassar M，Evans B L. Non-parametric impulsive noise mitigation in OFDM systems using sparse Bayesian learning[C]. 2011 IEEE Global Telecommunications Conference-GLOBECOM 2011，Houston，2011：1-5.

第 7 章　北极水声观测研究现状

7.1　国外研究情况

美国海军进入北极已近一个世纪，1958 年，美国海军核潜艇鹦鹉螺号（SSN 571）第一次自冰下潜航成功穿越北极点。经过 50 多年的发展，在多个大型国家计划的资助下，由 1952 年建立的 T-3 浮冰站开始，美国海军建立了多座北极试验站，积累了大量观测数据，取得了许多研究成果。冷战结束后，随着北极战略地位的迅速提升，对北极的研究进入一个新时期，美国及其他临近北极国家不断地加强在北冰洋地区的军事演练和科学研究。图 7-1 为美国在 1971~1994 年建立的北极试验站。

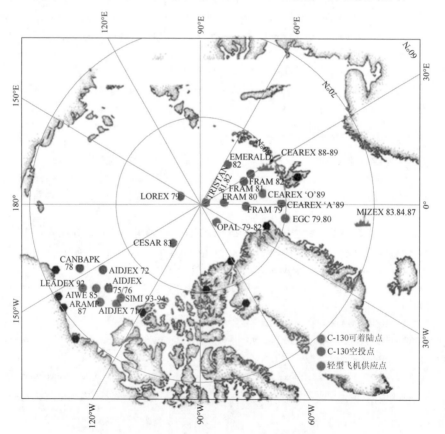

图 7-1　美国北极试验站（1971~1994 年）（彩图附书后）

由于北冰洋特别是海冰覆盖海域的声场特性研究，直接关系到在北极地区活动核潜艇的通信、导航及探测，因此 1958 年美国在 T-3 浮冰站第一次进行了对潜水声通信的试验。试验中出现的北冰洋正梯度声速分布及对应的向上弯曲的声线等特殊现象，引起科学家的极大兴趣。20 世纪 60 年代，北极水声学（Arctic Acoustics）成为北极相关研究的热点。

从 1993 年开始，美国联合其他国家开展了多次横跨北极的声传播综合性试验。这些试验取得了大量的研究成果，极大地促进了北极水声学的发展。1993 年，美国海军使用核潜艇开启了北极海冰调查项目——SCIECX（Science Ice Exercise），旨在进行大尺度北极海冰形状测绘，加快北极科研步伐。SCIECX 涵盖了物理、化学、生物等多学科。此后，1995～1999 年 SCIECX 项目又连续开展了 5 年[1, 2]。图 7-2 为 SCIECX99 项目中破冰而出的核潜艇。

图 7-2　SCIECX99 项目中破冰而出的核潜艇

在北极海洋环境声学反演方面，美国学者做了大量的工作，使用声传播方法监测北极气候变暖造成的海水温度变化[3-6]。1994 年 4 月，首次开展了横跨北极的声传播（Transarctic Acoustic Propagation Experiment，TAP）试验，论证了声传播检测北极温度和海冰变化的可行性。TAP 试验首次在北极海域发现了大西洋中层水的变暖现象[7, 8]，数值仿真证明，20Hz 声信号中第 2 阶、第 3 阶简正波的传播时间能够精确地反映北极传播路径的平均温度和能量变化[9]。此外，TAP 试验为验证北极的海冰散射、声传播及混响模型提供了重要的数据。但是，TAP 试验仅仅进行了一周，不能体现海冰厚度和形态的时间变化（一般为季节尺度）对声传播及简正波模态衰减系数的影响[10]。

TAP 试验的成功和利用声学方法反演北极气候变化的乐观前景推动了 1998 年 8 月～1999 年 12 月的 ACOUS 试验，这次试验由美国和俄罗斯联合开展[11, 12]。接收端位于林肯海，为 8 阵元垂直阵，阵元间隔为 70m，覆盖 545m 水深。垂直

阵上同时配备了 5 个微型 CTD，每 10min 记录一次温度和盐度数据。声源位于 Franz
Victoria Strait，距离垂直阵 1250km，每 4 天发送一组 10 周期 255bit M 序列相位
调制信号，每 bit 包含 10 个周期的载波，载波频率为 20.5Hz。通过对接收信号进
行模态滤波，得到模态幅度、模态传播时间、脉冲波形的时间变化，来反演传播
路径的海冰参数和温度变化情况。图 7-3 为 ACOUS 试验所用的低频声源。

图 7-3　ACOUS 试验所用的低频声源

美国对北极冰下水声通信和导航方面也做了大量的研究工作[13-23]。2016 年
3 月，美国海军在波弗特海开展了多学科 ICEX16 冰原演习。Schmidt 和 Schneider[24]
研究了北极冰下环境自主式水下航行器（Autonomous Underwater Vehicle，AUV）设备
的布放、操作、回收及使用 AUV 感知气候变化等方面的工作。图 7-4 为 Macrura AUV

图 7-4　Macrura AUV 观测的冰站下表面形态

观测的冰站下表面形态。试验期间的声速剖面为双轴声道，1～4km 的通信效果非常差。为了提高 AUV 的通信和导航性能，在进行通信之前，先使用声场模型来计算冰下双轴声道的传播损失特性，使 AUV 位于传播性能最佳的位置，来提高通信距离和改善通信性能。图 7-5 为使用 Bellhop 模型计算的声场分布情况。

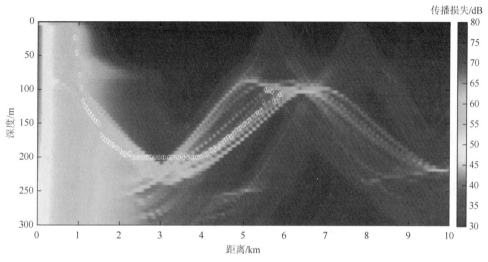

图 7-5　使用 Bellhop 模型计算的声场分布情况

此外，使用 Macrura 无人水下航行器（Unmanned Underwater Vehicle，UUV）自带的小型拖曳阵进行了冰下噪声的测量，Macrura UUV 及拖曳阵阵型参数和试验布置、测量场景及冰站情况如图 7-6 和图 7-7 所示。试验通过将 UUV 静态吊放

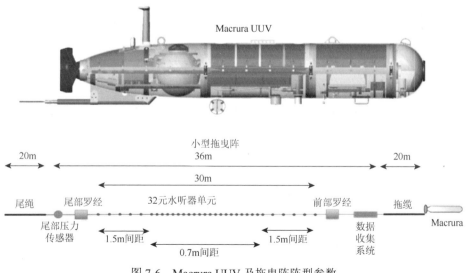

图 7-6　Macrura UUV 及拖曳阵阵型参数

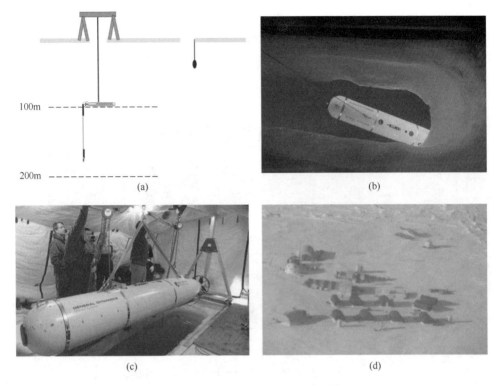

图 7-7　试验布置、测量场景及冰站情况

至水下 0m、23m 和 201m，利用拖曳阵的垂直孔径来记录冰下背景噪声，并对 800～900Hz 的背景噪声进行了垂直指向性分析。

　　美国伍兹霍尔海洋研究所与 Benthos 公司合作，研制了水下滑翔机及自主式水下机器人等观测载体，为北极水声通信和探测提供设备支持。华盛顿大学的应用物理实验室在多项计划的持续支持下，多年来一直致力于北极水声学，包括环境、定位、通信等方面的研究，并率先使用水下滑翔器（Sea Glider）进行北极研究[25]。北极冰盖下工作的 AUV 与滑翔机如图 7-8 所示。

　　近些年，美国海军研究办公室（Office of Naval Research，ONR）针对北极环境新变化，在加拿大海盆的双声道波导海域开展了多项资助计划。比较著名的综合观测试验有 2014 年的冰边缘区试验（MIZ）、2016～2017 年的加拿大海盆声传播试验（Canada Basin Acoustic Propagation Experiment，CANAPE）[26-33]、2017～2019 年的北极分层海洋动力（Stratified Ocean Dynamics in the Arctic，SODA）试验等[34]。

　　CANAPE 主要用于研究波弗特海双声道波导下的声传播特性。双声道声速结构给低频和中频远程声传播带来了优势，给反潜作战带来了便利。但是，双声道结构的范围、变化及时间和空间稳定性存在较多的不确定性。CANAPE 的主要目的是研究

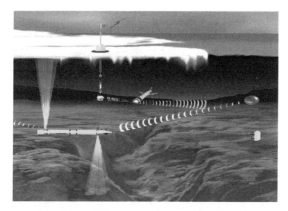

图 7-8 北极冰盖下工作的 AUV 与滑翔机

年度变化的海洋环境对双声道波导下低频远程声传播的影响，以及海洋环境噪声的时间、空间和频率统计变化规律等，并为未来水声对抗提供数据支持。图 7-9 为 CANAPE 试验布设情况。CANAPE 使用了 5 个声学层析阵列（Acoustic Tomography Array）构成一个五边形。在五边形内部的中心位置是 1 个声学层析阵列和 1 个分布式垂直线列阵（Distributed Verticle Line Array，DVLA）。通过 6 个声学层析阵列的声学互发互收及 DVLA 的声学接收，实现半径约 150km 的大面积声层析。声学层析阵列的声源频率为 250Hz，声源深度位于双声道波导的次表面声道的声道轴深度（约为 175m）。声源上方为 15 个水听器组成的 135m 长度的垂直阵。DVLA 阵列由 60 个水听器组成，水听器间距 9m，构成 540m 长度的垂直阵，用来监测声传播信号的深度-时间到达结构及起伏规律。整个声层析矩阵位于波弗特海的中心区域，该海域在夏季为开阔海域，在春季和秋季是海冰边缘区，在冬季则完全被冰盖覆盖，因此，声层析矩阵记录了不同冰层条件下的声传播特性和起伏规律。声学层析阵列上的 CTD、多普勒剖面仪、冰层测量声呐等设备记录了海水温度、盐度、密度、流速及冰层厚度的年度变化，可以作为声场特性分析的输入参数[35, 36]。

欧盟在北极水声学研究方面也开展了大量的研究工作。2008 年欧盟支持开展了北冰洋内部声学感知技术（Acoustic Technology for Observing the Interior of Arctic Ocean，ACOBAR），其主要目标是研制出集声层析、水下平台、冰下浮子和滑翔机信息传输为一体的北冰洋海洋环境监测和预报系统，图 7-10 为 ACOBAR 期望实现的覆盖北冰洋区域的系泊网格。ACOBAR 实现和测试了两种不同类型的海洋观测系统[37, 38]：一种是以海底系泊节点为主体的声层析系统，另一种是可以随浮冰漂流的冰上系泊声学平台。2008～2010 年，ACOBAR 项目组在弗拉姆海峡布置了声层析系统。除了可以通过声层析短时间精确地测量收发节点之间的平均温度和声速场，该系统的发射声源还可以为水下滑翔机提供导航信息，接收阵列可以收集低频环境噪声和监测海洋哺乳动物。

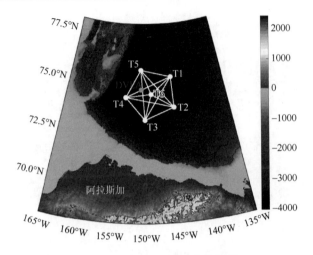

图 7-9　CANAPE 试验布设情况

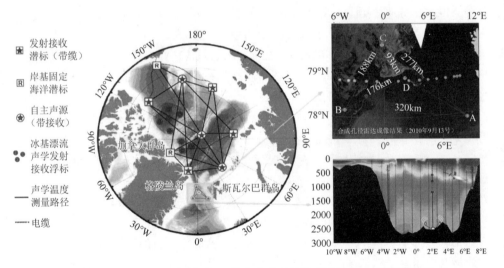

图 7-10　ACOBAR 期望实现的覆盖北冰洋区域的系泊网格（彩图附书后）

7.2　国内研究情况

国内对开阔水域特别是浅海声场的研究较为深入，而对北极及其毗邻海域的声传播及探测问题的研究比较薄弱，认识还比较缺乏，与美国、加拿大、俄罗斯等极地科研强国相比，还有很大的差距。我国的北极科学考察主要依靠雪龙号破冰船和雪龙 2 号破冰船，在每年的夏季进行北极多学科的综合考察。其中，雪龙号破冰船与雪龙 2 号破冰船分别如图 7-11 和图 7-12 所示。在中国第一次至第五

图 7-11　雪龙号破冰船

图 7-12　雪龙 2 号破冰船

次北极考察中积累了大量有价值的海洋环境数据，但没有涉及声学相关试验。2014 年，中国科学院声学研究所李启虎院士等[39]发表的《北极水声学：一门引人关注的新型学科》一文，系统地阐述了北极水声学特性，指明了北极水声学研究的重要意义，掀起了国内北极水声学研究的热潮。

2014 年 8 月，在国家海洋局极地考察办公室和极地中心的大力支持下，中国科学院声学研究所在北冰洋楚科奇海域（77°11′N，156°44′W）开展了国内首次北极噪声与水声传播试验，对北极冰区典型声速结构进行了测量，成功地获取了声传播数据，并对声传播特性进行了初步分析[40]。2016 年 7 月中国第七次北极科学考察，中国科学院声学研究所研究人员首次在北极海域进行了水声学试验研究，开创了我国北极水声学研究的先河，具有里程碑的意义。在长期冰站停留期间，进行了近程混响试验与冰下海洋噪声的获取试验。在短期冰站停留期间，经过近 7h 的试验，在不同距离上进行了中频水声通信试验、低频水声传播与测量试验，并利用雪龙船航渡期间进行了北冰洋地区冰下海洋噪声及航船噪声的获取试验。图 7-13 为研究人员在进行试验设备的安装和布放工作，图 7-14 为中国第七次北极科学考察 CTD 站位设置。

　　2017 年，中国开展第八次北极科学考察，中国科学院声学研究所在楚科奇海布放了声学综合潜标，首次进行了北极海洋环境噪声年度观测试验。同时，在北极腹地进行了冰下声传播、混响和噪声测量等试验。2018 年，中国开展第九次北极科学考察，中国科学院声学研究所开展了 7 个短期冰站和 1 个长期冰站的声学作业，通过自研的 500m 和 300m 垂直接收阵列，获得了水声传播和混响数据，长期冰站最长连续测量时间为 17h，回收了第八次北极科学考察布放的声学潜标，获取了 2017~2018 年的噪声年度数据，并重新进行了布放。图 7-15 为中国第九次北极科学考察发射端及接收端的工作场景，图 7-16 为声学试验站位置。

(a)　　　　　　　　　　　　　　　　(b)

(c)　　　　　　　　　　　　　　　　(d)

图 7-13　研究人员在进行试验设备的安装和布放工作

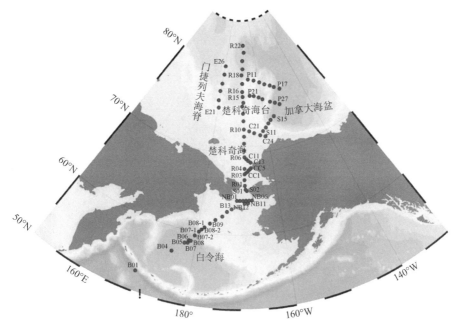

图 7-14　中国第七次北极科学考察 CTD 站位设置

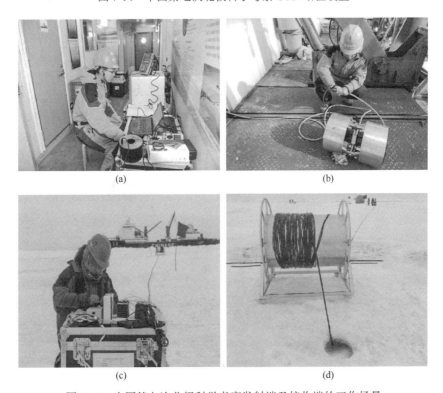

图 7-15　中国第九次北极科学考察发射端及接收端的工作场景

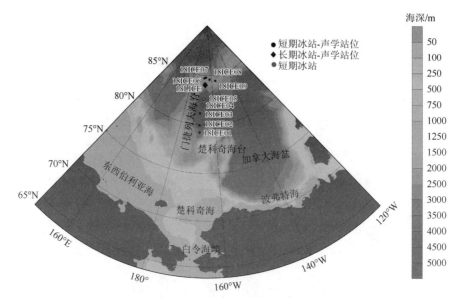

图 7-16　中国第九次北极科学考察声学试验站位置

2019 年，中国第十次北极科学考察，科研人员搭载向阳红 1 号科考船，进行了北极边缘海综合调查。由于向阳红 1 号无破冰能力，未能进行冰区声学试验。2020 年，中国第十一次北极科学考察，中国科学院声学研究所研究人员在加拿大海盆进行了拖曳声源声传播试验，是国内首次在加拿大海盆获得双声道波导下声学传播及雪龙 2 号船辐射噪声数据。如图 7-17 所示，其中，发射端在雪龙 2 号破冰船上，通过船尾拖曳主动声源；接收端位于橡皮艇，漂浮在海面上，通过 150m 分叉缆接收阵列进行声学信号的采集。如图 7-18 所示，在短期冰站作业期间，使用自研的无人自主垂直接收阵列，通过直升机回收布放形式，开展了远距离雪龙船破冰噪声、主动声源传播和通信试验。

(a) 发射端　　　　　　　　　　　　(b) 接收端

图 7-17　加拿大海盆拖曳声源声传播试验

　　　　　　　　(a)　　　　　　　　　　　　　　　　　(b)

图 7-18　短期冰站远程声传播及通信试验接收端

　　中高纬度海域冬季的结冰现象使得浅海冰下水声特性可以作为北极研究的扩充。在我国的渤海和黄海北部，每年冬季的 12 月下旬到次年 2 月初，海面上方都会覆盖一层厚厚的冰层。由于海深较浅，海水中存在较弱的正梯度，冰下声传播会同时受到海冰和海底的影响。因此，冬季浅海冰下声信息传输的研究也同样重要。2018 年 1 月，中国科学院声学研究所在黄海北部结冰海域进行了冰下声信息传输综合性试验，进行了甚高频短脉冲冰散射试验、低频声传播拉距试验、中高频扩频通信试验及冰下超短基线定位试验等。此次试验填补了我国浅海冰下水声学研究的空白。丹东北黄海冬季试验如图 7-19 所示。

　　　　　(a) 发射船　　　　　　　　　　　　　　(b) 接收船

图 7-19　丹东北黄海冬季试验

　　此外，哈尔滨工程大学、自然资源部第三海洋研究所、中国海洋大学、中国船舶重工集团公司第七六〇研究所等国内高校和科研单位也进行了北极水声观测及相应的研究工作。截至目前，从中国第七次北极科学考察开始，历次北极科考都设定了声学观测项目。

参 考 文 献

[1]　Edwards M H，Coakley B J. SCICEX investigations of the arctic ocean system[J]. Chemie der Erde-Geochemistry-Interdisciplinary Journal for Chemical Problems of the Geosciences and Geoecology，2003，63（4）：281-328.

[2]　Dickinson S，Wensnahan M，Maykut G，et al. Correcting the ice draft data from the SCICEX'98 cruise[J]. Correcting the Ice Draft Data from Thecex Cruise，2002，234（10）：5-6.

[3]　Sagen H，Worcester P F. Capabilities and challenges of ocean acoustic tomography in Fram Strait[J]. The Journal of the Acoustical Society of America，2016，140（4）：3134.

[4]　Mikhalevsky P N，Baggeroer A B，Gavrilov A N，et al. Experiment tests use of acoustics to monitor temperature and ice in Arctic Ocean[J]. EOS Transactions American Geophysical Union，1995，76（27）：265-269.

[5]　Mikhalevsky P N，Gavrilov A N. Acoustic thermometry in the Arctic Ocean[J]. Polar Research，2010，20（2）：185-192.

[6]　Mikhalevsky P N，Gavrilov A N，Moustafa M S，et al. Arctic Ocean warming：Submarine and acoustic measurements[C]. MTS/IEEE Oceans，Honolulu，2001：1523-1528.

[7]　Pawlowicz R，Farmer D，Sotirin B，et al. Shallow-water receptions from the transarctic acoustic propagation experiment[J]. The Journal of the Acoustical Society of America，1996，100（3）：1482-1492.

[8]　Gavrilov A N，Andreyev M Y. Analysis of the results of the trans-arctic propagation experiment[R]. Arlington：Marine Science International Corporation，1996.

[9]　Mikhalevsky P N，Gavrilov A N，Baggeroer A B. The transarctic acoustic propagation experiment and climate monitoring in the Arctic[J]. IEEE Journal of Oceanic Engineering，1999，24（2）：183-201.

[10]　Mikhalevsky P N. Trans-arctic propagation for ocean climate studies[J]. The Journal of the Acoustical Society of America，1994，95（5）：2851.

[11]　Brekhovskikh L M，Gavrilov A N，Goncharov V V，et al. ACOUS experiment results[J]. Izvestiya Atmospheric and Oceanic Physics，2002，38（6）：642-652.

[12]　Gavrilov A N，Mikhalevsky P N. Low-frequency acoustic propagation loss in the Arctic Ocean：Results of the Arctic climate observations using underwater sound experiment[J]. The Journal of the Acoustical Society of America，2006，119（6）：3694-3706.

[13]　Freitag L，Ball K，Partan J，et al. Long range acoustic communications and navigation in the Arctic[C]. Proceedings of OCEANS 2015-MTS/IEEE，Washington，2015：1-5.

[14]　Bekkadal F. Arctic communication challenges[J]. Marine Technology Society Journal，2014，48（2）：8-16.

[15]　Philippe J B，Elise F. Artic Ocean：Hydrothermal activity on Gakkel Ridge[J]. Nature，2004，428（6978）：36.

[16]　Jones C，Morozov A，Manley J E. Under ice positioning and communications for unmanned vehicles[C]. Proceedings of MTS/IEEE OCEANS，Bergen，2013：1-6.

[17]　Lee C M，Gobat J I. Acoustic navigation and communications for high latitude ocean research(ANCHOR)[J]. The Journal of the Acoustical Society of America，2008，123（5）：2990.

[18]　Baggeroer A B，Freitag L，Priesig J E，et al. Acoustic communication and navigation in the Arctic Ocean[J]. The Journal of the Acoustical Society of America，2008，123（5）：2989.

[19]　Jakuba M V，Roman C N，Singh H，et al. Long-baseline acoustic navigation for under-ice autonomous underwater vehicle operations[J]. Journal of Field Robotics，2010，25（11/12）：861-879.

[20] Kepper J H，Claus B C，Kinsey J C. A navigation solution using a MEMS IMU，model-based dead-reckoning，and one-way-travel-time acoustic range measurements for autonomous underwater vehicles[J]. IEEE Journal of Oceanic Engineering，2018，44（3）：664-682.

[21] Barker L D L，Whitcomb L L. A preliminary study of ice-relative underwater vehicle navigation beneath moving sea ice[C]. 2018 IEEE International Conference on Robotics and Automation，Brisbane，2018：7484-7491.

[22] Webster S E，Freitag L E，Lee C M，et al. Towards real-time under-ice acoustic navigation at mesoscale ranges[C]. 2015 IEEE International Conference on Robotics and Automation，Seattle，2015：537-544.

[23] Doble M J，Wadhams P，Forrest A L，et al. Experiences from two-years' through-ice AUV deployments in the high Arctic[C]. 2008 IEEE/OES Autonomous Underwater Vehicles，Woods Hole，2008：1-7.

[24] Schmidt H，Schneider T. Acoustic communication and navigation in the new Arctic：A model case for environmental adaptation[C]. 2016 IEEE 3rd Underwater Communications and Networking Conference，Lerici，2016：1-4.

[25] Freitag L，Koski P，Morozov A，et al. Acoustic communications and navigation under Arctic ice[C]. Proceedings of IEEE Oceans，Hampton Roads，2012：1-8.

[26] Badiey M，Wan L，Pecknold S，et al. Azimuthal and temporal sound fluctuations on the Chukchi continental shelf during the Canada Basin Acoustic Propagation Experiment 2017[J]. The Journal of the Acoustical Society of America，2019，146（6）：530-536.

[27] Dzieciuch M，Worcester P F. CANAPE-2015（Canada Basin acoustic propagation experiment）：A pilot tomography experiment in the Beaufort Sea[J]. The Journal of the Acoustical Society of America，2016，140（4）：3134.

[28] Worcester P F. Canada basin acoustic propagation experiment (CANAPE)[R]. San Diego：Institution of Oceanography，University of California，2015.

[29] Pearson A N. An analysis of the Beaufort Sea thermohaline structure and variability，and its effects on acoustic propagation[R]. Monterey：Naval Postgraduate School，2016.

[30] Ballard M S，Badiey M，Sagers J D，et al. Temporal and spatial dependence of a yearlong record of sound propagation from the Canada Basin to the Chukchi Shelf[J]. The Journal of the Acoustical Society of America，2020，148（3）：1663-1680.

[31] Collins M D，Turgut A，Menis R，et al. Acoustic recordings and modeling under seasonally varying sea ice[J]. Scientific Reports，2019，9（1）：1-11.

[32] Dimaggio D，Pearson A，Colosi J A. Observations of thermohaline sound speed structure in the Beaufort Sea in the summer of 2015[J]. The Journal of the Acoustical Society of America，2015，138（3）：1743.

[33] Worcester P F，Dzieciuch M A，Vazquez H J，et al. Acoustic travel-time variability observed on a 150km radius tomographic array in the Canada Basin during 2016-2017[J]. The Journal of the Acoustical Society of America，2023，153（5）：2621-2636.

[34] Lee C M，Cole S，Doble M，et al. Stratified ocean dynamics of the Arctic：Science and experiment plan[R]. Washington：Technical Report APL-UW 1601，2016.

[35] Worcester P F，Dzieciuch M A，Colosi J A，et al. The 2016-2017 deep-water Canada basin acoustic propagation experiment (CANAPE)：An overview[J]. The Journal of the Acoustical Society of America，2018，144（3）：1665.

[36] Badiey M，Eickmeier J，Lin Y T，et al. Overview of one year acoustical oceanography measurements on Chukchi shelf during shallow water Canada Basin acoustic propagation experiment 2016-2017[J]. The Journal of the Acoustical Society of America，2018，144（3）：1666.

[37] Sagen H，Sandven S，Beszczynska-Möller A，et al. Acoustic technologies for observing the interior of the Arctic

Ocean[C]. Proceedings of Ocean Obs 2009，Venice，2009.

[38]　Sagen H，Worcester P F. Capabilities and challenges of ocean acoustic tomography in Fram Strait[J]. The Journal of the Acoustical Society of America，2016，140（4）：3134.

[39]　李启虎，王宁，赵进平，等. 北极水声学：一门引人关注的新型学科[J]. 应用声学，2014，33（6）：471-483.

[40]　刘崇磊，李涛，尹力，等. 北极冰下双轴声道传播特性研究[J]. 应用声学，2016，35（4）：309-315.

索　引

彩　　图

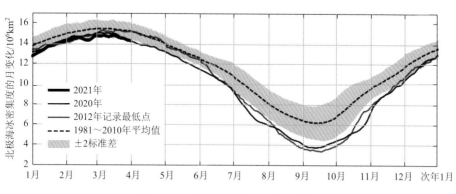

图 1-3　北极海冰范围的月变化规律

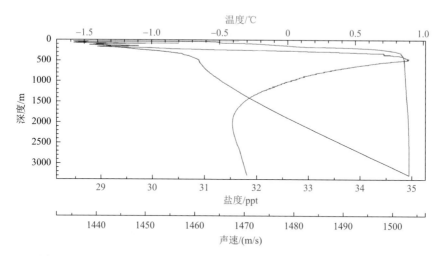

图 1-9　2020 年中国第十一次北极科学考察在 R8 CTD 站位获得的温度、
盐度和声速剖面

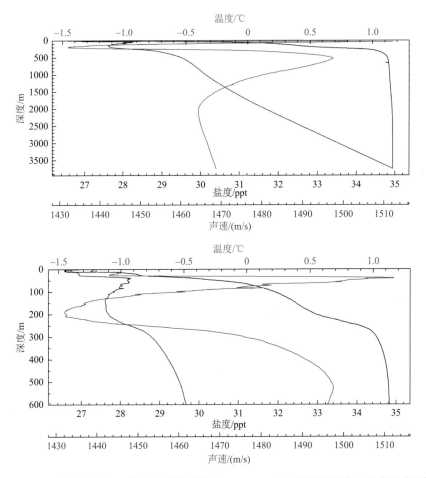

图 1-10　2020 年中国第十一次北极科学考察在 P13 CTD 站位获得的温度、盐度和声速剖面

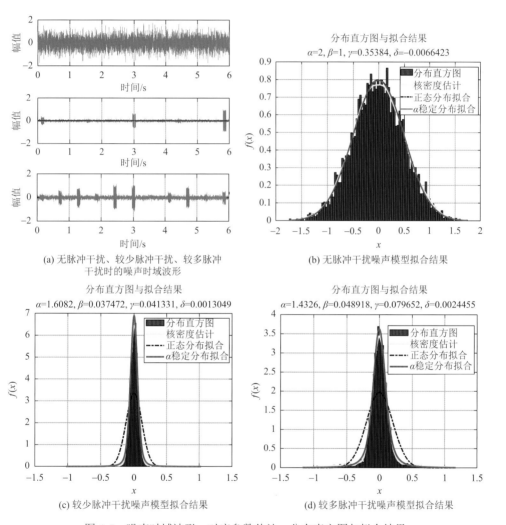

(a) 无脉冲干扰、较少脉冲干扰、较多脉冲
干扰时的噪声时域波形

(b) 无脉冲干扰噪声模型拟合结果

(c) 较少脉冲干扰噪声模型拟合结果

(d) 较多脉冲干扰噪声模型拟合结果

图 4-5　噪声时域波形、对应参数估计、分布直方图与拟合结果

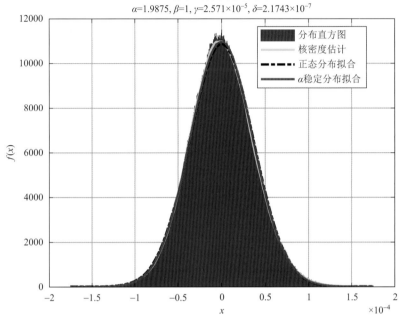

分布直方图与拟合结果
$\alpha=1.9875$, $\beta=1$, $\gamma=2.571\times10^{-5}$, $\delta=2.1743\times10^{-7}$

图例:
- 分布直方图
- 核密度估计
- 正态分布拟合
- α稳定分布拟合

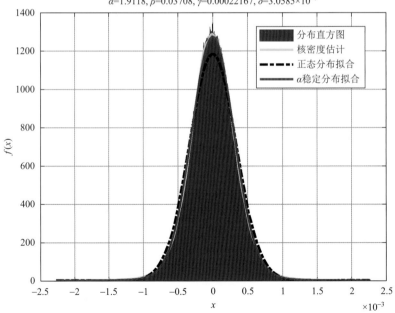

分布直方图与拟合结果
$\alpha=1.9118$, $\beta=0.03708$, $\gamma=0.00022167$, $\delta=3.0585\times10^{-7}$

图例:
- 分布直方图
- 核密度估计
- 正态分布拟合
- α稳定分布拟合

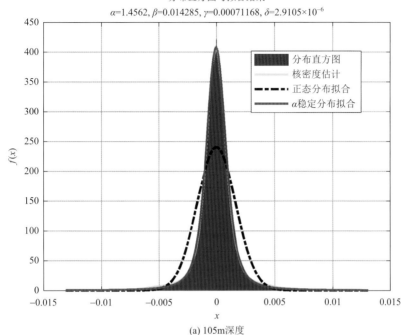

(a) 105m深度

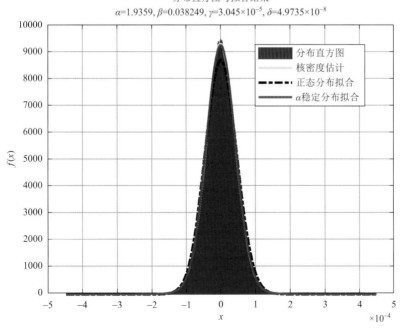

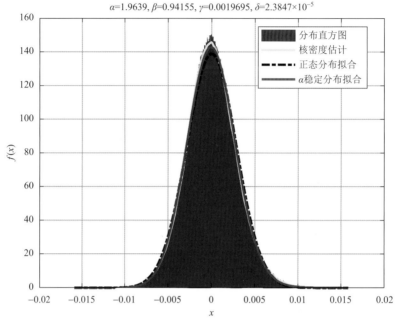

分布直方图与拟合结果
$\alpha=1.9639$, $\beta=0.94155$, $\gamma=0.0019695$, $\delta=2.3847\times10^{-5}$

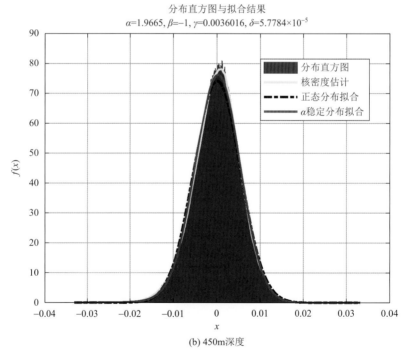

分布直方图与拟合结果
$\alpha=1.9665$, $\beta=-1$, $\gamma=0.0036016$, $\delta=5.7784\times10^{-5}$

(b) 450m深度

图4-11　不同深度下各类型环境噪声模型拟合结果

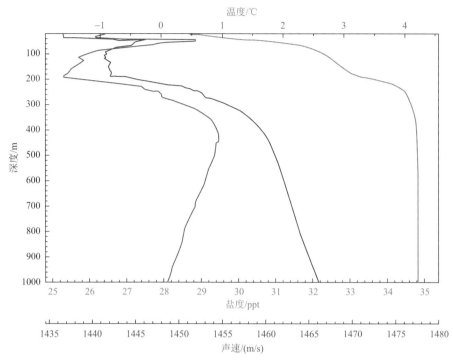

图 4-15　楚科奇海台陆坡区声速结构

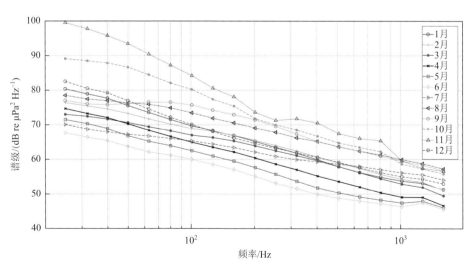

图 4-21　噪声频率变化特性（95m 深度）

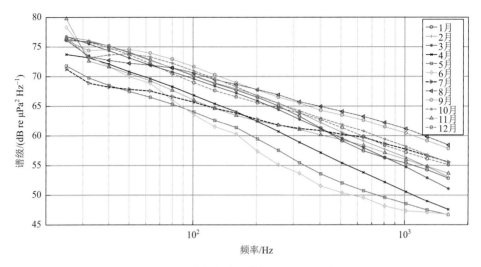

图 4-22 噪声频率变化特性（415m 深度）

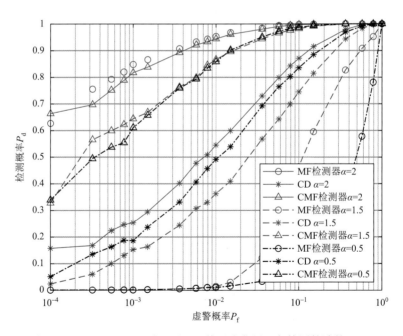

图 5-13 GSNR=-15dB 时，不同 α 值噪声背景下各检测算法的 ROC

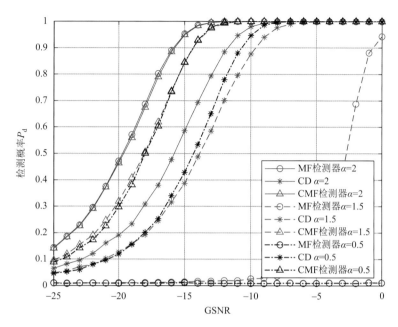

图 5-14 虚警概率 P_f=0.01 的前提下，各检测算法的检测性能随 GSNR 的变化

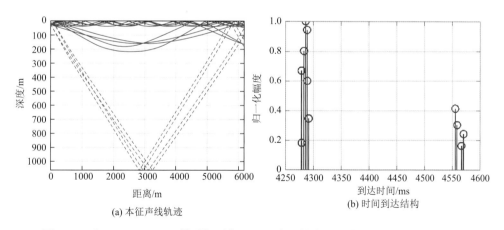

(a) 本征声线轨迹   (b) 时间到达结构

图 5-35 由 OASR-Bellhop 模型得到的 40m 深度处的本征声线轨迹和时间到达结构

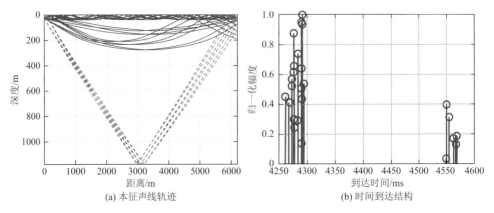

(a) 本征声线轨迹   (b) 时间到达结构

图 5-36   自由海面条件下的模型输出结果

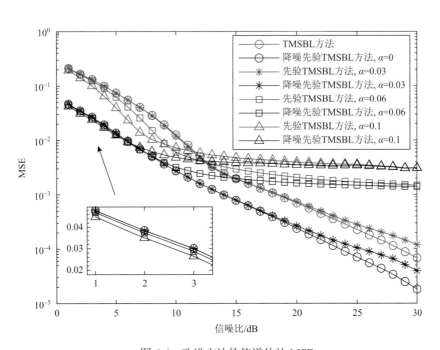

图 6-6   改进方法的信道估计 MSE

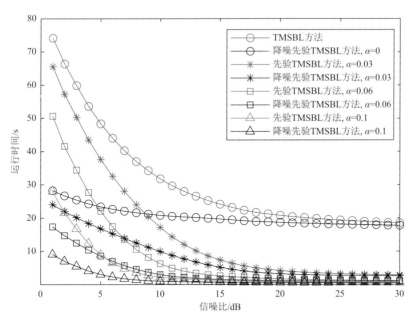

图 6-7 改进方法的运行时间对比

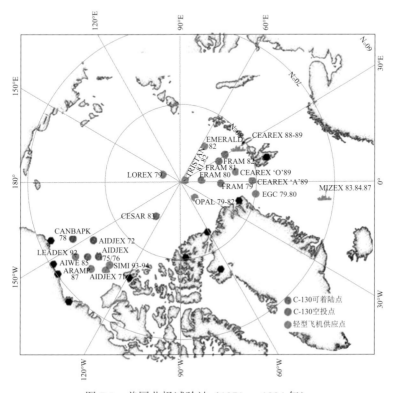

图 7-1 美国北极试验站（1971 ~ 1994 年）

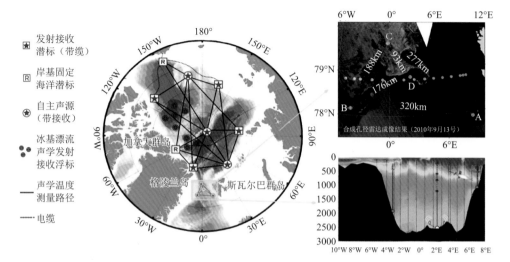

图 7-10　ACOBAR 期望实现的覆盖北冰洋区域的系泊网格